LES TRAJECTOIRES DE L'INNOVATION TECHNOLOGIQUE ET LA CONSTRUCTION EUROPÉENNE

DES VOIES DE STRUCTURATION DURABLE ?

TRENDS IN TECHNOLOGICAL INNOVATION AND THE EUROPEAN CONSTRUCTION

THE EMERGING OF ENDURING DYNAMICS?

P.I.E. Peter Lang

Bruxelles · Bern · Berlin · Frankfurt am Main · New York · Oxford · Wien

EUROCLIO est un projet scientifique et éditorial, un réseau d'institutions de recherche et de chercheurs, un forum d'idées. EUROCLIO, en tant que projet éditorial, comprend deux versants : le premier versant concerne les études et documents, le second versant les instruments de travail. L'un et l'autre visent à rendre accessibles les résultats de la recherche, mais également à ouvrir des pistes en matière d'histoire de la construction/intégration/unification européenne.

La collection EUROCLIO répond à un double objectif : offrir des instruments de travail, de référence, à la recherche ; offrir une tribune à celle-ci en termes de publication des résultats. La collection comprend donc deux séries répondant à ces exigences : la série ÉTUDES ET DOCUMENTS et la série RÉFÉRENCES. Ces deux séries s'adressent aux bibliothèques générales et/ou des départements d'histoire des universités, aux enseignants et chercheurs, et dans certains cas, à des milieux professionnels bien spécifiques.

La série ÉTUDES ET DOCUMENTS comprend des monographies, des recueils d'articles, des actes de colloque et des recueils de textes commentés à destination de l'enseignement.

La série RÉFÉRENCES comprend des bibliographies, guides et autres instruments de travail, participant ainsi à la création d'une base de données constituant un «Répertoire permanent des sources et de la bibliographie relatives à la construction européenne».

EUROCLIO is a scientific and editorial project, a network of research institutions and researchers, and an ideas forum. EUROCLIO as an editorial project consists of two aspects: the first concerns studies and documents, the second concerns tools. Both are aimed at making the results of research more accessible, and also at opening up paths through the history of European construction/integration/unification.

The EUROCLIO series meets a dual objective:
- to provide reference tools for research,
- to provide a platform for this research in terms of the publication of results.

The series thus consists of two sub-series that satisfy these requirements: the STUDIES AND DOCUMENTS series and the REFERENCES series. These two series are aimed at general libraries and/or university history departments, teachers and researchers, and in certain cases, specific professional circles.

The STUDIES AND DOCUMENTS series consists of monographs, collections of articles, conference proceedings, and collections of texts with notes for teaching purposes.

The REFERENCES series consists of bibliographies, guides and other tools. It thus contributes to the creation of a database making up a "Permanent catalogue of sources and bibliographies on European construction".

Sous la direction de / Edited by

Éric Bussière, Université de Paris-Sorbonne (France),
Michel Dumoulin, Louvain-la-Neuve (Belgique),
& Antonio Varsori, Universitá degli Studi di Padova (Italia)

LES TRAJECTOIRES DE L'INNOVATION TECHNOLOGIQUE ET LA CONSTRUCTION EUROPÉENNE

DES VOIES DE STRUCTURATION DURABLE ?

TRENDS IN TECHNOLOGICAL INNOVATION AND THE EUROPEAN CONSTRUCTION

THE EMERGING OF ENDURING DYNAMICS?

Christophe BOUNEAU, David BURIGANA
& Antonio VARSORI (dir./eds.)

La publication a été rendue possible grâce à un financement PRIN :
2006 « Alla ricerca di un ruolo globale: l'Europa nelle relazioni internazionali
(1968-1981) », Programme LTI de la MSHA, Ministère de la Recherche,
Conseil Régional d'Aquitaine

With the financial support of PRIN: 2006 "Alla ricerca di un ruolo globale:
l'Europa nelle relazioni internazionali (1968-1981)", Program LTI of MSHA,
Ministère de la Recherche, Conseil Régional d'Aquitaine.

Toute représentation ou reproduction intégrale ou partielle faite par quelque procédé que ce soit, sans le consentement de l'éditeur ou de ses ayants droit, est illicite. Tous droits réservés.

No part of this book may be reproduced in any form, by print, photocopy, microfilm or any other means, without prior written permission from the publisher. All rights reserved.

© P.I.E. PETER LANG s.a.
Éditions scientifiques internationales
Bruxelles/Brussels, 2010
1 avenue Maurice, B-1050 Bruxelles/Brussels, Belgique/Belgium
pie@peterlang.com ; www.peterlang.com

ISSN 0944-2294
ISBN 978-90-5201-605-4
D/2010/5678/33

Library of Congress Cataloging-in-Publication Data

Les trajectoires de l'innovation technologique et la construction européenne = Trends in technological innovation and the European construction / Christophe Bouneau, David Burigana et Antonio Varsori (dir./eds.). p. cm. — (Euroclio, ISSN 0944-2294 ; no. 56)
Includes index. ISBN 978-90-5201-605-4 1. Technological innovations—European Union countries. 2. Technology and state—European Union countries. 3. European federation. 4. European Union. I. Bouneau, Christophe. II. Burigana, David, 1970- III. Varsori, Antonio, 1951- IV. Title: Trends in technological innovation and the European construction. HC240.9.T4T68 2010   338'.064094—dc22   2010013812

CIP available from the British Library, GB.

« Die Deutsche Bibliothek » répertorie cette publication dans la « Deutsche Nationalbibliografie » ; les données bibliographiques détaillées sont disponibles sur le site http://dnb.ddb.de.

"Die Deutsche Bibliothek" lists this publication in the "Deutsche Nationalbibliografie"; detailed bibliographic data is available on the Internet at <http://dnb.ddb.de>.

Table des matières / Table of Contents

Acronymes / Acronyms 9

Introduction 15
Christophe Bouneau, David Burigana et Antonio Varsori

POLITIQUES ET TECHNOLOGIE : MISES EN PERSPECTIVE / POLITICS AND TECHNOLOGY: VIEWS FROM DIFFERENT PERSPECTIVES

Les technologies de l'information et de la communication, réalités et faux semblants d'une « ambition » européenne 39
Pascal Griset

Environmental Issues in the Improvement of Living and Working Conditions. Innovative Elements in the Process of European Integration during the 1970s 57
Laura Grazi and Laura Scichilone

Vers une politique de recherche commune. Du silence du Traité CEE au titre de l'Acte unique 77
Arthe Van Laer

Transnational Infrastructures and European Integration. A Conceptual Exploration 97
Johan Schot

ÉNERGIE ET INNOVATION TECHNOLOGIQUE : DES DÉFIS PERMANENTS / ENERGY AND TECHNOLOGICAL INNOVATION: A LONG-TERM CHALLENGE

L'Europe occidentale et la première crise pétrolière. S'assurer l'énergie par la coopération technologique 123
Francesco Petrini

European Cooperation and Technological Innovation. Applied Research in the OEEC Halden Reactor Project 141
Mauro Elli

L'industrie électrique européenne depuis
la Seconde Guerre mondiale. Des technologies
nationales aux marchés européens 155
    Yves Bouvier

Les trajectoires de l'innovation et la construction
de l'espace européen électrique depuis les années 1950 169
    Christophe Bouneau

ESPACE, AÉRONAUTIQUE ET AUTOMOBILES : LES NOUVELLES FRONTIÈRES DE L'EUROPE / SPACE, AVIATION AND CARS: EUROPE'S NEW FRONTIERS

Automobile Standardisation in Europe.
Between Technological Choices and Neo-protectionism 187
    Sigfrido Ramírez Pérez

Space: another Field of European Integration? 205
    Filippo Pigliacelli

'Le jeu de dupes'... The SNECMA/General Electric
Agreement or Survival and Cooperation
in Aircraft Cooperation between "Communitarian"
Tensions and Atlantic Alliance 221
    David Burigana

Auteurs / Authors 241

Index Noms / Names 247
    Organisations 254
    Firmes / Firms 256
    Programmes 258

Acronymes / Acronyms

ABB	Group Asea Brown Boveri
ACOM	Archives de la Commission européenne, Bruxelles
AENI	Archivio dell'Ente Nazionale Idrocarburi, Pomezia (Roma)
AGARD	Advisory Group for Aeronautical Research and Development
AGT	Archives Groupe Total, Paris
AHCONS	Archive historique du Conseil européen, Bruxelles
AINRIA	Archives INRIA
ANFIAA	Associazione Nazionale Fra Industrie Automobilistiche
ARPA	Advanced Research Projects Agency
ARPANET	Advanced Research Projects Agency Network
ASEA	Allmanna Svenska Elektriska Aktiebogalet
BA	Boeing Archives, Seattle
BAC	British Aircraft Corporation
BAe	British Aerospace
BAeHA	British Aerospace Heritage Archives, Farnborough
BANANA	"Build absolutely nothing anywhere near anything (or anyone)"
BBC	Brown Boveri Electric
BP	British Petroleum
BPICA	Permanent International Bureau of Motor Manufacturers
BRITE	Basic Research in Industrial Technologies for Europe
CAC	Centre des Archives contemporaines, Fontainebleau
CARAN	Centre d'Accueil et de Recherche des Archives Nationales, Paris
CCMC	Committee of Common Market Automobiles Constructors
CECA	Communauté européenne du charbon et de l'acier
CEE	Communauté économique européenne
CEIF	Council of European Industrial Federations

CEMAT	Conférence européenne des ministres responsables pour l'aménagement du territoire
CEO	Chief executive officer
CEPT	Conférence européenne des Postes et Télécommunications
CERD	Comité européen pour la Recherche et le Développement
CERN	Conseil – puis Organisation – Européenne pour la Recherche Nucléaire
CESTA	Centre d'Études des Systèmes et des Technologies Avancées
CFP	Compagnie française des pétroles
CGC	Comités consultatifs en matière de gestion et de coordination
CHAN	Centre Historique des Archives Nationales, Paris
CIDST	Comité de l'information scientifique et technique des Communautés Européennes
CIGRE	Conférence Internationale des Grands Réseaux Électriques
CISE	Centro Informazioni Studi Esperienze
CLMC	Liaison Committee of the European Producers of the Common Market
CNET	Centre National d'Étude des Télécommunications
CNRS	Centre National de la Recherche Scientifique
CODEST	Comité de développement européen de la science et de la technologie
CORDI	Comité consultatif pour la recherche et le développement industriels
Coreper	Comité des Représentants Permanents
COST	Coopération scientifique et technique
CWI	Centrum voor Wiskunde & Informatica
DT	Deutsch Telekom
EAP	Environment Action Programme
ECMT	European conference of Ministers of Transport
ECPTA	European Conference for Postal and Telecommunications Administrations
ECSC	European Coal and Steel Community
EDF	Électricité de France
EEC	European Economic Community
ELDO	European Launcher Development Organization

ENEA	European Nuclear Energy Agency
ENEL	Ente nazionale per l'energia elettrica
EPHE	École Pratique des Hautes Études
EPR	European Pressurized Reactor/ Evolutionary Power Reactor
ERCIM	European Consortium for Informatics and Mathematics
ESF	European Space Fondation
ESPRIT	European Strategic Programme for Research and Development in Information Technologies
ESRO	European Space Research Organization
ETSO	Association of European Transmission System Operators
EURAM	European Research in Advanced Materials
Eureka	European Research Coordination Agency
FAST	Forecasting and Assessment in the field of Science and Technology
FINABEL	Comité France Italie Netherlands Allemagne Belgique Luxembourg
FN	Fabrique Nationale d'Herstal
FT	France Telecom
GATT	General Agreement on Tariffs and Trade
GE	General Electric
GEC	General Electric Company
GERD	Gross Domestic Expenditures on R&D
GERTH	Groupement économique de Recherche et Technologie des Hydrocarbures
GHH	Gutehoffnunshütte Actienvereins für Bergbau und Hüttenbetrieb
GMD	Gesellschaft für Mathematik und Datenverarbeitung
GMES	Global Monitoring for Environment and Security
GPS	Global Position System
GRPA	Groupe de Rapporteurs Pollution de l'Air
GRT	Gestionnaire de Réseau de Transport
GRTN	Gestore della Rete di Trasmissione Nazionale
GSM	Global System for Mobile communications
GUCE	Gazzetta ufficiale delle Comunità europee
HAEU	Historical Archives of European Union, Firenze

HRP	Halden Reactor Project
HSA	Hawker Siddeley Aviation
ICPR	International Commission for the Protection of the Rhine against pollution
IFA	Institutt for Atomenergi
INRIA	Institut National de Recherche en Informatique et en Automatique
IRDAC	Industrial Research and Development Advisory Committee
JEEP	Joint Establishment Experimental Pile
JENER	Joint Establishment for Nuclear Energy Research
JPDR	Japan Power Demonstration Reactor
KWU	Kraftwerk Union
MAN	Machinenfabrik Augsburg-Nürnberg
MBB	Messerschmitt-Bölkow-Blohm
MoU	Memorandum of Understanding
MSA	Mutual Security Agency
MTU	Motoren und Turbinen
NARA	National Archives and Record Administration, College Park
NATO	Nord Atlantic Treaty Organisation
NESTI group	National Experts on Science and Technology Indicators
NIMBY	"Not in my back yard"
NORDEL	Association des gestionnaires électriques de Danemark, Finlande, Islande, Norvège et Suède
OECD	Organisation for Economic Coopération and Development
OECE	Organisation européenne pour la Coopération Économique
OEEC	Organisation for European Economic Cooperation
OJEC	Official Journal of the European Communities
OLP	Organisation pour la libération de la Palestine
OPEC	Organisation of Petrol Export Countries
OPEP	Organisation de pays producteurs de pétrole
OTA	World Touring and Automobile Organisation
OTAN	Organisation du Traité de l'Atlantique Nord

PCRD	Programme Cadre de Recherche et Développement
P&W	Pratt & Whitney
PME	Petite ou moyenne entreprise
PREST	Politique de la recherche scientifique et technique
PURPA	Public Utility Regulatory Policies Act
RACE	Research on Advanced Communications in Europe
RTE	Gestionnaire du Réseau de Transport d'Électricité
SDI	Strategic Defense Initiative
SEST	Groupe d'études Sociologies, Économiques et Stratégiques sur la Technologie
S&T	Science and Technology
SNECMA	Société Nationale d'Études et de Construction des Moteurs d'Avion
SNIAS	Société Nationale Industrielle AéroSpatiale
SPRINT	Strategical programme for the transnational promotion of innovation and technology transfer
STCELA	Standing Technological Conference of European Local Authorities
Supélec	École supérieure d'électricité
SupOptique	Institut d'optique théorique et appliquée et École supérieure d'optique
TENs	Trans-European networks
TEP	Total Exploration Production
TNA	The National Archives, Kew Gardens
UBAE	Union des Banques arabes et européennes
UCPTE	Union for the Co-ordination of Production and Transmission of Electricity
UCTE	Union for the Co-ordination of Transmission of Electricity
UIC	International Union of Railways
UN-ECE	United Nations Economic Commission for Europe
UNIPEDE	Union Internationale des Producteurs et Distributeurs d'Electricité
UPS-IPS	United Power System and Interconnected Power System
VDA	Verband der Automobilindustrie
VFW	Vereinigte Flugtechnische Werke
V/STOL	Vertical/Short Take Off and Landing

WEU   Western European Union
WP 29   Working Party 29

Introduction

Christophe BOUNEAU, David BURIGANA et Antonio VARSORI

Cet ouvrage est né d'une coopération européenne bilatérale entre le programme de recherches interdisciplinaires de la Maison des Sciences de l'Homme d'Aquitaine (MSHA, Bordeaux) sur *Les trajectoires de l'innovation : de la diversité des expériences à la construction de modèles*, dirigé par Christophe Bouneau et Yannick Lung,[1] et le PRIN interuniversitaire italien (Programme de Recherche d'Intérêt National) dédié à l'Europe aux années 1970 coordonné par Antonio Varsori,[2] avec le soutien du Dipartimento di Studi Internazionali (DSI, Università di Padova) dont il est le Directeur.[3] Le groupe de recherche du DSI, dont la philosophie de travail est la réalisation et le développement de réseaux, contribue à l'histoire des Relations internationales et à celle de l'Intégration européenne, au cœur de cet ouvrage. Il s'intéresse plus particulièrement à la place et au rôle qu'y tient l'Italie,[4] aux politiques

---

[1] Voir Bouneau, Ch., Lung, Y. (dir.), *Les territoires de l'innovation, espaces de conflits*, Bordeaux, éditions de la MSHA, 2006 ; Bouneau, Ch., Griset, P. (dir.), *Innovations et territoires*, numéro spécial de *Flux, Cahiers scientifiques internationaux Réseaux et territoires*, n° 63/64, juin 2006, et Bouneau, Ch., Lung Y. (dir.), *Les dynamiques des systèmes d'innovation : logiques sectorielles et espaces de l'innovation*, Bordeaux, éditions de la MSHA, 2009.

[2] Cet intérêt pour les années 1970 s'est développé en plusieurs étapes, voir notamment Varsori, A. (dir.) *Alle origini del presente. L'Europa occidentale nella crisi degli anni Settanta*, Milan, Franco Angeli, 2007.

[3] Pour plus de détails : http://www.dsi.unipd.it. On peut y retrouver les contacts avec les différents réseaux de recherche, parmi lesquels celui des jeunes chercheurs en histoire de l'intégration européenne, RICHIE. Ce réseau RICHIE a organisé en collaboration avec différentes universités européennes des colloques internationaux : Rücker, K., Warlouzet, L. (dir.), *Which Europe(s) ? New approaches to the History of European Integration in the 20th century*, Bruxelles, P.I.E.-Peter Lang, 2006 ; Affinito, G., Migani, G., Wenkel, C. (dir.), *Les deux Europes. The Two Europes. Actes du IIIe colloque international RICHIE. Proceedings of the 3rd international RICHIE conference*, Bruxelles, P.I.E.-Peter Lang, 2009. Voir leur site www.europe-richie.org.

[4] Varsori, A., Romero, F. (dir.), *Nazione, interdipendenza, integrazione. Le relazioni internazionali dell'Italia (1917-1989)*, 2 volumes, Rome, Carocci, 2006 ; Craveri, P., Varsori, A. (dir.), *L'Italia nella costruzione europea. Un bilancio storico (1957-*

européennes,[5] aux rapports nord/sud,[6] et, dans notre perspective spécifique, à la technologie en tant qu'enjeu de politique étrangère.[7]

La genèse de cet ouvrage illustre clairement le rôle fructueux du bilatéralisme dans la construction des champs européens de la recherche en sciences humaines et sociales, et en particulier la place de l'historiographie italienne et française dans une production scientifique européenne aujourd'hui logiquement dominée – mais qui risque aussi d'être hiérarchisée en oubliant les origines « continentales » de l'histoire de l'intégration européenne[8] – par les publications anglo-saxonnes, dans

---

2007), Milan, Franco Angeli, 2009 ; Varsori, A., *La Cenerentola d'Europa. L'Italia e l'integrazione europea dal 1946 ad oggi*, Soveria Mannelli, Rubbettino, 2010 ; Petrini, F., *Il liberismo a una dimensione. La Confindustria e l'integrazione europea (1947-1957)*, Milan, Franco Angeli, 2005.

[5] Voir notamment Varsori, A. (dir.), *Il Comitato Economico e Sociale nella costruzione europea*, Venice, Marsilio, 2000 ; Varsori, A. (dir.), *Sfide del mercato e identità europea. Le politiche di educazione e formazione professionale nell'Europa comunitaria*, Milan, Franco Angeli, 2006 ; Mechi, L., Varsori, A. (dir.), *Lionello Levi Sandri et la politica sociale europea*, Milan, Franco Angeli, 2008 ; Paoli, S., *Il nuovo ordine educativo europeo. Le politiche dell'istruzione nel processo di integrazione comunitaria (1957-1992)*, Thèse de Doctorat, Université de Firenze, en cours de publication avec Milan, Franco Angeli [2010] ; Romano, A., *From Détente in Europe to European Détente. How the West Shaped the Helsinki CSCE*, Bruxelles, P.I.E.-Peter Lang, 2009.

[6] Caviglia, D., Varsori, A. (dir.), *Dollari, Petrolio e aiuti allo sviluppo. Il confronto Nord-Sud negli anni 1960-1970*, Milan, Franco Angeli 2008 ; Migani, G., *La France et l'Afrique sub-saharienne (1957-1963). Histoire d'une décolonisation entre idéaux euroafricains et politique de puissance*, Bruxelles, P.I.E.-Peter Lang, 2008 ; Garavini, G., *Dopo gli imperi. L'integrazione europea nello scontro Nord-Sud*, Firenze, Le Monnier-Mondadori, 2009 ; Calandri, E. (dir.), *Il primato sfuggente. L'Europa e l'intervento per lo sviluppo (1957-2007)*, Milan, Franco Angeli, 2009.

[7] Voir notamment : Burigana, D., *Armi e diplomazia. L'Unione sovietica e le origini della Seconda Guerra Mondiale*, Firenze, Polistampa, 2006 ; *Idem*, « L'Europe, s'envolera-t-elle ? Le lancement de Airbus et le sabordage d'une coopération aéronautique "communautaire" (1965-1978) », in *Journal of European Integration History*, vol. 13, n° 1 (2007), p. 91-109 ; *Idem*, « L'Italia e la cooperazione europea nel settore degli armamenti », in Labanca, N. (dir.), *Gli Italiani in guerra. Conflitti, identità, memorie dal Risorgimento ai nostri giorni. Direzione scientifica di Mario Isnenghi. vol. V : Le armi della Repubblica : dalla Liberazione a oggi*, Turin, UTET, 2009, p. 320-331; *Idem*, « La coopération en matière de production d'armements en Europe, évolutions et débats des années 50 à nos jours », in Wassenberg, B., Faleg, G., Mlodecki, M.W. (dir.), *L'Otan et l'Europe. Quels liens pour la sécurité et la défense européenne ?* Bruxelles, P.I.E. Peter Lang, 2010, p. 53-74.

[8] Il faut souligner le rôle fondateur du Colloque de 1984 dirigé par Raymond Poidevin [*Histoire des débuts de la construction européenne, mars 1948-mai 1950 : actes du Colloque de Strasbourg, 28-30 novembre 1984...*, Bruxelles, Bruylant/Milan, A. Giuffrè, 1986] et, dans son prolongement, du programme international sur les identités européennes coordonné par René Girault : Girault, R., Bossuat, G. (dir.), *Les Europe des européens*, Paris, Publications de la Sorbonne, 1993 ; *Idem*, *Europe brisée, Europe retrouvée : nouvelles réflexions sur l'unité européenne au 20e siècle,*

l'acception large de la langue anglaise de publication. L'interconnexion et le décloisonnement entre les différentes communautés de recherches sur l'histoire et les trajectoires de la construction européenne, champ plus large que la seule intégration, constitueraient un des objectifs ambitieux de cet ouvrage.

Ce livre est le fruit d'un colloque, à la fois international et interdisciplinaire, organisé à Padoue les 6 et 7 juin 2008. Son objectif consistait fondamentalement à croiser deux dynamiques et deux champs de recherches : d'une part les trajectoires de l'innovation technologique, en insistant sur les modes d'élaboration des stratégies et des politiques technologiques, et d'autre part le processus de la construction européenne depuis les années 1950, avec toutes les ambiguïtés de la coopération transnationale. Il partait de l'idée forte que la dimension technologique, dans son acception la plus large, au-delà des aspects techniciens et technicistes déjà stratégiques, représentait un « côté caché » essentiel de la construction européenne, trop longtemps délaissé par rapport aux trajectoires politiques, institutionnelles et économiques.[9] Certes au sein de l'historiographie sur l'intégration européenne il y a eut quelques rares exceptions.[10] De telles initiatives ont tenté de mettre à jour le multilatéralisme du processus de la construction européenne,[11] sans réussir vraiment à dépasser efficacement le point de vue national. L'histoire du CERN et de l'ESA offre en même temps deux références

---

Paris, Publications de la Sorbonne, 1994. En même temps un réseau international s'est constitué lors des conférences sur la puissance en Europe : Girault, R., Frank, R. (dir.), *La puissance en Europe (1938-1940)*, Paris, Publications de la Sorbonne, 1984 ; Di Nolfo, E., Rainero, R. H., Vigezzi, B. (dir.), *L'Italia e la politica di potenza in Europa (1938-40)*, Milan, Marzorati, 1985. Ce réseau a été animé par les actuels « doyens » européens de la discipline, avec certains membres du Groupe de liaison des historiens auprès de la Commission et d'autres historiens spécialistes, en particulier Éric Bussière, Sylvain Schirmann et Jurgen Elvert. Cf. Varsori, A., « La storiografia sull'integrazione europea », in *Europa Europe*, anno X, n° 1, 2001, p. 69-93. ; Kaiser, W., Varsori, A. (eds.), *European Union History. Themes and debates*, London, Palgrave, 2010, et Varsori, A., « From normative impetus to professionalization. Origins and operation of research networks », *ibidem*.

[9] Voir Misa, T.J., Schot, J., « Inventing Europe : Technology and the Hidden Integration of Europe », in *History and Technology*, vol. 21, n° 1, Mars 2005, p. 1-19.

[10] Voir les actes de deux colloques organisés sous le patronage de l'UE : Guzzetti, L., Krige, J. (eds.), *History of European Scientific and Technological cooperation*, Luxembourg, EEC, 1997 ; Guzzetti, L. (ed.), *Science and Power : the Historical Foundations of Research Policies in Europe*, Luxembourg, EEC, 2000. Luca Guzzetti est l'auteur de *A brief history of European Union research policy*, Luxembourg, EEC, 1995.

[11] Voir par exemple Dumoulin, M., « The Joint Research Centre », in Guzzetti, Krige (eds.), *History of European Scientific and...*, *op. cit.*, p. 241-256.

pertinentes, même si elle déborde le cadre de la Communauté.[12] Tout récemment le *Journal of European Integration History* du Groupe de liaisons des historiens auprès de la Commission a consacré pour la première fois un numéro à la technologie,[13] même s'il avait déjà présenté quelques rares articles sur ce sujet.[14] Dans cette formation de l'Europe du XXe siècle et désormais du XXIe siècle, il s'agit, en s'insérant pleinement dans une nouvelle tendance de l'historiographie européenne, de réexaminer et certainement de réévaluer le rôle des pratiques et des communautés d'innovation technologique et de leurs infrastructures.[15] Dans cette perspective interdisciplinaire, une approche théorique des dynamiques de l'innovation, intégrant le rôle du *small event*, les trajectoires de *path dependency*, avec les mécanismes de verrouillage et les effets d'irréversibilité, mise en œuvre en particulier dans le programme LTI (Les Trajectoires de l'Innovation), s'avère fructueuse sinon indispensable.[16]

D'autre part la technologie en tant qu'enjeu de politique étrangère combine l'action de multiples acteurs nationaux, en associant aux ingénieurs, les diplomates, les fonctionnaires civils ou militaires, les dirigeants d'entreprises privées ou d'État, et naturellement les responsables politiques. Ceux-ci agissent dans une dimension internationale, où pèsent à la fois les États et les organismes internationaux. De là vient donc la nécessité de recourir à des sources d'archives diversifiées à l'échelle nationale, permettant la prise en compte du point de vue des divers pays engagés. C'est une ambition complexe de l'histoire des

---

[12] Voir Krige, J., Russo, A., *History of the European Space Agency (1958-1987)*, 2 vol., Noordwjik, ESA SP1235, 2000 ; ou encore Hermann, A., Krige J., Mersits, U., Pestre, D., *History of CERN*, 2 vol., Amsterdam, 1987 ; et Pigliacelli, F., Sebesta, L., *La Terra vista dall'alto. Breve storia della militarizzazione dello spazio*, Rome, Carocci, 2008.

[13] Vol. 12, n° 2, 2006, Bossuat, G. (dir.).

[14] Par exemple : Zimmermann, H., « Western Europe and American Challenge : Conflict and Cooperation in Technological and Monetary Policy (1965-1973) », in *Journal of European Integration History*, n° 2, 2000, mais aussi Lynch, F., Lewis, L. J. sur la Grande-Bretagne et l'Airbus (1965-1969) [2006, vol. 12, n° 1].

[15] Voir notamment Van der Vleuten, E., Kaiser, A. (eds.), *Networking Europe. Transnational Infrastructures and the Shaping of Europe (1850-2000)*, Sagamore Beach, Ma., Science History Publications, 2007.

[16] Le programme LTI de la MSHA est organisé en trois chantiers qui mobilisent en permanence cette approche théorique de l'économie et des trajectoires de l'innovation : *Trajectoires des firmes et des territoires* ; *Les enjeux de la mobilité dans les trajectoires de l'innovation* et *Le rôle des normes et de la qualité dans les trajectoires de l'innovation*. En outre le programme est structuré et animé scientifiquement par un thème transversal intitulé *Incertitude et gestion de l'irréversibilité*. Voir le site www.msha.fr/LTI.

relations internationales,[17] que seule une coopération internationale entre chercheurs et réseaux de recherche nationaux peut aider à réaliser. En examinant les enjeux technologiques de l'intégration européenne et leurs répercussions sur la dynamique d'innovation des secteurs, nous interrogeons ainsi les modes de construction européenne des normes à la fois techniques, politiques et sociales, des conflits internationaux ouverts à la négociation des compromis.

Le questionnement poursuivi par l'ensemble des onze contributions de cet ouvrage privilégie des secteurs stratégiques, soutenus par des trajectoires d'innovation souvent complexes, en premier lieu l'énergie, les transports, l'aéronautique/aérospatiale et l'automobile. En même temps une étude transversale des politiques technologiques européennes, de leur genèse après le second conflit mondial à l'actualité la plus brûlante, s'impose pour expliquer en particulier le déploiement d'un discours spécifiquement européen sur les nouvelles technologies, la mise en place des politiques d'environnement et d'urbanisme, ou l'évolution des rapports entre innovation et standardisation/normalisation. En filigrane figure l'interrogation suivante : ces trajectoires de l'innovation technologique, dans leur diversité et leur complexité, sont-elles des voies de structuration durable de l'Union Européenne ? Quelle est leur contribution réelle, derrière les discours, au processus d'intégration européenne dans une perspective à la fois géoéconomique et géopolitique ? Enfin peuvent-elles contribuer à identifier les tournants imprimés ou subis par les gouvernements des États membres de la Communauté au cours du processus de l'« intégration » ?

Cet ouvrage collectif a donc pour ambition de continuer à éclairer d'un jour nouveau la construction européenne, en l'interrogeant selon le prisme, profondément interdisciplinaire et international, de la technologie et de l'innovation technologique, avec ses interactions, ses pressions multiformes et ses trajectoires différenciées. Dans notre perspective scientifique et historique et dans notre chantier international d'étude, il vaut mieux certainement parler de construction européenne et de coopération que d'intégration, en distinguant bien l'espace européen de la Communauté européenne. Les trajectoires de l'innovation, qu'elles

---

[17] Krige, J., *American Hegemony and the Postwar Reconstruction of Science in Europe*, Cambridge, Mass., The MIT Press, 2006; et Idem, Barth, K.-H. (eds.), *Global Power Knowledge. Science and Technology in International Affairs*, Chicago, University of Chicago Press, 2006; et Sebesta, L., *Alleati competitivi. Origini e sviluppo della cooperazione spaziale tra Europa e Stati Uniti (1957-1973)*, Rome/Bari, Laterza, 2003. Voir aussi Doel, R., « Scientists as Policymakers, Advisors and Intelligence Agents : Linking Contemporary Diplomatic History with History of Contemporary Science », in Söderqvist, T. (ed.), *The Historiography of Contemporary Science and Technology*, Amsterdam, Harwood Academic Publishers, 1997.

Les trajectoires de l'innovation technologique et la construction européenne

soient sectorielles ou transversales, renvoient directement à des systèmes complexes d'acteurs associant gouvernements, entreprises et organismes multinationaux, dont la « géométrie variable », avec le rôle d'organisations internationales telles que l'OTAN, ne facilite pas l'établissement de voies de structuration durable de l'intégration européenne. Dans cette quête, souvent par tâtonnements et par approximations, d'une gouvernance technologique européenne, on ne peut faire l'économie d'une enquête approfondie sur le rôle des gouvernements nationaux et de leurs propres communautés techniciennes, en particulier en termes de stratégies industrielles et de plans d'investissement.

Les contributeurs ont souvent cherché à croiser les différentes échelles qui jouent de façon combinée ou simultanée dans ces trajectoires, en analysant les différences, les décalages et les découplages entre les actions européennes, communautaires et/ou internationales. Ils n'ont pas hésité à montrer de façon pragmatique, dans l'épaisseur historique des trajectoires technologiques qu'ils étudient, le caractère opératoire des concepts de l'économie de l'innovation, en premier lieu des effets de verrouillage et de dépendance de sentier, tout en les confrontant aux données de la géopolitique, voire de la géostratégie et en dégageant le rôle nouveau de la communauté des consommateurs innovateurs.

Les papiers de ce volume permettent en outre de comprendre comment les années 1970 ont représenté un tournant majeur des relations internationales, tout particulièrement pour l'Europe. Le développement technologique fut un vrai défi pour le vieux continent comme l'indiquait dès 1967 Servan-Schreiber dans son livre *Le défi américain*. La décélération du développement économique qui avait caractérisé la dernière phase du « Golden Age », des « Trente glorieuses », et la crise économique déclenchée par le choc pétrolier de 1973-1974 poussèrent l'Europe à rechercher dans l'innovation technologique une solution directe à ses problèmes. On comprit rapidement qu'un tel développement n'était possible que par la mise en place de nouvelles formes de coopération, dépassant le simple cadre national. Dans un tel contexte la construction européenne finit par acquérir elle-même une signification plus complexe. La question du progrès technologique montre en effet l'importance accrue des formes de coopération bilatérale et multilatérale qui souvent ne s'inscrivent pas directement dans le cadre communautaire. Dans cette perspective la problématique de cet ouvrage montre comment la construction européenne constitue un processus particulièrement articulé et comment l'intégration communautaire peut recouvrir différentes formes de coopération, allant de la simple interaction à la véritable intégration.

L'identification de tels éléments de nouveauté s'est dégagée du Projet de recherche national sur l'Europe durant les années 1970 et ils nous permettent de définir, d'une manière plus précise, cette décennie comme un tournant dans l'histoire de l'Europe du XXe siècle.

Les quatre premières contributions présentent des études transversales des politiques technologiques européennes. Elles mettent à jour un discours spécifiquement européen qui fait surface, en suivant le parcours sinueux des projets communautaires et des réalisations intergouvernementales jusqu'à leur intégration dans le cadre de l'Union, dès l'Acte unique pour la politique de recherche commune et son aboutissement, l'élaboration du Programme Cadre (Arthe Van Laer). Il faut cependant prendre en compte « the transfer of competences from the Member States to the EEC that was intrinsic to the constitution of the common market », comme le montre dans ce processus d'intégration européenne, « the management of environmental and social problems deriving from economic and industrial development » (Laura Grazi et Laura Scichilone).

La dimension transversale des trajectoires d'innovation marquant de telles politiques « communautaires » se déploie dans un cadre qui, face à une ambition « européenne », est parcouru de « multiples tensions entre Europe des Nations et Europe intégrée tandis que coopérations bi- ou multilatérales et actions communautaires se partagent des rôles inégaux » (Pascal Griset). Elle nous invite d'autre part, à partir d'un réexamen de l'« issue of infrastructure development and European integration », à des réflexions croisant différents disciplines historiques afin d'établir « a new kind of history of European integration » (Johan Schot) et d'« interconnecter » ainsi le parcours complexe déjà tracé par les historiens de l'intégration européenne[18] avec celui des historiens de la technologie.[19] Cette première partie « Politiques et technologie : mises en perspective » propose une analyse de long terme aux fortes résonances contemporaines dans l'actualité européenne, qu'il s'agisse du Programme Cadre, des *trans-European networks* (TENs), du programme Galileo ou « the "horizontal" nature of environmental and urban problems », depuis les années 1990 « fully and formally recognised by the Member States and Community institutions » (Grazi et

---

[18] Poidevin, *Histoire des débuts de la construction européenne…*, *op. cit.*, et le projet sur les identités européennes lancée en 1993, et coordonné par le Prof. René Girault (Paris I-La Sorbonne).

[19] On pense ici – et Johan Schot en est d'ailleurs un des principaux animateurs – à l'attention portée à la *Transnational History* au sein des projets *Inventing Europe* et *Tensions of Europe* et aussi lors de la conférence annuelle de la *Society of History of Technology* à Lisbonne, 10-14 octobre 2008.

Scichilone). Ces contributions ne dessinent-elles pas, dans une vision prospective, les prochaines « sinuosités » des trajectoires des différentes politiques technologiques des pays membres de l'Union ?

Soulignant à la fois l'importance de l'imbrication entre industrie et recherche dans le processus de la construction européenne et les lacunes de l'historiographie, Pascal Griset, Professeur à l'Université Paris-Sorbonne et Directeur du Centre de Recherche en Histoire de l'Innovation (CRHI), remarque comment ont été privilégiées jusqu'ici des approches nationales, même lorsqu'elles étudient « des grands réseaux internationaux ». La « dimension européenne » comme « la globalité des enjeux » sont « encore trop rarement prises en compte ». L'auteur nous propose alors de poser « quelques points de repères autour de trois questions principales ». Quand les technologies de l'information et de la communication (TIC) se sont-elles imposées dans « le débat public au niveau européen » ? Quelles en furent les conséquences sur les politiques de recherche ? Enfin comment ces initiatives se sont-elles ou non concrétisées « sur le plan industriel pour faire émerger une Europe des TIC » ?

En soutenant leurs monopoles respectifs, les administrations européennes « furent ainsi attentives aux questions de compétitivité » ; il s'agissait en priorité de réduire leur dépendance à l'égard des États-Unis. C'est ainsi que « lorsqu'une prise de conscience "européenne" apparaissait, elle se retrouvait rapidement prise en charge par des dispositifs nationaux qui coopéraient entre eux sans pour autant créer de structures réellement "européennes" ». Ce fut le cas au début des années 1970 avec le programme COST 11 pour développer un réseau d'ordinateurs européens destiné principalement à la recherche, pour faire face au projet américain Arpanet. Au même moment le Comité de l'information scientifique et technique des Communautés Européennes (CIDST) lança un réseau à vocation commerciale qui devait devenir Euronet en 1980. Dans un contexte « radicalement déstabilisé », d'une part par les crises subies durant les années 1970, de l'autre par la déréglementation américaine, et sous la pression aussi d'une « rupture technologique majeure » représentée par la numérisation et son levier, le micro-processeur, la formule des monopoles nationaux ne suffisait plus face à la multiplicité d'acteurs favorisée par le mouvement de la « convergence ». La Communauté se devait d'agir pour établir un nouveau dispositif dans lequel les TIC auraient « quitté l'espace des logiques strictement nationales (articulées les unes aux autres mais gérées exclusivement par les États) pour prendre leur place dans l'espace communautaire ». L'analyse de Pascal Griset convergerait ici avec le concept développé par Johan Schot : « a set of formal and informal rules that together constitute a regime ». En réalité au sein de l'Union européenne un tel « régime » ne vit jamais le jour malgré des expériences intéressantes comme celle de l'European Consortium for Informatics and Mathematics (1989) devenu en 1992 un Groupement d'Intérêt Économique Européen, dont le bilan se révéla fort décevant. Si l'absence de politique industrielle commune en fut en partie la cause, le choix par l'Union d'une voie libérale renforcée a représenté un obstacle majeur à la constitution d'acteurs européens de taille mondiale. Un « Airbus des télécoms » n'a donc jamais vu le jour. Cette trajectoire caractéristique des TIC s'est-elle retrouvée pour d'autres politiques transversales ?

Laura Grazi et Laura Scichilone, attachées de recherche auprès du *Centro interdipartimentale di ricerca sull'integrazione europea* (CRIE-Université de Sienne), proposent de combiner leurs champs respectifs de recherche sur l'urbanisme et l'environnement[20] pour examiner l'émergence d'un éventuel « process of innovation in the methods and content ». L'émergence de l'intérêt « communautaire » doit être reliée aux « emerging social problems » issus de la crise sociale de 1968, marquée par les critiques de certains groupes ou mouvements à l'encontre des dérives de la société de consommation. La genèse de ces deux politiques européennes renvoie à la mise en œuvre des objectifs économiques et commerciaux du Traité de Rome, avec l'harmonisation des législations « necessary for the respect and protection of the principle of free and orderly competition » qui, selon les termes du Traité, devait garantir le bon fonctionnement du futur marché. En même temps l'environnement incitait « the States into multilateral action with a view to international cooperation ». Par conséquent la CEE représenterait « a model for transcending the exclusively national dimension, offering its Member States the opportunity to deal with the challenge of the geographical interdependence of environmental issues on a political and institutional level ».

Tout naturellement s'agissant de l'environnement, mais aussi dès le début de l'urbanisme, le système communautaire appela la science en quelque sorte à son secours. Il s'agit des deux *working groups* au sein du PREST (Politique de la Recherche Scientifique et Technique), organisme rattaché au Comité de politique économique à moyen terme de la CEE, créé en mars 1965 pour réfléchir à l'élaboration d'une politique de recherche commune et devenu en 1974 le CREST (Comité de recherche scientifique et technique). Il ne s'agit là que de deux espaces majeurs de réflexion identifiés et étudiés par Grazi et Schichi-

---

[20] Fruit de leurs Thèses de Doctorat in *Storia del federalismo e dell'unità europea*, dirigées par Arianne Landuyt : Grazi, L., *L'Europa e le città. La questione urbana nel processo di integrazione europea (1957-1999)*, Bologne, Il Mulino, 2007 ; et Scichilone, L., *L'Europa e la sfida ecologica. Storia della politica ambientale europea (1969-1998)*, Bologne, Il Mulino, 2009.

lone, qui ont participé au mouvement d'« horizontal integration of environmental protection in all Community policies » et à l'« urban mainstreaming ».

Si au début des années 1970 la politique de recherche devait « désormais aussi prendre en compte les dimensions environnementales et sociales de la technologie, une nouvelle préoccupation de la Commission », elle devait « avant tout renforcer les industries », note Arthe Van Laer. Chercheuse étudiant les politiques communautaires de la technologie,[21] elle propose de retracer les étapes et la trajectoire qui a conduit au lancement du premier Programme Cadre (juillet 1983), mais surtout à l'art. 130 de l'Acte unique donnant à la Communauté comme objectif de « renforcer les bases scientifiques et technologiques de l'industrie européenne et de favoriser le développement de sa compétitivité internationale ». Face à la première proposition de la Commission Euratom durant l'été 1958 constatant « l'insuffisance d'une politique de recherche limitée à deux secteurs », la CECA, à coté du nucléaire, voulait également encourager l'établissement d'une politique de recherche. Ce fut donc dans un contexte marqué par le débat sur le gap technologique, avec des études exploratoires de l'OECD, que le PREST naquit en mars 1965, dépendant directement de la Commission CEE, avec de simples relations de coordination avec l'Euratom et la CECA. En tout cas, s'il fallait assumer les conséquences du veto du Général de Gaulle à l'entrée de la Grande-Bretagne, il fallait en même temps tenir compte des propositions formulées en faveur de l'établissement d'une Communauté technologique (Harold Wilson, Amintore Fanfani et Robert Marjolin), appuyées par le Conseil des ministres de la Recherche (octobre 1967) et la volonté affichée lors de la Conférence de La Haye de « poursuivre plus intensément l'activité de la Communauté en vue de coordonner et d'encourager la recherche et le développement industriel dans les principaux secteurs de pointe ».

On misait ainsi sur des programmes communautaires, en lançant en particulier en novembre 1970 le COST (Coopération européenne dans le domaine des Sciences et des Techniques), avec plusieurs pays européens hors de la CEE, y compris la Yougoslavie et la Turquie. Il s'agit d'un « cadre pragmatique de procédures pour la conclusion et l'exécution d'accords intergouvernementaux ». En fait les débats qui

---

[21] Doctorante sous la direction de Michel Dumoulin (Université Catholique de Louvain-la-Neuve) avec une thèse sur la politique industrielle de la CEE dans les secteurs de l'informatique et des télécommunications (1965-1984), et co-autrice avec Éric Bussière de « Recherche et technologie ou la "sextuple tutelle" des États sur "la Commission, éternelle mineure" », in Dumoulin, M. (dir.), *La Commission européenne (1958-1972). Histoire et mémoires d'une institution*, Luxembourg, 2007, p. 507-522.

suivirent et les projets envoyés par la Commission au Conseil ne débouchèrent pas sur des décisions favorables à l'établissement d'une véritable politique commune, adossée à des institutions conséquentes telles que le Comité européen pour la Recherche et le Développement (CERD) ou l'Agence européenne de Recherche et Développement. Les États membres ne pouvaient que freiner des formules trop « intégrationnistes » et supranationales, face à une Commission qui avait entrepris une évolution « structurelle » des DG destinées à suivre les affaires techno-scientifiques et leurs relations multiples avec l'industrie. Ce ne fut toutefois que dans le cadre des négociations de l'Acte unique, véritable tournant, qu'une politique commune de recherche put être définie, sous l'impulsion déterminante, selon l'auteur, du commissaire Étienne Davignon (1977-1984).

Tout comme Griset, Van Laer et aussi Grazi et Scichilone présenteraient des expériences et trajectoires historiques de l'innovation compatibles avec le modèle développé par Johan Schot, Professeur à l'Université technologique de Eindhoven et Directeur scientifique de la Fondation Hollandaise pour l'Histoire de la Technologie,[22] autour de la notion de régime : celui-ci est conçu comme un ensemble de règles formalisées ou restées informelles destiné à faciliter la gestion, voire la gouvernance, de réseaux d'infrastructures transnationales. Le COST en serait une bonne illustration en tant que « cadre pragmatique de procédures » (Van Laer), mais on retrouverait également, parmi les éléments favorisant la prise en charge communautaire de l'urbanisme, « the meetings of the OECD and the European Conference of the Ministers responsible for regional/spatial planning within the Council of Europe (CEMAT), which EEC officers often attended » (Grazi). Ce dernier cas nous semble offrir une application globale du modèle présenté par Schot. Celui-ci part des recherches de Alan Milward sur le poids de l'État-nation dans le processus d'intégration européenne, « an instrument […] to build a common market needed in the competition with the USA and former Soviet Union », une thèse dont la validité serait encore une fois démontrée par les récents TENs « in order to rescue again the nation-states in a period of intensive globalization ».

---

[22] Directeur du projet *Transnational Infrastructures and the Rise of Contemporary Europe* ; http://www.tie-project.nl. Cf. Schot J., « Introduction : building Europe on transnational infrastructures », in *The Journal of Transport History*, vol. 28, n° 2 (2007), p. 1-5, mais aussi avec Misa, *Inventing Europe : Technology and the Hidden Integration of Europe...*, op. cit. À la conférence T²M, à Lucerne (5-8 novembre 2009), Schot et Frank Schipper ont reçu le prix *Dr. Cornelis Lely Prize 2009* de l'International Association for the History of Transportation, Traffic and Mobility pour leur papier « The role of experts, their beliefs and networks in European transport integration (1945-1958) ».

En combinant, dans une ambition interdisciplinaire, les approches de l'histoire de la technologie et de l'histoire de l'intégration européenne, Schot propose « a new conceptual perspective on the mutual shaping of infrastructure development and European integration ». L'auteur veut montrer comment, à côté des politiques étrangères et des « nationally framed ideas and interests on European integration », jouent dans les trajectoires de l'innovation européenne « a range of other actors and their perceptions too, although they were often not part of the "official" integration process ». Ce système d'acteurs de l'innovation associe partis politiques, groupes de pression, réunissant entrepreneurs, ingénieurs et de technocrates. Ces derniers développèrent « their own networks as well international organizations including the European Commission ». Or, sur la longue durée, ces acteurs utiliseraient les infrastructures, et plus généralement la technologie « to generate and implement transnational ambitions, including the ambition to create some form of a united Europe ». Schot passe en revue les théories fonctionnalistes et leurs critiques, pour déboucher sur les neofonctionnalistes. Parmi les « adaptateurs » de la théorie fonctionnaliste, Schot souligne les apports d'Ernst B. Haas, *The Uniting of Europe. Political, Social and Economic forces 1950-1957* (1958), qui montre que l'intégration n'a rien d'un processus automatique, voire irréversible, car elle nécessite « a new political community of experts, managers and officials, who can interfere in the power play of nation states ». Par une réflexion approfondie sur les formes de régulation formelle et informelle, en s'appuyant sur les travaux de William Wallace, Wayne Sandholtz, Alex Stone Sweet et Lars Cederman, Schot débouche sur la formulation du concept de régime, normes prenant corps in « regulations, decision making procedures, engineering search heuristics and standards around which actor interpretations and expectations converge », qui produisent une certaine coordination au niveau transnational. Le « European integration process » et plus largement le processus de la construction européenne en offriraient plusieurs illustrations pertinentes, avec en particulier les trajectoires des politiques transversales.

En termes de périodisation, les trois premières contributions identifient les années 1970 comme une période décisive de débats sur la mise en œuvre de politiques technologiques et industrielles communautaires, voire intégrationnistes. Pourtant elles représentent d'abord une décennie de choix réalistes en termes de coopérations intergouvernementales, qui échappent au caractère obligatoire et irréversible de toute politique communautaire. Un mouvement a été en tout cas enclenché et dans cette perspective les années 1970 représenteraient un tournant important préparant les décisions de l'Acte unique durant la décennie suivante.

Les politiques transversales présentées dans les quatre contributions cherchent bien à établir des trajectoires d'innovation durables, combinant difficilement les deux voies de structuration géopolitique et géoéconomique de l'Europe, politique communautaire ou simplement coopération intergouvernementale. Les deux voies se sont nourries du développement de divers réseaux d'acteurs institutionnels ou privés, dont la diversité risque d'échapper à tout effort de modélisation, voire à toute typologie globale. En effet, comme le montre l'ensemble des contributions de l'ouvrage, à la variété des personnalités majeures des chefs d'État et de gouvernement, de Pompidou à Brandt, de Wilson à De Gaulle ou Adenauer, il faut ajouter la diversité des personnalités et des milieux des hauts fonctionnaires nationaux ou communautaires, des entrepreneurs, des ingénieurs, aussi des juristes et des conseillers économiques ou scientifiques. En définitive l'histoire du processus de la construction européenne est bien avant tout une affaire et une histoire d'« experts » se croisant au niveau transnational, mais d'experts disparates, et participant à de réseaux diversifiés par l'origine professionnelle de leurs membres, leur nature même d'organismes institutionnalisés ou de cercles informels.

Le second volet de cet ouvrage ternaire est consacré à un secteur stratégique s'il en est, l'énergie, moteur et indicateur de la construction européenne, de la CECA (1951) et de l'Euratom (1957) aux directives énergétiques des années 1990 et 2000 et à la relance du projet de réacteur pressurisé européen (EPR). Quatre contributions étroitement complémentaires balayent le prisme sectoriel de l'innovation technologique, en envisageant respectivement, sur le dernier demi-siècle :

– le projet de réacteur nucléaire de l'OECE *Halden* au tournant des années 1950 et 1960, élaboré autour de la Norvège et des Pays-Bas mais auquel participèrent la Grande-Bretagne et la Suède, et dans une moindre mesure l'Allemagne et l'Italie (Mauro Elli),

– le rôle ambivalent de la coopération technologique dans les stratégies énergétiques déployées par les pays européens durant les années 1970 pour répondre aux chocs pétroliers (Francesco Petrini)

– les trajectoires complexes de l'innovation technologique dans l'industrie électrique des pays européens depuis 1945, marquées à la fois par les rapports manufacturiers/opérateurs et par les tensions entre nationalisme, multinationalisation et européisation (Yves Bouvier)

– les trajectoires de l'innovation multiforme, non seulement technologique mais aussi largement organisationnelle, de la genèse de l'interconnexion européenne des réseaux de transport d'électricité, insistant sur la dilatation et la géométrie variable de l'espace électrique européen (Christophe Bouneau).

La chronologie ternaire dégagée par Yves Bouvier dans sa contribution peut s'appliquer à l'ensemble du secteur énergétique en Europe. Une première phase antérieure au second conflit mondial, mais courant, à l'exception de la France jusqu'à la fin des années 1950, voire jusqu'au cœur des années 1960, correspond à une profonde internationalisation des manufacturiers du secteur énergétique, en particulier parce qu'ils pratiquaient le principe de l'*Unternehmergeschäft*, leur donnant la suprématie sur les opérateurs en aval de la filière. En outre comme le confirment aussi bien les contributions de Mauro Elli, de Francesco Petrini et de Christophe Bouneau, la trajectoire de l'innovation technologique empruntée par le secteur intègre un *trend* majeur d'américanisation, qui s'est exprimé sur plusieurs registres, en particulier dans le domaine pétrolier et dans le domaine nucléaire.

Une seconde période, enclenchée dès les lendemains de la Seconde Guerre mondiale pour la France et la Grande-Bretagne, plus tardivement mais de façon tout aussi profonde pour l'Allemagne et l'Italie, et même les pays du Benelux et de Scandinavie, est dominée par une trajectoire de nationalisation des enjeux énergétiques européens. Dominée par de puissantes entreprises nationales, qu'ils s'agissent de compagnies pétrolières, d'opérateurs intégrés pour l'électricité ou de champions manufacturiers, comme KWU en Allemagne, la construction d'un espace européen technologique ne peut s'effectuer que sur la base de compromis bilatéraux ou multilatéraux permanents ou sur un intérêt stratégique supérieur, dicté à la fois par la sécurité et la taille des investissements, comme pour le surgénérateur Superphénix. Comme le montre clairement Francesco Petrini, l'influence sur les modes de coopération technologique européenne du double choc pétrolier des années 1970 et de la crise économique qui l'accompagne est profondément ambivalente. D'un côté les réflexes sécuritaires nationaux furent exacerbés, avec une stratégie à court terme du chacun pour soi et de la préservation des prés carrés ; mais en même temps l'intérêt d'une stratégie commune, en priorité de coopération technologique, devint évident pour répondre aux pressions des pays producteurs d'hydrocarbures et des grandes puissances énergétiques extra-européennes.

Une troisième période, complexe, s'est ouverte au début des années 1990 avec la construction du marché européen unique et une trajectoire de dérégulation/rerégulation. Elle impliqua une nouvelle dynamique de coopération technologique à une échelle vraiment européenne pour des raisons convergentes. Un renforcement des impératifs communautaires de sûreté et de sécurité de l'approvisionnement énergétique alimenta ainsi la progression, même très lente et discontinue, de l'intégration européenne. Au-delà des conséquences immédiates de Tchernobyl, les menaces posées par les puissances énergétiques extra-européennes, en premier lieu la Russie, amenèrent un approfondissement, a priori irréversible, des mécanismes d'interconnexion, sur des échelles européennes et des registres technologiques différents. Par exemple, comme le montre la contribution de Christophe Bouneau, les transferts technologiques dans le domaine de l'aménagement et de l'exploitation des réseaux de transport d'électricité, doivent répondre depuis une dizaine d'années à une nouvelle logique euro-méditerranéenne. Dans le domaine plus largement énergétique, avec les enjeux en particulier gaziers, mais aussi demain avec la valorisation de l'énergie solaire du Sahara, la trajectoire technologique de la recherche et de l'industrie de pointe du secteur se pose de plus en plus en termes méditerranéens, au sens large, associant trois continents.

Luciano Segreto, discutant de cette Session « Énergie et innovation technologique : des défis permanents », a pu souligner que ces quatre contributions, étroitement complémentaires, ont interrogé un ensemble de couples ou de binômes problématiques, dont la pertinence est transversale en sciences humaines et sociales. Mais cette pertinence est accentuée dans le champ d'études de la construction et de l'intégration européenne. Il en est ainsi depuis 1945 des tensions à l'échelle européenne pour les binômes acteurs privés/acteurs publics, en étant bien conscients que les acteurs du « public » ont parfois défendu des intérêts « privés », technocratie/pouvoirs politiques, culture technique nationale/marchés internationaux et intégration supranationale. Dans la comparaison entre la période fondatrice, mais aussi celle de la crise énergétique des années 1970, et la conjoncture actuelle, soulignons que dans le discours, sinon dans la pratique politique, la question de l'indépendance énergétique est remplacée, dans la perspective de l'accroissement de la sûreté et de la sécurité des approvisionnements, par le langage de la coopération, en priorité technologique (partenariat, investissements directs, transferts technologiques, consortiums) avec les pays de l'ancien bloc de l'Est.

Les quatre contributions débouchent sur la permanence de l'interrogation suivante : les entreprises énergétiques arrivent-elles vraiment à dépasser le cadre national pour s'inscrire dans une dimension pleinement multinationale ? Et dans ce cas la configuration peut-elle être européenne ou/et communautaire ? Ainsi lorsque EDF réalise des acquisitions à l'étranger, la signification politique et même stratégique est bien différente des opérations d'investissement et d'implantation réalisées par E.ON ou Enel.

Jusqu'à quel point les politiques peuvent-ils comprendre des questions aussi techniques et complexes que celles traitées dans la contribution de Mauro Elli à propos du déploiement du projet *Halden* ? Si politiques et experts, sinon technocrates, peuvent efficacement cohabiter, le point crucial d'irréversibilité, le *small event* dans la trajectoire d'innovation reste le choix de la technologie la plus appropriée à chaque situation et chaque configuration. Dans le domaine énergétique, comme dans la majorité des secteurs croisant logiques industrielles et offre de services aux consommateurs les relations entre ces deux types d'acteurs sont trop complexes pour créer des modèles et doivent donc être traitées au cas par cas, dans l'empirisme souvent décourageant de l'épaisseur et de la complexité historique. Certes les trajectoires dominantes peuvent être identifiées, avec comme le souligne Yves Bouvier un changement profond de paradigme énergétique entre les années 1950 où le credo était l'exploitation à tout va et les années 2000 et désormais 2010 où, au-delà des gisements d'économie d'énergie, le consommateur occupe une place déterminante, médiatique sinon politique, entraînant un basculement entre opérateurs et producteurs. Le processus d'intégration européenne complexifie indubitablement les relations public/privé, entraînant une redéfinition des catégories et débouche sur l'éternelle question de la gouvernance et du « pilote dans l'avion », métaphore qui est loin d'être galvaudée dans l'étude du secteur énergétique européen et de ses trajectoires d'innovation.

Ces trajectoires de l'innovation technologique qui nourrissent la construction d'une Europe de l'énergie dépassent donc très largement les deux enjeux classiques de l'influence, voire de « l'impérialisme » technologique, des États-Unis et d'autre part de l'intégration, radicale ou progressive, de l'Europe de l'Est. Dans cette perspective la création de la CEE en 1957, et n'oublions pas de l'Euratom dans la droite ligne de la coopération énergétique et industrielle inaugurée par la CECA en 1951, ne représente pas une rupture chronologique évidente. Pour autant l'accumulation d'obstacles à la fois géopolitiques et citoyens, malgré les impératifs de la reconnaissance du paradigme du développement durable, débouche encore trop souvent sur le constat d'une Europe « en panne d'énergie ».[23] Mais durant les cinquante dernières années l'histoire des trajectoires d'innovation de la filière nucléaire, des plate-formes pétrolières et des matériels de forage, ou des dispositifs sophistiqués d'interconnexion n'a-t-elle pas administré la preuve que la technologie, dans sa complexité schumpétérienne, était un des meilleurs leviers de la construction, voire de l'intégration, européenne ?

Les technologies de l'énergie ont maintes fois montré depuis les années 1950 leur caractère européen prométhéen, même si le « choix du feu » reste un éternel recommencement, comme en attestent les bifurcations répétées des stratégies industrielles européennes concernant aussi

---

[23] Voir Derdevet, M., *L'Europe en panne d'énergie. Pour une politique énergétique commune*, Paris, Descartes et Cie, 2009.

bien les économies d'énergie, que le mix énergétique ou le choix de la filière du surgénérateur.[24] En tout cas la logique de co-construction de l'intégration européenne institutionnelle et d'une communauté européenne de l'innovation, à l'œuvre depuis plus d'un demi-siècle, c'est-à-dire depuis la décennie fondatrice des années 1950, a souvent obéi dans le secteur énergétique à un processus de découplage/décalage.

Le troisième volet de cet ouvrage présente trois secteurs – automobile (Sigfrido Ramírez Pérez), aérospatial (Filippo Pigliacelli), aéronautique (David Burigana) – aujourd'hui fortement liés aussi bien par leur intensité élevée en hautes technologiques que par leur importante place industrielle symbolique dans l'imaginaire européen. Si l'aéronautique peut s'appuyer comme porte-drapeau européen sur *Airbus*, le secteur aérospatial voit sa trajectoire considérablement influencée par les coopérations avec les États-Unis, les relations avec la Russie et la Chine, dans le cadre privilégié de l'European Space Agency. Si la politique de données sécurisées de l'Union ne constitue pas une préoccupation prioritaire de l'opinion publique, avec le réseau d'exploitation des données satellitaires dont la pièce maîtresse est l'Agence de l'UE à Torrejón de Ardoz (Madrid), en revanche elle est tout à fait consciente du défi majeur lancé par Galileo au système américain GPS. Cette image idéale de l'européanisation de l'aéronautique/aérospatiale recouvre mal une réalité faite de politiques dominées par le jeu des intérêts nationaux, qui priment sur d'éventuelles « institutionnalisations » communautaires. L'automobile le montre bien, car, face à la crise, certaines entreprises se lient encore plus aux États-Unis, et une stratégie mondialisée d'alliances semble prévaloir combinée à une compétition intra-européenne accrue.

Les trois contributions présentent comment le cadre de l'UE a été perçu et utilisé et quelle stratégie « européenne » a été déployée dans ces trois secteurs par les États membres, et leurs acteurs, milieux gouvernementaux, entrepreneurs privés et d'État, ingénieurs et savants. – les trois papiers vont bien l'indiquer. Ils dessinent une trajectoire esquissée par les membres de la Communauté bien avant les années 1970. Cette décennie, malgré ses échecs communautaires, plutôt qu'un tournant majeur a fourni les bases des développements futurs, en multipliant les voies de coopération intergouvernementale, dépassant même la dimension européenne.

---

[24] Voir Gras, A., *Le choix du feu. Aux origines de la crise climatique*, Paris, Fayard, 2007.

Sigfrido Ramírez, spécialiste des trajectoires de l'automobile dans le cadre communautaire,[25] ayant l'habitude de la collaboration avec des historiens de la technologie, de l'économie et de l'intégration européenne, analyse pour l'automobile le développement d'un système de normes standardisées dans la Communauté, sous l'influence des contraintes technologiques mais surtout des *lobbies* néo-protectionnistes. L'accord mondial actuel, en vigueur depuis août 2000 et signé sous le leadership de l'UE, des États-Unis et du Japon, est, selon l'auteur, « a direct consequence of the importance of the EEC/EU in this path towards reaching public objectives through the political regulation of an industry where operated giant corporations ». Cet accord est géré par le World Forum for Harmonisation of Vehicle Regulations, connu également comme le Working-Party 29 de la United Nations Economic Commission for Europe (UN-ECE). Les premières tentatives d'une régulation européenne « through intergovernmental cooperation » se déployèrent au sein du WP 29 et dans le cadre de son Accord de 1958. Ramírez analyse ensuite, dès la naissance de la CEE, le parcours menant à la Directive 70/157 sur le bruit et le système d'échappement dans le sillage de la 70/156 *The Community type-approval procedure*. Or pourquoi à partir d'un tel tournant, marqué certes par la convergence d'intérêts entre les deux premiers producteurs en Europe, Français et Allemands, face aux défis américains « of stringent environmental standards », ne se servit-on pas de l'« EEC-standardisation as an engine for the international creation of standards within the WP 29 » ? Malgré plus de quinze Directives sur l'automobile jusqu'au milieu des années 1970, ce ne fut que par la Directive 92/53 qu'on traita le véhicule dans sa totalité. Ramírez nous immerge enfin dans l'entrelacs des relations tissées à la fois par les milieux gouvernementaux, les lobbies et la Commission. Il nous dévoile alors dans quelle mesure, dans une Communauté élargie, l'automobile fut tenue à l'écart de la libre circulation des biens sans « the substitution of national legislations by a global EEC system of type-approval ».

Auteur d'un ouvrage sur la politique européenne de l'espace,[26] membre du groupe italien de recherche sur l'ESA, auteur d'une thèse sur les origines de la politique de recherche et de développement des

---

[25] Sa Thèse *Public policies, European integration and multinational corporations in the automobile sector between 1945 and 1973 : The French and Italian cases in comparative perspective*, Institut Universitaire Européen, Firenze, sous la direction de Bo Stråth et Alan S. Milward.

[26] *Una nuova frontiera per l'Europa. Storia della cooperazione spaziale europea (1958-2009)*, Bologne, CLUEB, 2006.

communautés,[27] Filippo Pigliacelli introduit l'espace comme autre champ de l'intégration européenne. Il le fait d'abord en nous rappelant que la genèse d'une telle politique en 1959 était l'œuvre en grande partie de deux « vétérans » de la coopération scientifique : un Français, Pierre Augier, et [...] un Italien, Edoardo Amaldi, engagés tous les deux dans la grande expérience du CERN. Pigliacelli reconstruit la trajectoire du débat sur le gap technologique qui est à la base de l'« European Technological Community », avec la question décisive de la candidature britannique. Ce défi considérable lancé aux États-Unis, médiatisé en 1967 par l'ouvrage de Jean-Jacques Servan-Schreiber, apparaît dès 1964 sous la plume de Pierre Cognard, chef du Service au Plan de la Direction Générale de la Recherche Scientifique et Technique. Dans le cadre du nouveau groupe PREST au sein de la CEE mais aussi au sein de l'OECD, l'évaluation de ce gap est facilitée par le « Manuel Frascati », *The Proposed Standard Practice for Surveys of Research and Experimental Development*. Les années 1960 sont bien une période de réalisations importantes, grâce à ESRO (European Space Research Organization) et ELDO (European Launcher Development Organization), mais aussi à la « ELDO's falling parabola » (1964-1969), sans oublier les origines de l'ESA (1975).

Or les années 1970 annonceraient une inflexion de la trajectoire de l'innovation technologique européenne avec l'action d'Altiero Spinelli, commissaire aux Affaires industrielles, scientifiques et technologiques, et son chef de cabinet, Christopher Layton, auteur de *European advanced technology. A programme for integration* (1969). Malgré la réalisation d'Ariane 1 (1979), seul le nouveau contexte des années 1990 favorisa l'amorce d'un « coherent European Strategy for Space », qui se concrétisa en 2003 lorsque la Commission avec l'ESA Executive publia un White Paper, après une consultation ouverte (le Space Green Paper), et lorsque l'ESA signa avec l'UE un Framework Agreement pour « the coherent and progressive development of an overall European Space Policy ». On prévoyait « a common, inclusive and flexible platform encompassing all activities and measures to be undertaken by the EC, ESA and other stakeholders (e.g. national organisations) ». En réalité il ne s'agissait que de « guidelines in order to develop common programs ».

Les acteurs engagés dans le secteur aérospatial à l'échelle transnationale évoluent dans le cadre de la coopération/régulation européenne que les gouvernements, selon Ramírez, ont suivi en plein accord avec

---

[27] *Una comunità europea per la scienza : un "sogno dei saggi"? Alle origini della politica di ricerca e sviluppo delle comunità europee (1949-1971)*, Université de Pavie, 2004.

leurs entreprises : l'accord de 2000 vise à créer « a double-track procedure [...] through harmonisation of existing national standards and by the setting up of single standards applied worldwide ». Selon également Pigliacelli la logique intergouvernementale, le caractère volontariste et donc la philosophie « du programme » ont prévalu par rapport à la logique « de la politique communautaire » représentée par une ESA Agence de l'UE. Face aux projets d'une structuration au niveau européen des industries aéronautiques nationales, le choix conscient et déterminé des milieux gouvernementaux en faveur de la voie intergouvernementale est au cœur de la contribution de David Burigana. Comme les Anglais le déclarèrent dans le secret de leurs archives, « one thing on which the French and German Governments are agreed is that collaboration on aerospace is essentially a matter for Governments and the role of the European Commission should be limited ». Et les Allemands précisaient que la Commission pouvait bien être « a forum for discussion but little else of positive nature » parce qu'elle « could well have a negative effect by setting up rigid procedures which would limit our freedom of action ».

C'est à partir d'un tel constat, déjà développé par l'auteur dans d'autres travaux, que Burigana propose trois axes de réflexion à partir de l'aéronautique en examinant leurs conséquences en termes de trajectoires, dans une approche historique résolument interdisciplinaire. Il étudie d'abord le rôle des hauts responsables de la politique étrangère, à côté des techniciens et des entrepreneurs, dans le lancement d'une trajectoire de l'innovation, en particulier des Présidents Pompidou et Nixon pour l'accord SNECMA/GE (1971-1974), qui ont été aux origines de l'actuel CFM International, premier producteur au monde de moteurs civils. Le deuxième axe s'attache au rôle des entreprises en contact étroit avec les milieux gouvernementaux, sans lesquels elles ne pourraient participer à une nouvelle dynamique technologie au niveau transnational. C'est encore le cas de GE mais aussi de Hawker Siddeley Aviation et de sa participation au premier Airbus, sans le soutien officiel de son gouvernement. Enfin l'auteur analyse l'influence que les alliés américains ont eue « sur l'échange technologique intra-européen, et sa réelle portée ». Entre l'« hegemony » de John Krige[28] et l'« alleanza competitiva » de Lorenza Sebesta,[29] Burigana suggère une « fructueuse coopération » : l'accord SNECMA/GE est à la fois un cas moins médiatisé à l'époque et trop méconnu aujourd'hui par l'historiographie par rapport à l'accord « anti-Airbus » de Boeing et Aeritalia pour le futur B767. Durant les années 1970, années de crise, quelle était la stratégie

---

[28] Krige, *American Hegemony, op. cit.*
[29] Sebesta, *Alleati competitivi, op. cit.*

américaine, dans quelle cadre « communautaire » allait-elle se déployer, avec quelles conséquences pour celui-ci et grâce à quelles connivences ? Burigana répond à ces interrogations à partir d'archives gouvernementales et d'entreprises des divers pays engagés. Il nous livre une approche croisant les points de vue nationaux afin de mieux cerner la dimension transnationale de l'innovation technologique.

Les trois contributions permettent de vérifier comment l'innovation technologique, liée à la nécessaire coopération transnationale, a contribué non seulement à créer au sein de l'Europe « communautaire » un tissu de réseaux qui l'a structurée au-delà des institutionnalisations avortées, dès les années 1950, avec une accélération dans les années 1960 et des réflexions anticipatrices durant les années 1970. Les trajectoires de l'innovation technologique appliquées à des secteurs stratégiques tels que l'automobile, l'aérospatial et l'aéronautique, ont en fait renforcé la voie intergouvernementale dans le processus de la construction européenne, tout en favorisant l'institutionnalisation actuellement en cours au sein de l'UE. Enfin, en dépassant une vision toujours trop nationale pour adopter résolument une dimension transnationale, grâce à l'emploi de sources d'archives diversifiées à l'échelle internationale, les trois contributions montrent que la valeur attribuée par les États membres de la Communauté à l'innovation technologique reste prioritairement un enjeu de politique étrangère. Cette trajectoire se développe face à la stratégie des États-Unis de contrôle et/ou d'exploitation commerciale du développement technologique des « alliés » européens, comme l'a remarqué le discutant Ruggero Ranieri.

Le colloque et cet ouvrage sont le résultat d'un remarquable travail collaboratif du personnel administratif du Département d'études internationales de l'Université de Padoue et du Secrétariat de la Maison des Science de l'Homme d'Aquitaine ainsi que du secrétaire scientifique du programme LTI : les éditeurs tiennent à leur faire part de leurs vifs remerciements.

La publication de cet ouvrage a été rendue possible grâce à un financement PRIN.

Padoue/Bordeaux, avril 2010

POLITIQUES ET TECHNOLOGIE :
MISES EN PERSPECTIVE

POLITICS AND TECHNOLOGY:
VIEWS FROM DIFFERENT PERSPECTIVES

Les technologies de l'information et de la communication, réalités et faux semblants d'une « ambition » européenne[1]

Pascal GRISET

Université Paris-Sorbonne

Dans le processus de construction européenne l'industrie et la recherche ont joué des rôles dont l'importance s'est avérée fluctuante. Centrale au moment de la CECA l'industrie s'est progressivement effacée, le Marché commun se construisant dans un premier temps autour de l'agriculture et de manière croissante dans le sens d'une dynamique plus large d'union commerciale. Les réussites industrielles furent en fait l'apanage de dispositifs bi ou multi latéraux dont Airbus reste l'exemple le plus abouti.[2] La recherche s'est quant à elle trouvée cantonnée à des domaines très spécifiques comme le nucléaire ou le spatial, là où les enjeux politiques et symboliques permettaient de faire converger les initiatives au sein d'organisation très visibles pour l'opinion comme le CERN ou l'Agence Spatiale Européenne.[3] Le caractère pionnier de ces domaines et les champs d'application industriels encore peu développés facilitaient par ailleurs la mise de côté de rivalités économico-commerciales trop immédiates. Cette histoire de l'innovation en Europe, pour l'Europe recoupe, au-delà de ses spécifici-

---

[1] L'appareil critique de ce texte a été complété grâce aux apports de Léonard Laborie et Valérie Schafer. Qu'ils en soient ici remerciés.

[2] Voir notamment Chadeau, E. (dir.), *Airbus, un succès industriel européen : industrie française et coopération européenne, 1965-1972, Actes du colloque* organisé par l'Institut d'histoire de l'industrie, 23 juin 1994, Paris, ed. Rive Droite, 1995 ; McGuire, S., *Airbus Industrie*, New-York, St Martin's Press, 1997 ; Newhouse, J., *Boeing versus Airbus*, New York, Alfred A. Knopf, 2007.

[3] Harris, R.A. (ed.), *The history of the European Space Agency : proceedings of an international symposium : 11-13 November 1998, The Science Museum, London,* Noordwijk, ESA Publications Division, 1999; Hermann, A., Krige, J., Mersits, U., *History of CERN*, Amsterdam/Oxford/New York, North-Holland, 1987-1990, 2 vol ; Krige, J., Russo, A., Sebesta, L., *A history of the European space agency (1958-1987)*, Noordwijk, ESA Publications Division, 2000, 2 vol.

tés les questionnements liés à l'émergence d'une Europe politique. On y retrouve les mêmes tensions entre Europe des Nations et Europe intégrée tandis que coopérations bi ou multilatérales et actions communautaires se partagent des rôles inégaux.

Dans ce cadre, les technologies de l'information suivent une trajectoire particulière. Elles entrent en scène selon une chronologie qui leur est propre apparaissant dans le débat à partir des années 1970 pour devenir plus visibles à partir de la seconde moitié des années 1980. Elles s'imposent alors comme un domaine incontournable, révélateur à bien des égards de la réalité de ce qu'est ou plutôt de ce que pourrait être une « Europe de la recherche ». L'historiographie reste limitée sur ces questions.[4] Les approches existantes concernent principalement l'échelle nationale ou bien encore l'histoire des grands réseaux internationaux. La dimension européenne tout comme la globalité des enjeux autour des technologies de l'information et de la communication, incluant de manière indissociable, télécommunication, media et informatique, restent encore trop rarement prises en compte, même si des recherches récentes, nous y reviendrons, laissent augurer des développement rapides et fructueux.[5]

---

[4] On consultera utilement : Guzzetti, L., *Science and Power : the Historical Foundations of Research Policies in Europe*, Office des publications officielles des Communautés européennes, Luxembourg, 2000 ; Krige, J., Guzzetti, L. (eds.), *History of European Scientific and Technological Cooperation*, Luxembourg, European Communities, 1997 ; Laredo, P., « Vers un espace européen de la recherche et de l'innovation », in Mustar, P., Penan, H. (dir.), *Encyclopédie de l'innovation*, Paris, Economica, 2003 ; Pestre, D., Morange, M., Lock, G., *L'américanisation de la recherche*, Association Diderot, Presses universitaires de France, Paris, 1995 ; Gérard Bossuat a dirigé un numéro spécial du *Journal of European Integration History* (vol. 12, 2006/2) sur l'histoire de la recherche technique et scientifique dans le cadre communautaire ; voir enfin Bussière, É., Van Laer, A., « Recherche et technologie ou la "sextuple tutelle" des États sur la Commission, éternelle mineure », in Dumoulin, M. (dir.), *La Commission européenne (1958-1972). Histoire et mémoires d'une institution*, Luxembourg, 2007, p. 507-522.

[5] Sur les grands réseaux européens, la bibliographie s'est considérablement étoffée ces dernières années, à la suite de travaux pionniers : Bouneau, Ch., « Les politiques d'interconnexion électrique en Europe occidentale durant la première moitié du XXe siècle », in *Industrie et politique en Europe occidentale et aux États-Unis (XIXe-XXe siècles)*, Paris, Presses de l'Université Paris-Sorbonne, 2006, p. 209-223 ; Kaijser, A., Van der Vleuten, E. (eds.), *Networking Europe. Transnational Infrastructures and the Shaping of Europe (1850-2000)*, Canton (Mass.), Watson Publishing International / Science History Publications USA, 2006 ; Laborie, L., « Experts et réseaux techniques : penser et réaliser le quotidien de l'Europe moderne » et « Expertise et coopération techniques face à la Guerre froide et à la construction européenne », in Guillaume, S. (dir.), *Penser et construire l'Europe (1919-1992)*, Paris, Éllipses, 2007 ; McGowan, F., « The Internationalisation of Large Technical Systems : Dynamics of Change and Challenges to Regulation in Electricity and Telecommunications », in Coutard, O. (eds.), *The Governance of Large Technical Sys-*

Pour contribuer à une réelle prise en compte de ces approches je poserai quelques points de repères autour de trois questions principales :

– Comment et quand les technologies de l'information et de la communication sont elles apparues dans le débat public au niveau européen ?

– Quelles furent les initiatives qui permirent en matière de recherche de prendre concrètement en compte ce défi ?

– Comment cet ensemble parfois disparate d'initiative s'est-il ou non concrétisé sur le plan industriel pour faire émerger une Europe des technologies de l'information et de la communication ?

1. L'irruption d'un nouveau domaine dans les dynamiques européennes

Les télécommunications ont été depuis le XIXe siècle un champ privilégié de coopération entre les pays européens. Des premières Unions télégraphiques du XIXe siècle à l'Union Internationale des Télécommunications, les grandes nations européennes ont joué un rôle moteur fondé sur la gestion des intérêts bien compris d'entités aux valeurs et aux principes de fonctionnement identiques.[6] Ce « consensus », fondé sur la coopération entre monopoles ou exceptionnellement oligopoles nationaux, dépassa même l'Europe, puisqu'au Japon les principes furent très proches et qu'aux États-Unis, le monopole privé d'AT&T reposait à bien des égards sur des principes comparables.[7] Ces dispositifs n'ont pas démérité. En Europe ils ont permis l'interconnexion des réseaux dès les premiers développements des technologies. Les administrations furent ainsi attentives aux questions de compétitivité. Qu'il s'agisse de téléphonie, de télécommunications spatiales ou de télévision les administrations européennes s'efforcèrent de maintenir un niveau technologique de qualité tout en réduisant leur dépendance à l'égard des entreprises

---

tems, Londres, Routledge, 1999, p. 217-238 ; Merger, M., Carreras, A., Giuntini, A. (dir.), *Les réseaux européens transnationaux, XIXe-XXe siècles. Quels enjeux ?*, Nantes, Ouest Éditions, 1995.

[6] Laborie, L., *La France, l'Europe et l'ordre international des communications (1865-1959)*, Thèse, Université La Sorbonne-Paris IV (P. Griset dir.), 2006, 1162 p.

[7] Le cas américain est le plus complexe, la téléphonie étant placée au sein de l'Union sous un monopole de fait du Bell system (AT&T) durant la majeure partie de son histoire alors que la télégraphie domestique et les télécommunications internationales connurent une concurrence limitée entre un nombre restreint d'entreprises. Chandler, A.D., Cortada, J.W. (eds.), *A Nation Transformed by Information : How Information Has Shaped the United States from Colonial Times to the Present*, Oxford University Press, 2000.

américaines, dominantes sur ces secteurs.[8] Cette volonté fut bien évidemment inégale selon les pays. Les Allemands ressentirent moins fortement cet état de fait en raison de la force d'une entreprise comme Siemens, alors que les Britanniques et plus encore les Français le subissaient lourdement. Très actifs en matière de recherche dans les années 1950 les Britanniques relâchèrent leur effort dans les années 1960 au moment même où la France sous l'impulsion du Centre National d'Étude des Télécommunications monta en puissance dans ces domaines nouveaux de hautes technologies.[9] Le succès du programme de développement de la commutation temporelle sera l'aboutissement de cette politique industrielle nationale vigoureuse.[10]

Les logiques et les efforts furent donc pendant plus d'un siècle très largement nationaux. Lorsqu'une prise de conscience « européenne » apparaissait elle se retrouvait d'ailleurs rapidement prise en charge par des dispositifs nationaux qui coopéraient entre eux sans pour autant créer de structures réellement « européennes ».

Les Européens sont ainsi préoccupés dès le début des années 1970 par la montée en puissance des États-Unis dans le domaine des réseaux informatiques. Les premiers projets européens en ce domaine apparaissent en 1971 avec le programme de Coopération scientifique et technique COST 11 qui associe huit gouvernements européens (la France, l'Italie, la Yougoslavie, la Norvège, le Portugal, la Suisse ; la Suède, la Grande-Bretagne) et l'Euratom le 23 novembre 1971.[11] Les Pays-Bas le rejoignent en août 1974. Il s'agit de développer un réseau d'ordinateurs

---

[8] Griset, P., « Fondation et Empire : l'hégémonie américaine dans les communications internationales (1919-1980) », in *Réseaux*, n° 49, CNET, 1991, p. 73-89. Cette politique n'a pas empêché des rivalités entre administrations européennes – par exemple sur les procédés Pal et Secam de colorisation de la télévision : Fickers, A., « *Politique de la grandeur* » versus « *Made in Germany* ». *Politische Kulturgeschichte der Tecknik am Beispiel der PAL-SECAM-Kontroverse*, Münich, Oldenbourg, 2007.

[9] Griset, P., « Le développement du téléphone en France depuis les années 1950. Politique de recherche et recherche d'une politique », in *Vingtième siècle. Revue d'histoire*, octobre-décembre 1989, p. 41-53.

[10] Le central Platon est en 1970 le premier commutateur temporel au monde desservant les abonnés du réseau public. Libois, L.-J., « De Platon à la numérisation du réseau français de télécommunications : le choix stratégique de la commutation électronique temporelle », in *Cahiers d'histoire des télécommunications et de l'informatique*, AHTI, vol. 3, 2004, p. 17-35 ; Griset, P., *Les réseaux de l'innovation, Pierre Marzin (1905-1994)*, Musée des télécoms, nov. 2005, p. 24-28 ; Bouvier, Y., *La Compagnie générale d'électricité : un grand groupe industriel et l'État. Technologies, hommes et marchés (1898-1992)*, Thèse, Université La Sorbonne-Paris IV (P. Griset dir.), 2005, 1139 p.

[11] European Informatics Network, COST Project 11, *A European Informatics Network. Report on the Project*, 1980, 119 p.

européens destiné principalement à la recherche, alors que les Américains avaient commencé à réaliser le projet Arpanet.[12]

Parallèlement est lancé le projet d'un réseau de téléinformatique à vocation plus commerciale par le Comité de l'information scientifique et technique des Communautés Européennes (CIDST). En 1974 un plan d'action de trois ans est adopté par le Conseil des Ministres de la Communauté qui en confie la responsabilité à la Direction Générale pour l'Information et la Documentation Scientifique et Technique (DG XIII) de la Commission. D'origine communautaire, ce programme, est ramené dès 1975 dans les logiques des opérateurs nationaux.[13] Monopole oblige c'est en effet aux administrations des PTT qu'est confiée la réalisation du réseau de transmission de données. Celles-ci sont prêtes à assurer cette tâche sur laquelle leurs experts avaient déjà très sérieusement travaillé au sein de la CEPT.[14] Le 31 mars 1980 est ouvert le réseau Euronet dont l'objectif est de permettre l'accès aux diverses banques et bases de données scientifiques, techniques et socio-économique à partir de tout terminal informatique situé dans la Communauté. C'est le premier réseau européen d'accès direct à l'information, infrastructure de transport qui ne possède aucun moyen propre de traitement informatique[15] mais constitue néanmoins une avancée très importante alors que les réseaux de données apparaissent comme un enjeu majeur de part et d'autre de l'Atlantique tout comme au Japon.

Les administrations européennes n'ont donc pas démérité. Tout comme leur homologue privé américain (AT&T) elles inscrivaient leur stratégie dans la logique d'opérateurs en situation de monopole, jaloux

---

[12] Lancé en 1967 au sein de l'Arpa (*Advanced Research Projects Agency*), Arpanet, réseau d'ordinateurs hétérogènes, qui repose sur la commutation par paquets, connecte déjà 15 centres aux États-Unis en 1971.

[13] Schafer, V., *Des réseaux et des hommes. Les réseaux à commutation de paquets, un enjeu pour le monde des télécommunications et de l'informatique français (1960-1980)*, Thèse, université La Sorbonne-Paris IV (P. Griset dir.), 2007, 987 p.

[14] Conférence européenne des administrations des Postes et des Télécommunications. Sur la genèse de cette institution européenne créée en 1959 : Henrich-Franke, Ch , « Das Post- und Fernmeldewesen im europaïschen Integrationsprozess der 1950/60er Jahre », in *Revue d'histoire de l'intégration européenne*, 2004, vol. 10, n° 2, p. 93-114 ; Laborie, L., « A Missing Link ? Telecommunications Networks and European Integration (1945-1970) », in Kaijser, Van der Vleuten (eds.), *Networking Europe*, *op. cit.*, p. 187-215.

[15] Chamoux, J.-P., *L'informatisation sans frontière*, Informatisation et société 8, Paris, Série *Impact*, La Documentation française, 1980 ; Davies, G.W.P., « Euronet le réseau d'information européenne », Commission des communautés européennes, *Deuxième congrès européen sur les systèmes et réseaux documentaires*, Luxembourg, 27-30 mai 1975, München, Verlag Dokumentation Éditeurs, 1976 ; Rouxeville, B., « Euronet », in *Revue française des télécommunications*, n° 34, 1980, p. 16-22.

de leur prérogatives et se sentant légitimes pour défendre l'intérêt commun à partir de recherches de hauts niveaux et d'un sens du service public signifiant sécurité des réseaux et maîtrise des évolutions de structures. Ce modèle, remis en cause rarement mais sans succès en France[16] et plus fréquemment mais sans plus de résultats aux États-Unis[17] fut dominant pendant un siècle et demi. Il est cependant radicalement déstabilisé au tournant des années 1970-1980 en raison d'un ensemble de facteurs liés à l'évolution des concepts mais également des technologies qui s'accélère Outre-Atlantique. De manière globale la crise subie par les économies industrialisées depuis le milieu des années 1970 a entraîné une remise en cause des schémas existants favorisant une vision plus libérale des dynamiques économiques et sociales. Pour de nombreux secteurs confiés à des monopoles strictement contrôlés, la déréglementation apparaît comme un moyen de ranimer la concurrence et de stimuler l'innovation pour relancer l'économie – un « passeport » pour la reprise.[18] Cette idéologie touchera tout un ensemble de grands réseaux (transports, énergie notamment) et n'épargnera pas celui des télécommunications.[19] Pour les technologies de l'information et de la communication ce nouvel environnement conceptuel se double d'une rupture technologique majeure organisée autour de la numérisation.[20] Le micro-processeur offre en effet depuis le début des années 1970 à la numérisation du traitement des données mais également à leur enregistrement et à leur transmission le support matériel qui lui manquait jusqu'alors pour prendre son plein essor. Ce processus se concrétisera rapidement dans un mouvement général dit de « convergence » qui verra les trois grands domaines qu'étaient les télécommunications, l'informatique et les mass media s'inscrire dans des évolutions com-

---

[16] Bertho-Lavenir, C. (dir.), *L'État et les Télécommunications en France et à l'étranger. 1837-1987*, Actes du colloque organisé à Paris (3-4 novembre 1987) par l'EPHE-IVe section et l'Université René Descartes-Paris V, Genève, Droz, 1991.

[17] Griset, P., « Entre monopole et haute technologie, les mutations d'une entreprise dans la longue durée : le Bell System (1876-2000) », in *Entreprises et Histoire*, n° 30, septembre 2002, p. 100-114 ; Sterling Christopher, H., Bernt Phyllis, W., Weiss Martin, B.H., *Shaping American Telecommunications : A history of technology, policy and economics*, Lawrence Erlbaum Associates, 2005.

[18] Giran, J.-P. (dir.), *La déréglementation : passeport pour une économie libérée*, Paris, Economica, 1985. Pour une mise en perspective chronologique, spatiale et sectorielle des fluctuations de frontières entre public et privé dans les industries de réseaux : Millward, R., *Private and Public Enterprise in Europe : Energy, Telecommunications and Transport (1830-1990)*, Cambridge, Cambridge University Press, 2005.

[19] Geradin, D. (eds.), *The Liberalisation of State Monopolies in the European Union and Beyond*, The Hague, Kluwer law international, 2000.

[20] Benzoni, L., Hausman, J., *Innovation, déréglementation et concurrence dans les télécommunications*, Paris, Eyrolles, 1993.

munes dont le développement du réseau Internet sera l'une des manifestations les plus visibles et les plus importantes. Les monopoles nationaux semblaient mal adaptés pour porter une telle dynamique fondée dans une large mesure sur la multiplicité des acteurs et des initiatives, l'ouverture des dispositifs et l'internationalisation des procédures.[21]

En 1980, la Federal Communication Commission en décidant, sur la base d'un rapport préparé par une commission d'enquête depuis 1976, d'ouvrir une large partie du secteur des télécommunications à la concurrence amorçait le mouvement dit de « dérégulation » qui ne fera ensuite que s'amplifier.[22] Le « *consent decree* » du 24 août 1982 en est le véritable tournant puisqu'il contraint AT&T au démantèlement. Il en résultera le 1er janvier 1984 la création de sept Regional Holding Companies qui exploitent désormais le réseau américain. Ces « Baby Bell » sont toutes de taille supérieure à la Direction Générale des Télécommunications en charge alors du réseau français ! Le séisme est américain, mais très vite l'onde de choc touchera l'ensemble des pays industrialisés […].[23] En effet, AT&T, libérée des contraintes que lui imposait jusqu'alors le maintien de son monopole national se voit désormais grand ouvert le marché international. Forte de sa technologie et de sa puissance financière elle compte bien notamment débarquer en Europe, territoire qui lui était interdit depuis 1925 […].[24]

La Grande-Bretagne est le premier pays européen à prendre en compte cette révolution.[25] Bien en phase avec l'idéologie thatchérienne la fin du monopole du Post Office devient rapidement un objectif urgent pour les Britanniques. L'ouverture progressive à la concurrence dès 1981 permet en 1984 la privatisation de ce qui devient British Telecom.

---

[21] Noam, E., *Telecommunications in Europe*, London and New York, Oxford UP, 1992.

[22] Simon, J.-P., *L'esprit des règles. Réseaux et réglementations aux États-Unis*, Paris, l'Harmattan, 2000.

[23] L'incidence de cet événement est tôt perçue en Europe. Voir : Barreau, J., Mouline, A., « La déréglementation américaine des télécommunications et l'Europe : les exemples français et britanniques », in *Revue d'économie industrielle*, n° 39, 1987, p. 170-179. ; Coustel, J.-P., « La déréglementation des télécommunications. Le poids du démembrement d'ATT dans la dynamique de diffusion du mouvement », in *Revue d'économie industrielle*, n° 30, 1984, p. 42-59.

[24] En vertu d'un accord passé avec ITT, ATT se cantonne au marché intérieur, ITT à l'extérieur des États-Unis. Sur cet épisode : Adams, S.B., Butler, O.R., *Manufacturing the Future. A History of Western Electric*, Cambridge, Cambridge UP, 1999, p. 115-116.

[25] Dans « Royaume-Uni. Le laboratoire de la déréglementation », in *Réseaux*, 1993, vol. 11, n° 1, p. 85-106, Geoff J. Mulgan met notamment en relation déréglementation et convergence ; voir aussi Harper, J., *Monopoly and Competition in British Telecommunications*, London, Washington, Pinter, 1997.

La vieille administration s'affirme comme la quatrième entreprise de télécommunications du monde. Son chiffre d'affaires est proche des 7 milliards de Livres et elle dégage des bénéfices frôlant le milliard de Sterling. L'État renonce au contrôle de l'entreprise puisque ce sont 51 % des actions qui sont vendues pour un montant de 4 milliards de livres. La même année est créée l'« Office of Telecommunications », organisme de régulation du secteur, politiquement indépendant.[26] D'autres pays s'inscrivent dans cette logique.[27] Au Japon, la loi sur les télécommunications votée en décembre 1984 modifie ainsi les règles du jeu sur un marché jusqu'alors soumis au monopole de la NTT. Cette administration est transformée en société publique à responsabilité limitée à partir d'avril 1985. Les actions détenues par l'État sont mises en vente progressivement sur le marché sa part ne pouvant être inférieure à 33 %.[28]

La Communauté européenne ne peut rester passive face à ce mouvement lancé outre-Atlantique et qui voit la Grande-Bretagne jouer une partition solitaire pour mieux tirer parti de la situation.[29] Les administrations continentales se doivent de réagir pour préparer les mutations qui devront se faire, quoi qu'il arrive, au moment de la création du « Grand Marché ». Un axe franco-allemand, plus attaché au monopole public, milite en faveur d'une transition plus douce que celle menée par les Anglo-Saxons.[30] Pour cela un cadre d'évolution progressif est négocié. Publié en juin 1987, sous la forme d'un « Livre Vert » il fixe, dans la perspective du « grand marché », les lignes forces d'un programme de

---

[26] Phan, D., Beunardeau, A., « Dix ans de libéralisation des services de télécommunications au Royaume-Uni : un tour d'horizon des changements institutionnels », in *Flux*, Année 1992, vol. 8, n° 8, p. 17-28.

[27] Bancel-Charensol, L., *La déréglementation des télécommunications dans les grands pays industriels*, Paris, Economica, 1996 ; Curien, N., « La libéralisation des télécommunications en Europe », in *Flux*, n° 44-45, 2001, p. 28-35.

[28] Arlandis, J., Le Peltier, V., « La déréglementation des télécommunications au Japon : pragmatisme économique et stabilité institutionnelle », in *Réseaux*, 1990, vol. 8, n° 40, p. 7-23.

[29] Sur l'histoire de la politique de la Commission européenne dans le domaine des télécommunications : Van Laer, A., « Liberalisation or Europeanisation ? The EEC Commission's Policy on Public Procurement in Information Technology and Telecommunications (1957-1984) », in *Journal of European Integration History*, vol. 12, 2006/2, p. 107-130 ; Laborie, L., « Reti e politica delle telecomunicazioni nella CEE/UE », in *Memoria e Ricerca*, numéro monographique « Politiche Comunitarie », n° 2, 2009.

[30] Dyson, K., « La réforme des télécommunications dans les années 1980 : comparaison entre la Grande-Bretagne et la RFA », in *Réseaux*, 1990, vol. 8, n° 40, p. 35-48 ; pour une comparaison France – Grande-Bretagne : Thatcher, M., *The Politics of Telecommunications. National Institutions, Convergence, and Change*, Oxford, Oxford University Press, 1999.

réforme qui est approuvé un an plus tard par le Conseil des ministres de la Communauté.[31] Dès lors les directives émanant de Bruxelles peuvent être multipliées afin de préciser concrètement les étapes du processus de libéralisation. Sous des modalités diverses et des temporalités différentes, le secteur des medias s'affranchit également dans une large mesure des tutelles étatiques à partir des années 1980.[32] En quelques années les technologies de l'information et de la communication ont donc quitté l'espace des logiques strictement nationales (articulées les unes aux autres mais gérées exclusivement par les États) pour prendre leur place dans l'espace communautaire.

2. Les convergences dans le domaine de la recherche

La première partie des années 1980 doit donc marquer un tournant dans la prise en compte des TIC dans les politiques européennes. Il faut se préparer à l'ouverture du marché européen à la montée des nouvelles technologies autour de l'ordinateur personnel et de l'annonce des « hauts débits » en matière de transmission de données Les enjeux sont clairement identifiés. À moyen terme, le marché européen sera accessible aux technologies américaines et japonaises alors qu'il était jusqu'alors pour une large partie des systèmes de télécommunications placé sous la protection d'un système de commandes publiques via les PTT. Déjà AT&T conclue des alliances et la perspective d'une Europe prise dans une tenaille Américano-nipponne n'est pas à exclure.[33] La recherche apparaît comme l'un des axes majeurs d'une réaction commune des Européens face à ces périls. Comme pour d'autres domaines, les inquiétudes relatives au niveau de compétitivité internationale de l'Europe sont en effet bien présentes. La trop forte dépendance du marché européen vis à vis des équipements américains et de manière croissante japonais est ainsi fréquemment évoquée à leur propos. Le domaine porte néanmoins ses enjeux spécifiques. Sans que la dimension stratégique ne soit totalement absente elle est néanmoins principalement prise en compte dans les approches strictement nationales tout particulièrement en ce qui concerne les questions strictement militaires. En revanche dans une perspective ou le caractère crucial de la force symbo-

---

[31] Commission européenne, *Vers une économie européenne dynamique. Livre vert (green paper) sur le développement du marché commun des services et équipements des télécommunications*, COM(87) 290 final, Bruxelles, 30 juin 1987, 189 p.

[32] Gournay, C. de, Musso, P., Pineau, G., *Télévisions déchaînées : la déréglementation en Italie, en Grande-Bretagne et aux États-Unis*, Paris, La Documentation française, 1985.

[33] Bouvier, Y., « Construire l'Europe industrielle par les entreprises. La politique de la concurrence et les fusions industrielles dans les télécommunications européennes », in *Histoire, Économie & Société*, janvier 2008.

lique du domaine ne doit pas être minimisée les enjeux culturels et communicationnels sont plus fréquemment évoqués. Mais plus largement encore et cela plus particulièrement à partir de la fin des années 1980, il semble que les idées de modernité, de performance économique et de démocratie renouvelée soient considérées comme indissolublement liées à la concrétisation d'une vision ambitieuse en matière de recherche sur les technologies de l'information et de la communication. Le fait que ce domaine porte de manière implicite une forte part de rêve voire d'utopie[34] n'a sans doute pas été étranger également au fait qu'il semblait à bien des égards s'accorder avec les dynamiques européennes [...] pour s'unir ne faut-il pas tout d'abord communiquer !

Le programme ESPRIT est au début des années 1980 la première initiative majeure prise pour mobiliser, au-delà des logiques de projets bi ou multilatéraux la recherche européenne vers un secteur désormais reconnu comme essentiel.[35] C'est, disent ses promoteurs, pour éviter un choc aussi lourd de conséquences que le choc pétrolier que l'European Strategic Program on Research in Information Technology est mis en œuvre à partir de 1983. À sa tête Michel Carpentier, haut fonctionnaire français venant de la direction générale de l'énergie.[36] Il souligne le risque de voir à un horizon de dix ans, l'Europe acheter la grande majorité de ses équipements aux États-Unis et au Japon, perdant totalement le contact dans ce domaine de haute technologie. Pour cela la Communauté met donc en place un dispositif lui permettant de participer au financement de projets de recherche et développement, s'ils sont élaborés par des partenaires de pays différents et permettent la collaboration des grands groupes électroniques européens, des universités mais aussi des PME. 1,5 milliard d'Écus sont mobilisés pour cette première phase. Le niveau de la recherche pré-compétitive, supposée faciliter les coopérations car relativement éloigné des affrontements commerciaux, a été retenu. Le programme mobilisera un très grand nombre d'institutions puis trouvera ultérieurement après plusieurs phases, sa place au sein des Programmes cadres. On peut donc le considérer comme l'un des premiers grands programmes de recherche à entrer dans cette logique de

---

[34] Matthien, M. (dir.), *La société de l'information : entre mythes et réalités*, Colloque, Université Robert Schuman de Strasbourg, 4 et 5 septembre 2003, publication du CERIME (Centre d'études et de recherches interdisciplinaires sur les médias en Europe), Bruxelles, Bruylant, 2005.

[35] *Construire la société de l'information : l'approche ESPRIT*, Luxembourg, Office des publications officielles des Communautés européennes, 1998.

[36] Michel Carpentier devient en 1986 directeur général de la DG XIII. Voir son ouvrage : Carpentier, M., Farnoux-Toporkoff, S., Garric, C., *Les télécommunications en liberté surveillée*, Paris, Lavoisier, 1991.

larges partenariats entre des structures de pays différents fondée sur un appel d'offre et une évaluation des projets proposés.

La prise en compte de l'avenir des TIC en Europe se retrouve dans une autre initiative prise en 1985, le projet Eureka.[37] CE projet concerne un ensemble de technologies assez large mais les technologies de l'information et de la communication y prennent de manière spécifique ou en lien avec d'autres domaines, une place essentielle. D'origine française ce programme se veut une réponse aux propositions faites aux Européens par Ronald Reagan quant à leur possible implication dans l'Initiative de Défense Stratégique. François Mitterrand mène une action volontariste pour relever le « défi technologique ». Il souhaite mettre l'accent sur une meilleure coordination de la recherche théorique et de la recherche appliquée et propose de créer une Université de l'Europe et une Académie européenne des Sciences et de la technologie. Le défi à ses yeux n'est d'ailleurs pas seulement économique mais : « [...] intellectuel, voir spirituel ». Lors de la conférence intergouvernementale Eureka tenue à Hanovre le 5 novembre 1985 les principaux éléments du projet sont mis en place. Les propos restent axés sur une logique de rattrapage destinée à replacer l'Europe dans une position plus forte au sein de la Triade. Sans négliger ses effets en termes de stimulation des coopérations internationales c'est la dimension communicationnelle du programme Eureka, porté à bouts de bras par François Mitterrand et son administration, qui semble la plus importante.[38] Celle-ci est pleinement reflétée par le discours prononcé à Hanovre par Robert Goebbels Secrétaire d'État aux Affaires étrangères du Luxembourg qui voit dans Eureka : « [...] un signal politique au monde extérieur et la démonstration publique de la volonté politique d'unir tous les efforts et de rassembler toutes les capacités pour faire face au grand défi du renouveau technologique de l'Europe ».[39] La logique de rattrapage est bien au centre du diagnostic. « Devant le retard accumulé par l'Europe dans la maîtrise et l'exploitation des technologies de pointe, devant la menace de voir le fossé technologique se transformer progressivement en véritable menace pour le progrès économique et social de nos pays, l'union

---

[37] Braillard, Demant A., *Eureka et l'Europe technologique*, Bruxelles/Paris, Bruylant, 1991 ; Saunier, G., « Eurêka : un projet industriel pour l'Europe, une réponse à un défi stratégique », in *Journal of European Integration History*, vol. 12, n° 2, 2006, p. 57-74.

[38] Sur la politique de F. Mitterrand à l'égard d'Eureka, voir le témoignage de J.-P. Karsenty « Du CESTA à la création d'Eureka » : http://www.mitterrand.org/Du-CESTA-a-la-creation-d-Eureka.html. Voir également « 20 ans de soutien à l'innovation européenne », Secrétariat Eureka, septembre 2005, 67 p., p. 12 : http://www.eureka.be/files/:873478.

[39] Intervention de Robert Goebbels lors de la Conférence intergouvernementale Eureka (Hanovre, 5 novembre 1985), http://www.ena.lu/.

de toutes nos forces est plus nécessaire que jamais ». Pour cela souligne-t-il, il faudra : « [...] dépasser les frontières nationales qui sont souvent autant de frontières mentales ».[40] Eureka ne révolutionna pas la coopération européenne mais marque cependant un nouvel élan dans la mise en place d'une Europe de la Recherche.

La dynamique se poursuit ainsi avec les PCRD[41] successifs qui tenteront de structurer et de nourrir cet élan dans la durée donnant aux TIC une place considérable. Celles-ci constituent en effet un élément déterminant de la compétitivité de la recherche dans de nombreux secteurs qu'il s'agisse de recours à la modélisation, de travail en réseau ou bien encore de gestion de larges bases de données. La déréglementation du secteur des télécommunications ayant entraîné un retrait progressif des États des entités de recherche directement relié à ce domaine, le paysage institutionnel se recompose au tournant des années 2000. En France l'effort de recherche public sur les technologies de l'information et de la communication s'est concentré sur le CNRS et sur l'INRIA. La convergence a en effet mêlé les domaines de l'informatique et des télécommunications. Ces deux institutions inscrivent de manière croissante leur action dans les programmes européens tout en multipliant les partenariats. L'exemple de l'INRIA et de l'internationalisation de son action est en cela très révélateur.[42] L'INRIA joue en effet un rôle important en ce domaine en participant à la création en 1989 de l'ERCIM. L'European Consortium for Informatics and Mathematics regroupait à l'origine le GMD pour l'Allemagne, l'INRIA pour la France et le CWI pour les Pays-Bas.[43] Ce noyau d'origine s'est rapidement ouvert. La Grande-Bretagne en 1990, le Portugal et l'Italie en 1991, la Norvège, la Grèce et la Suède en 1992 [...] sont les premiers à s'insérer dans une structure qui fonctionne essentiellement comme un réseau de recherche. En 1992 l'ERCIM devient un Groupement d'Intérêt Économique Européen. Il assume la coordination des programmes nationaux, la gestion de programmes de bourses et l'animation de groupes de travail. Ce statut fut difficile à obtenir et nécessita de longues négociations conclues en ce qui concerne la Grande-Bretagne par un vote du Parlement ! En 1999 un bilan de ses activités livre au regard non seulement les réussites et les limites de l'action d'un réseau qui comporte alors 14 membres, mais permet également de souligner plus largement la difficile affirmation

---

[40] *Idem.*
[41] Programme Cadre pour la Recherche et le Développement.
[42] Beltran, A., Griset, P., *Histoire d'un pionnier de l'informatique, 40 ans de recherches à l'Inria*, Les Ulis, EDP France, 2007.
[43] *Newsletter n° 1 de l'INRIA, GMD et du CWI*, avril 1989, Archives INRIA, boîte ERCIM.

d'une vision européenne des technologies de l'information et de la communication.

> It cannot be denied that with 14 current members and more to come there are problems in achieving consensus on every point, which may well increase as the number increases. The member institutes and consortia can be seen as representative of the IT scenario of their respective country. The diversity of the represented countries and consequently the diversity of opinions means that there is a permanent discussion on the right ongoing strategy for ERCIM.[44]

Les tensions entre les membres du réseau plus orientés vers la recherche fondamentale et ceux plus orientés vers la recherche appliquée sont ainsi relevées. « Nowadays, on one hand ERCIM promotes research while on the other, it is becoming more and more involved in the process of European integration. It is fascinating to experience how some of the problems, but also the advantages of the European Union in the large context of society are duplicate in the smaller context of research and science ». Tout en soulignant l'impact direct de plus en plus fort des TIC sur la vie quotidienne il est finalement rappelé que : « The members of ERCIM not only determine how ERCIM will develop in future, but have their share of responsibility for the process of European integration ».[45]

Ces quelques éléments, qui ne prétendent pas présenter bien évidemment un tableau complet des efforts d'organisation de la recherche dans le domaine, permettent cependant de souligner quelques lignes forces.

Le thème de technologies de l'information et de la communication s'impose de manière forte à partir des années 1980, comme un enjeu pour l'avenir de l'Europe en tant qu'ensemble économique, voire scientifique. Les TIC bénéficient en matière de recherche d'efforts spécifiques mais s'imposent également comme un axe transverse à un ensemble beaucoup plus larges de « nouvelles technologies ». La recherche apparaît comme un domaine dont la force symbolique et l'impact immédiat réduit sur les grands équilibres intra communautaires permet de communiquer, de « mobiliser » à moindre frais et en limitant les tensions.

---

[44] *ERCIM News*, n° 39, octobre 1999 http://www.ercim.org/publication/Ercim_News/enw39/bierduempel.html.
[45] *Idem.*

3. Pour quel développement ?

Au-delà de la rhétorique et d'une approche de la recherche consistant à dire que s'il elle n'apporte guère elle ne peut également réellement nuire et contribue au final à une meilleure « cohésion » de l'Europe, il convient néanmoins de tenter d'examiner comment ces efforts, ces investissements, au total non négligeables se sont concrétisés en termes d'équipements, de réseaux, de dynamisme industriel. Le premier objectif de la Communauté puis de l'Union a indéniablement été atteint. Les acteurs économiques peuvent s'appuyer sur un ensemble de technologies, à commencer par les réseaux, qui les placent en position optimum pour répondre aux défis de la concurrence internationale. Le client européen, à commencer par l'ensemble des entreprises européennes, est donc au cœur d'un marché dynamique où plusieurs grands acteurs offrent l'ensemble des services nécessaires. L'entreprise « européenne » n'est pas désavantagée au regard des conditions offertes à son homologue américain ou japonais. La coopération sur les infrastructures dans le but d'homogénéiser l'équipement du territoire européen a d'ailleurs été depuis le programme RACE[46] en 1987 un axe fort de l'Union. Les nouveaux membres ont ainsi profité d'aides considérables pour mettre le plus rapidement possible leur réseau au niveau international afin que leur intégration ne soit pas pénalisée par une possible « fracture numérique ». L'Union est par ailleurs particulièrement vigilante pour que ce marché soit réellement ouvert. La mise en place des réseaux mobiles a démontré sa capacité à normaliser (le GSM[47]) puis à imposer, progressivement, des tarifs moins défavorables aux usagers. Au-delà de ce qui ressemble à un programme minimum pour ce qu'il est convenu d'appeler la première puissance économique du monde, ou plus exactement le premier marché du monde d'autres questions méritent néanmoins d'être posées.

Cette politique a-t-elle fait émerger ou a-t-elle conforté des acteurs majeurs sur le marché mondial des technologies de l'information et de la communication ? Cette question dont la réponse est négative met immédiatement en évidence l'absence presque totale de politique indus-

---

[46] Research on Advanced Communications in Europe. Voir *Vers les télécoms de l'an 2000 : lancement du programme RACE*, Communautés européennes. Commission, Luxembourg, Office des publications officielles des Communautés européennes, 1988, 17 f.

[47] Global System for Mobile communications. Dudouet, F.X., Mercier, D., Vion, A., « Politiques internationales de normalisation, Quelques jalons pour la recherche empirique », in *Revue française de sciences politiques*, vol. 56, n° 3, 2006, p. 367-392 ; Laborie, L., « Concurrence et changement technique. De la norme au marché, la trajectoire "unique" de la téléphonie mobile en Europe depuis les années 1980 », in *Histoire Économie et Société*, n° 1, 2008, p. 91-101.

trielle de la part de Bruxelles.[48] Cette carence avait pu être dans une certaine mesure équilibrée par les États les plus conscients des enjeux stratégiques jusqu'aux années 1980. La politique libérale menée depuis a annihilé les efforts qui auraient pu ponctuellement permettre à des acteurs de taille mondiale d'émerger. C'est vrai dans le domaine des opérateurs où les grands d'Europe, héritiers des administrations et dénommés « opérateurs historiques » n'ont pu sortir de leur pré carré qu'au prix d'investissements terriblement coûteux, réalisés de surcroît au pire moment d'une bulle Internet que leur stratégie d'urgence avait d'ailleurs contribué à construire. Le « couple Franco-allemand » a dans ce domaine été incapable de susciter un élan capable de dépasser les limites de la doxa libérale imposée par Bruxelles. Cela fut pourtant envisagé à la fin des années 1990 lorsqu'à l'instigation principalement du gouvernement français, un rapprochement entre France Télécom et Deutsche Telekom fut envisagé. Tout semblait réuni il est vrai pour construire un « Airbus des télécoms ». Deux administrations de poids comparables, ayant suivi avec une très prudente réserve la voie vers la libéralisation du marché européen. Deux communautés d'ingénieurs et d'administrateurs rompus aux arcanes des coopérations « vertueuses » entre opérateur de réseau et industrie nationale. Ces similitudes étaient cependant très superficielles. Sans développer ici les différences fondamentales enracinées dans l'histoire de ces deux entités il semblait quelque peu illusoire de demander à des entreprises désormais privées de s'entendre dans un climat de « bonne volonté » alors que tout dans la politique communautaire les incitait à s'affronter. Au nom du « moteur » franco-allemand les bans furent cependant publiés. En juillet 1998 un accord stratégique est signé entre les deux entreprises. Il s'appuie sur un échange d'actions, à un niveau il est vrai très symbolique. Les signataires de cet accord semblent vouloir s'appuyer sur des synergies préexistantes résidant principalement dans des accords de partenariat comme la joint venture entre France Télécom, Deutsche Telekom et Sprint en 1996 ou bien encore l'accord signé entre Wind, FT, DT et ENEL pour l'Italie en novembre 1997. Cette amitié sera tout particulièrement mise en avant par France Télécom, soucieuse de plaire au gouvernement dans un contexte agité. L'entreprise française pose la « concertation » stratégique de part et d'autre du Rhin comme un élément clef de son fonctionnement, l'alliance avec Deutsche Telekom étant même présentée comme le « fil rouge » de sa propre stratégie. Cette vision s'effondrera dans un drame comparable – à moindre échelle

---

[48] Owen, G., « Succès et échecs dans l'industrie électronique : les leçons ont-elles été apprises ? », *Entreprises et histoire*, n° 33, 2003/2, p. 57-75.

– à celui qui se déroula lors de l'affaire UNIDATA vingt cinq ans auparavant.[49]

La « trahison » semble cette fois être allemande, Deutsche Telekom décidant unilatéralement en avril 1999 de se lancer dans un projet de fusion avec Telecom Italia et laissant sur le bord de la route son compagnon.[50] Chacun prendra alors son destin en main et y perdra dans les tumultes de l'explosion de la bulle Internet une bonne part de ses moyens.[51]

Dans un autre domaine le projet « Galileo » souligne toutes les limites de l'Europe lorsqu'il s'agit de provoquer une véritable dynamique industrielle autour d'un impératif stratégique.[52] Le projet s'inscrit à partir de la fin des années 1990 dans une logique de rattrapage dans le domaine de la localisation ; l'Europe doit s'affranchir du monopole du GPS américain. Dès 1999 une série de sélections entre différents concepts est organisée. Les principales entreprises européennes du secteur s'allient au sein de groupements concurrents. À ce jour ce projet n'a toujours pas abouti. Les hésitations, atermoiements et changements de caps mettent en lumière l'incapacité de l'Europe à mener un véritable projet industriel à vocation stratégique. Très rapidement en effet une série d'écueils, à vrai dire prévisibles apparaîtront. Rivalités entre des entreprises que l'on souhaite voir coopérer mais qui sont incitées par la politique globale de l'Union à s'affronter ; notion de « juste retour » sur la part du projet financé par l'Union [...] les petits comptes et les calculs à court terme doucheront les premiers élans. Les réticences américaines, devenues particulièrement fortes après le 11 septembre 2001 ne feront qu'accentuer les faiblesses politiques du projet. Celui-ci connaîtra cependant un premier succès, tout théorique mais néanmoins indispensable avec la signature en mai 2003 d'un accord entre l'Union et l'Agence Spatiale Européenne. Ce document prévoit alors que le financement public ne pourra dépasser un tiers des investissements les deux tiers restant devant être mobilisés par les partenaires privés. Bien que

---

[49] Griset, P. (dir.), *Informatique, politique industrielle, Europe : entre Plan Calcul et Unidata*, Paris, Institut d'histoire de l'industrie, Éditions Rive Droite, 1998.

[50] L'article de Claude Soula dans le *Nouvel Observateur* du 29 avril 1999 titre « Le mariage qui fait pleurer France Telecom », tandis que le 17 avril l'*International Herald Tribune* s'interroge : « A European phone giant in works ? Telecom Italia talking with Deutsche Telekom », et le 23 avril, *The Tech on line Edition* évoque « The biggest corporate marriage in history » (vol. 119, n° 21).

[51] Plane, M., « Le secteur des télécommunications surfe-t-il de bulle en bulle ? », in *Revue de l'OFCE*, n° 88, 2004/1, p. 151-184.

[52] Autret, F., « Quelle organisation pour l'Europe spatiale ? », in *Politique étrangère*, 2007/2, p. 281-292. ; Nardon, L., « Où va le programme spatial français ? », in *Politique étrangère*, 2007/2, p. 293-305.

« stratégique » ce projet ne peut en effet constituer une exception trop éclatantes aux principes dominant à Bruxelles [...]. Le processus s'enlise. En 2005 deux groupes restent en lice les autorités européennes, incapables de trancher, demandant finalement aux deux projets de s'entendre [...]. Alors que les États-Unis, reprenant les recettes utilisées dans les années 1970 pour miner la politique spatiale européenne, agitent en coulisse la possibilité d'un accord plus global sur l'utilisation du GPS, accordant plus de garanties aux Européens, les discussions piétinent. Il faudra attendre 2007 pour que l'évidence d'un financement public pour un projet ayant pour principal objectif d'assurer à l'Europe une indépendance sur un secteur devenu vital pour l'ensemble de ses activités s'impose finalement. Un dispositif « équitable » entre six lots est établi avec pour objectif une ouverture en [...] 2013.[53]

Ces deux exemples mettent en lumière l'incapacité de l'Union à mener une politique réelle en ce domaine et l'impossibilité pour les États de compenser cette absence par des initiatives spécifiques.

4. Conclusion

Les technologies de l'information et de la communication sont au cœur de la rhétorique européenne depuis plus d'un quart de siècle. Indéniablement bien équipé le territoire européen est un espace favorable à l'activité économique et propice au lien social. Au-delà de ce premier constat lorsque les questions d'industrie, d'entreprise et d'indépendance sont abordées le bilan est bien moins positif. L'Europe avait dans une certaine mesure comblé son retard sur les États-Unis au début des années 1980. Tout du moins, la pente de l'évolution plaidait en faveur d'un rééquilibrage des forces de part et d'autre de l'Atlantique tandis que la puissance montante était plutôt japonaise. Une révolution technologique plus tard le bilan est sensiblement différent. Alors que l'affaiblissement d'ITT, AT&T, IBM laissait entrevoir un espace de développement plus favorable pour les entreprises européennes ce sont d'autres entreprises américaines qui ont tiré tout le parti du changement de système technique en étant les éléments moteurs de la révolution Internet. Intel, Microsoft, Google, Cisco, Apple dominent outrageusement le marché international et l'époque où Alcatel pouvait à bon droit s'affirmer comme le leader mondial des télécommunications n'est plus qu'un lointain souvenir. Certes les entreprises européennes sont présentes mais elles sont suiveuses. Les positions acquises seront bien difficiles à remettre en cause sur un domaine qui, malgré les apparences

---

[53] Voir le site de l'European Commission Transport sur Galileo : http://ec.europa.eu/transport/galileo/index_en.htm. Voir également le site de l'ESA (European Space Agency) : http://www.esa.int/esaNA/index.html.

a atteint un nouveau stade de stabilité et où les acteurs du futur seront sans doute américains mais également chinois et sans doute indiens.

Dans cette lente glissade qui ressemble à un retour vers les années 1950, l'historicisation de la période 1974-2000 est indispensable pour envisager les dispositifs susceptibles d'éviter à l'Europe la marginalisation qui la guette. Sans négliger les approches transnationales et l'approche par les usages, fructueuses à bien des égards la recherche historique devra prendre pleinement en compte les dimensions stratégique et politique des technologies de l'information et de la communication. Car fondamentalement plus qu'une bataille technologique ou économique c'est bien un combat politique voire idéologique que l'Europe semble avoir perdu au prix d'un indéniable recul au regard de ce qu'était les ambitions de ceux qui au cœur des années 1970 rêvaient d'une Europe enfin maîtresse de son destin [...].

Environmental Issues in the Improvement of Living and Working Conditions
Innovative Elements in the Process of European Integration during the 1970s[1]

Laura GRAZI and Laura SCICHILONE

Università degli Studi di Siena

1. Introduction

The European Economic Community began to deal with environmental problems in the early 1970s, taking the first steps towards drawing up Community measures in this sector. This new interest on the part of the EEC was motivated by the political and cultural situation that had evolved since the late 1960s, and in particular following the 1968 movement, which helped establish a collective awareness of the problems arising from economic and industrial development.[2] The negative consequences of a "consumer society" were among the criticisms raised by some groups within the movement: in particular the environmentalists, the women's movement (who were demanding equal rights), and the workers' movement (who put forward unprecedented claims alongside the traditional economic and trade union demands). One of the issues that aroused most interest was the theme of ecological crisis[3] and its impact on citizens' living and working conditions, which highlighted the necessity of broadening social policies beyond the exclusive aim of

---

[1] Sections 1 and 4 were written jointly by both authors; section 2 was written by Laura Scichilone; section 3 was written by Laura Grazi.

[2] Some of the major socio-economic changes that have taken place since the 1970s across Western Europe have been investigated by Crouch, C., "Change in European Societies since the 1970s", in *West European Politics*, Vol. 31, No. 1-2, January-March 2008, p. 14-39.

[3] On the environmental effects of these socio-economic changes see Foster, J.B., *The Vulnerable Planet. A Short Economic History of the Environment*, New York, Monthly Review Press, 1999; Goudie, A., *The Human Impact. Man's Role in Environmental Change*, Oxford, Basil Blackwell, 1981.

quantitative growth connected to the Gross National Product (GDP), in order to include the qualitative aspects of development.

The EEC received further pressure to address environmental issues from the international community, which between the end of the 1960s and the beginning of the 1970s witnessed an increase in meetings at which these issues were discussed and possible solutions proposed.[4] Moreover, the EEC States were also members of the international organisations most involved in political debate on the environment and the EEC itself participated in some international meetings as a "regional body".[5] Both the EEC and the individual Member States therefore contributed to the political debate within the United Nations, the Organisation for Economic Cooperation and Development (OECD), and the Council of Europe, promoting political cooperation in the environmental sector between the participating countries. In this initial phase, the political actors took a very broad view of environmental problems that encompassed diverse problems, such as the protection of human health against the effects of industrial pollution, safeguarding the quality of urban habitats, finding a balance in territorial planning, and the management of transnational forms of pollution involving, above all, the protection of waters (rivers, sea) and air. The vastness and extensive impact of these problems prompted the States to consider the possibility of cooperating on an international level to find common and coherent solutions.[6]

Regarding the EEC, apart from the transnational nature of the environmental problems, the level of economic integration achieved at the end of the 1960s constituted a further incentive for political cooperation between the Member States. On the one hand, the transfer of competences from the Member States to the EEC that was intrinsic to the constitution of the common market also implied that the management of environmental and social problems deriving from economic and industrial development was referred to a higher institutional level than national governments. On the other hand, the first Community measures in these new fields were often motivated by the desire and need to achieve

---

[4] Scarascia Mugnozza, C., *Problemi della società moderna. Trattazione in sede internazionale e azione italiana*, Rome, 1970, p. 10-33, in HAEU, Carlo Scarascia Mugnozza Fonds (henceforth CSM), file 24. This document was written by Italian Interministerial Committee for the Environmental Problems presided by Carlo Scarascia Mugnozza, who at the time was also president of the European Parliament political commission. In 1972-1977 he was vice-president of the European Commission and since 1973 he was in charge of the EEC environmental policy.

[5] *Oggetto: terza sessione del Comitato Intergovernativo preparatorio della Conferenza di Stoccolma*, [1971], p. 9, in HAEU, CSM, file 24.

[6] *Ibidem*, p. 6-7.

the aims of the common market and related policies, starting with commercial and competition policies. For example, the harmonization of national legislation on environmental and health protection in certain productive sectors was necessary for the respect and protection of the principle of free and orderly competition, which (according to the provisions contained in the Treaty of Rome) should ensure the proper functioning of the common market.[7]

In the light of these factors, the EEC Member States agreed on the launch of new sectoral policies that would fill the gaps in an exclusively economic integration and, at the same time, respond to social demands prompted by the changes in industrial society. In this context, the Paris Summit (19-21 October 1972) marked the birth of some new policies,[8] including the environmental policy, and laid the foundations for the development of Community projects aimed at identifying appropriate instruments with which to improve the living and working conditions of European citizens. In this context, the creation of the groups of experts on urban issues constituted a new experience, initiated by the EEC with the aim of finding solutions to the common problems of urban decay through transnational cooperation. This paper intends to reconstruct the dynamics that characterised the inception of European environmental policy and the creation of the first Community fields of study and action in the urban sector. These fields of action represent two aspects of the political cooperation between EEC Member States, which evolved at the beginning of the 1970s and was destined to have an incisive and lasting impact on the extent of political integration.

2. Transnationality and Political Cooperation in the Environmental Sector. The Case of the EEC Member States

In the new international cultural and political context that had evolved between the end of the 1960s and the beginning of the 1970s, as described above, a series of institutional events were held with the aim of discussing problems related to economic and industrial development, among which the ecological crisis was becoming increasingly

---

[7] "Declaration of the Council of the European Communities and of the Representatives of the Governments of the Member States meeting in the Council of 22 November 1973 on the Programme of Action of the European Communities on the Environment", in *Official Journal of the European Communities* (henceforth *OJEC*), C112, 20 December 1973, Chapter 4, p. 18.

[8] The Paris Summit of 1972 marked an important step for the launch of the EEC "second generation" policies. In particular for social policy see Varsori, A., "Alle origini di un modello sociale europeo: la Comunità europea e la nascita di una politica sociale (1969-1974)", in *Ventunesimo secolo*, V, No. 9, March 2006.

pressing. One of the most important international organisations after the Second World War, the United Nations, dealt with this debate in August 1969, when its Economic and Social Council adopted a draft resolution focusing on the "problems of the environmental conditions in which people live".[9] With this document, the UN launched a process that would lead to the first official international summit on the environment – the 1972 Stockholm Conference.

In Western Europe in particular, while the governments' main concerns in the 1950s had been "widespread industrialization" and the growth of the GDP, at the end of the following decade some types of industrial production, their effects on the land and human health and the occurrence of accidents rendered a new political approach necessary. In this sense, the EEC Member States were first faced with an exponential increase in the production of chemicals, which had occurred both in Europe and in the United States at the beginning of the 1960s and was bringing about the serious effects of a development that was as rapid as it was uncontrolled.[10] These problems required political management that was capable of transcending national boundaries in the same way as the pollution-related damage. The increasing pollution of the "transfrontier" river Rhine, due to chemical agents flowing into its waters at various points, or the deterioration of the Ruhr and Saar valleys in the mining heart of the ECSC, are perfect examples of the extensive nature of the problem.[11]

The urgency and the need to provide concrete solutions to the pollution of the Rhine brought about a form of intergovernmental cooperation that has survived until the present day. A forum of countries crossed by the Rhine, including Switzerland, Luxembourg, Germany, France and the Netherlands, was created in 1950 by a Dutch initiative. This was followed by the establishment in 1963 of the International Commission for the Protection of the Rhine against pollution (ICPR) at the Berne Convention. Except for Switzerland, the countries participating in the Convention (who therefore became ICPR members) were four of the six founding members of the European Community. Although the EEC had expanded to nine members in the meantime, in 1976 the entire Community acceded to the Berne Convention, alongside (but not substituting) the governmental representation of each of its Member States who were already ICPR members.

---

[9] Scarascia Mugnozza, *Problemi della società moderna*, op. cit., p. 10.
[10] The biologist Rachel Carson denounced the serious effects of the production of chemicals development in *Silent Spring*, New York, Houghton Mifflin Co., 1962.

The new environmental problems deriving from industrial pollution fully implicated the EEC, which represented the political and economic context within which the Member States had to coordinate a series of activities, beginning – as already mentioned – with rigorous respect for the Community rules on competition. Through a long process of debate and analysis involving the Community institutions (above all the Commission), environmental demands were integrated into the framework for furthering political integration that the Member States agreed to and began working on between the 1969 Hague Summit[12] and the 1972 Paris Summit. The first stage of this integration, in particular, involved strengthening the EEC social policy, including measures related to the improvement of living and working conditions.[13] Environmental conditions in the workplace acquired increasing importance as a result of continued political and institutional recognition of the need to control and reduce the "problems caused by substances from industrial production",[14] as stated by the Commissioner Albert Coppé in February 1972, a few months before it was decided at the Paris Summit (in October) to adopt a Community environmental policy.[15]

In the meantime, in the lead-up to the Paris Summit, the problem of the legal basis on which to establish environmental policy persisted. The solution was put forward in a meeting held on 5 July 1972 between the West German Chancellor Willy Brandt and the French President Georges Pompidou, during which the two statesmen reached an agreement on the fact that articles 100 and 235 of the EEC treaty provided an appropriate legal basis, as they established the possibility of taking Community action in areas not provided for by the treaty (such as the environment) when useful to ensure the proper functioning of the

---

[11] Delort, R., Walter, F., *Storia dell'ambiente europeo*, Bari, Edizioni Dedalo, 2002, p. 335; Romy, I., *Les pollutions transfrontières des eaux: l'exemple du Rhin. Moyens d'action des lésés*, Lausanne, Payot, 1990.

[12] Commissione delle Comunità europee, *Promemoria della Commissione delle Comunità europee destinato alla Conferenza dei Capi di Stato e di governo (trasmesso per informazione dei membri del Parlamento europeo il 5 dicembre 1969)*, Bruxelles, 5 dicembre 1969, in HAEU, Émile Noël Fonds (henceforth EN), file 1866.

[13] *Ibidem*, p. 6-7.

[14] Speech of the Commissioner A. Coppé, "Discussione su 'Situazione sociale nella Comunità nel 1971'", Parlamento europeo, Seduta di mercoledì 9 febbraio 1972, in *Gazzetta ufficiale delle Comunità europee* (henceforth *GUCE*), Discussioni del Parlamento europeo, No. 146, febbraio 1972, p. 78-79.

[15] É. Noël, Secrétaire Général de la Commission des Communautés Européennes, *Note a l'attention de Monsieur Noël*, Bruxelles, 27 octobre 1972, p. 1-3, in HAEU, EN, file 481.

common market.[16] Moreover, it is reasonable to presume that both men had experience of the transnational nature of some forms of pollution, such as that seriously affecting the Rhine at the time, and that they consequently understood the necessity of cooperating in this sector and the appropriateness of acting at Community level. Environmental issues were also on the agenda of the European Ministerial Conference held in Bonn in December 1973.[17]

The Bonn Conference established the regularity of the meetings between environment ministers and entrusted the task of drawing up an initial environmental action programme to an "environment group" composed of the national delegations of the Member States and a representative of the European Commission.[18] In practice, the Member States admitted that the environmental problems were transnational, but aspired to exercise sufficient political control to prevent the complete or partial transfer of their sovereignty to the Community in this area, as in others, through the Council's dominance in the decision-making process. The typical intergovernmental cooperation advocated by France in particular therefore prevailed in this area as well. However, in November 1972 the European Parliament approved a resolution based on the results of the Paris Summit, "congratulating it" on the fact that the decisions taken during the summit would facilitate the definition of a Community environmental policy.[19]

The first Environment Action Programme (EAP) was scheduled for the period 1973-1977 and contained a series of general objectives, such as the prevention, reduction or elimination of pollution-related damage; qualitative development to improve living and working conditions; and the geographical distribution of productive activities, to avoid concentrating the negative effects of growing urbanization and rural depopula-

---

[16] Speech of H.E. Jahn, "Discussione su 'Comunicazione della Commissione su un programma delle Comunità per l'ambiente. Interrogazione orale No. 4/72 con discussione sul contenuto di piombo nella benzina per autoveicoli", Parlamento europeo, Seduta di giovedì 6 luglio 1972, in *GUCE*, Discussioni del Parlamento europeo, No. 152, luglio 1972, p. 215.

[17] C. Scarascia Mugnozza, *Discorso alla Conferenza ministeriale sull'inquinamento del Reno*, Bonn, 4 dicembre 1973, in HAUE, CSM, file 64.

[18] Segretariato generale del Consiglio delle Comunità europee, *Ventesimo sommario delle attività del Consiglio*, Lussemburgo, Ufficio delle pubblicazioni ufficiali delle Comunità europee, 1° gennaio-31 dicembre 1972, p. 232.

[19] Parlement européen, *Procès-verbal de la séance du Mercredi 15 Novembre 1972 PE.31.346*, point 9 de la *Résolution sur les résultats de la Conférence au sommet des Chefs d'État ou de gouvernement des États membres de la Communauté élargie qui s'est tenue à Paris les 19 et 20 octobre 1972*, Séance du 15 Novembre 1972, p. 11, in HAEC, Fonds Bruxelles Archives Commission (henceforth BAC) 28/1980, No. 847.

tion.[20] Achievement of these objectives depended on respect for eleven guiding principles, including the well-known "polluter pays".[21] Regarding the political and institutional levels of action, the involvement of local, regional, national, Community and international actors was provided for, according to the type of pollution and the characteristics of the geographical area to be protected. In line with the Treaty of Rome, however, the field of action of the Commission as initiator of legislation and that of the Council in its definition of the Commission's decisions were still limited by the subordination of environmental protection to the EEC's economic objectives. The pursuit of environmental objectives was only possible when they were deemed necessary to or compatible with the aims of the common market.

In this context the first EAP distinguished between "physical environment" and "social environment":[22] the former referred to the natural elements, while the latter referred to the material and immaterial conditions that compose a cultural and civil environment – in other words living conditions. Thus the social environment was seen as being directly vulnerable to the negative environmental effects of economic development, but also as a field of action in which the EEC could intervene, while the physical environment remained chiefly a "concern and the business of States". The Council regulation of 1975 establishing the European Foundation for the Improvement of Living and Working Conditions (based in Dublin)[23] constituted a response to the widespread desire of both Member States and EEC institutions to reinforce this aspect of environmental protection, which was related to the purposes of social policy, but also connected to other sectors, such as industry and agriculture.

Between the end of the 1960s and the beginning of the 1970s, even before the establishment of the Community's environmental policy, the EEC adopted some contingency measures to protect the environment by issuing a series of directives specifically aimed at controlling certain industrial activities. As early as June 1967 the Council adopted a direc-

---

[20] Declaration of the Council of the European Communities and of the Representatives of the Governments of the Member States meeting in the Council of 22 November 1973 on the Programme of Action of the European Communities on the Environment, *cit.*, p. 5.

[21] *Ibidem*, p. 6-7.

[22] *Ibidem*, p. 38-45.

[23] Consiglio delle Comunità europee, "Regolamento 1365/CEE/75 del 26 maggio 1975", in *GUCE*, L139/1975. See also Declaration of the Council of the European Communities and of the Representatives of the Governments of the Member States meeting in the Council of 22 November 1973 on the Programme of Action of the European Communities on the Environment, *cit.*, p. 45-46.

tive aimed at regulating the classification, packaging and labelling of some products deemed as dangerous.[24] In this case, as well as the need to harmonize national legislation in order to achieve more homogeneous trade between Member States, it was necessary to ensure environmental and health safety in an already essentially Community-based market system. In 1976 another important directive was adopted regarding the harmonization of national provisions on the trade and use of dangerous substances.[25] Economic integration had therefore triggered a process of expanding the EEC's areas of competence, including the adoption of the first environmental measures. Environmental damage and ecological risks were seen as having a manifestly transfrontier nature, spurring the States into multilateral action with a view to international cooperation. In this sense, the European Community constituted a model for transcending the exclusively national dimension, offering its Member States the opportunity to deal with the challenge of the geographical interdependence of environmental issues on a political and institutional level.

Although the priority objective was to safeguard the economic ends of the EEC rather than to protect the environment, the first Action Programme expressly stated the necessity of integrating the criteria of environmental protection into other Community policies.[26] In this sense, the commercial policy should "consider the repercussions that the economic effects of environmental measures could have on the development of international trade".[27] Moreover, competition policy needed to bear in mind the effects of the "aid that the States give to some businesses in order to limit the costs they would normally have to bear for the pollution they cause".[28] Lastly, agricultural policy was clearly considered as one of the policies that interacted most closely with the natural system, due to the "repercussions on the use of land, of the use of fertilisers, herbicides and pesticides, and the quality of cultivated products".[29]

---

[24] "Direttiva 67/548/CEE del Consiglio, del 27 giugno 1967, concernente il ravvicinamento delle disposizioni legislative, regolamentari e amministrative relative alla classificazione, all'imballaggio e all'etichettatura delle sostanze pericolose", in *GUCE*, L196/1967.

[25] "Direttiva 76/769/CEE sul ravvicinamento delle disposizioni legislative, regolamentari e amministrative in merito alle restrizioni per l'immissione sul mercato e l'impiego di alcune sostanze e preparati pericolosi", in *GUCE*, L262/1976.

[26] C. Scarascia Mugnozza, *Programma delle Comunità europee in difesa dell'ambiente. Intervento dell'on. Carlo Scarascia Mugnozza, Vicepresidente della Commissione delle Comunità europee al Convegno di studi indetto dall'Ente Studi Antinquinamento*, Milano, 14-16 giugno 1973, p. 5, in HAEU, CSM, file 64.

[27] *Ibidem*.

[28] *Ibidem*.

[29] *Ibidem*.

Some aspects that characterised the birth of Community environmental policy have become elements of continuity in EEC actions in this field, constituting the prominent features of their evolution over the last thirty years. Firstly, political awareness of the transnationality of environmental issues stimulated intergovernmental, Community and international cooperation. This view was consolidated between the end of the 1960s and the beginning of the 1970s, and constituted a "point of no return", as the trend gradually established itself over the years without ever turning back. This can be affirmed regarding the EEC Member States, Community actions in general and European involvement in international meetings on the environment and related issues. Secondly, the development of environmental policy has been influenced by the need to improve living and working conditions, partly due to their direct connection with social and economic policies. This aspect has endured through the years, becoming one of the cornerstones of the Community environment programmes and a persistent feature of environmental protection measures, as they inevitably also concern health protection and, more generally, affect citizens' quality of life. Lastly, the connection between the fields of the environment and the economy that was identified at the beginning of Community policy making became a determining factor in EEC and subsequently European Union (EU) actions, especially from the second half of the 1980s.[30] Although, to begin with, the motivation for this connection was instrumental to the economic objectives of the EEC treaty, in the 1980s it became a fundamental feature of the Community's new environmental action strategies, gradually gaining strength until an approach based on the horizontal integration of environmental protection in all Community policies, and especially in the five key areas (agriculture, energy, industry, transport and tourism) was defined.[31]

3. Urban Issues in the EEC Member States and the Search for a Common Solution: Methodological and Conceptual Innovation

In the climate of debate and intensification of EEC action on environmental issues, the theme of living conditions in urban areas also

---

[30] The connection between the fields of the environment and the economy is officially recognized by the EC and its member States in the fourth EAP, published in *OJEC*, C328/1987.

[31] Connelly, J., Smith, G., *Politics and the Environment. From Theory to Practice*, London-New York, Routledge, 2003, p. 270-272.

began to be viewed with growing interest by Community institutions.[32] On the one hand, the rapid growth of urbanization experienced in all Member States in the two decades following the Second World War had brought with it an increase in problems intrinsic to urban areas,[33] which were exacerbated by the inadequacy or absence of mechanisms for dealing with the increase in inhabitants. On the other hand, the creation of the common market, which had contributed to modifying the volume and flows of trade and the distribution of localization advantages, also influenced the expansion of urban areas and the urban-rural balance.[34]

The European Commission held that a review of urban management methods and instruments was fundamental and addressed the question of urban habitat at the same time as it was taking its first steps in the field of environmental policy.[35] It believed that exclusively quantitative growth was neither useful nor desirable, and that an approach that focused on the quality of living and working environments was required. These needs, which were widely felt in society, had to be considered in the Community policies that directly affected the lives of European citizens, such as the social, regional and environmental policies officially adopted after the Paris Summit of 1972. In its first communication on environmental policy, the Commission claimed that the need for a quality environment had to be taken into consideration in the choices that governed the localization of habitats and businesses.[36] Apart from this, the European Commission affirmed that urban environmental problems, which were present in analogous forms in the various Member States, needed to be studied jointly as their solutions

---

[32] The early interest of the European Commission in urban issues is highlighted in Grazi, L., *L'Europa e le città. La questione urbana nel processo di costruzione europea (1957-1999)*, Bologna, Il Mulino, 2006.

[33] A comprehensive analysis of the urbanization process in Europe is to be found in Van den Berg, L., Drewett, R., Klassen, L.H., Rossi, A., Vijverberg, C.H.T., *Urban Europe. A Study of Growth and Decline*, Oxford, Pergamon Press, 1982 where the "urban life cycle" model was first developed.

[34] For an analysis of the relationship between the economic integration of Europe and the urban population change, consult Gorla, G., Cheshire, P., *L'impatto dell'integrazione economica sul sistema urbano nei paesi della CEE*, in Martellato, D., Sforzi, F. (eds.), *Studi sui sistemi urbani*, Milan, Franco Angeli, 1990, p. 173-205.

[35] In the 1970s the European Commission financed several studies on the topic of urban environment. See, among others, Studiegroep Mens en Ruimte, *Les problèmes d'environnement propres aux centres des villes: rapport final (Avril 1976)*, Bruxelles, Mens en Ruimte, 1976.

[36] Commissione delle Comunità europee, *Prima comunicazione della Commissione sulla politica della Comunità in materia d'ambiente*, Bruxelles, 22 luglio 1971, SEC (71) 2616 def., p. A18, in HAEC, BAC 177/1995, No. 202.

often needed to be integrated into the framework of common or concerted policies.[37]

Within the EEC, the motivation to deal with issues related to the urban environment with renewed instruments and from a common perspective was boosted by a set of concomitant factors. Firstly, it is important to remember that the Commission's debate on the birth of regional and environmental policy helped emphasize the relevance of cities from the point of view of both European territorial cohesion and the wellbeing of the population; secondly, the meetings of the OECD and the European Conference of the Ministers responsible for regional/spatial planning within the Council of Europe (CEMAT), which EEC officers often attended,[38] also exerted a significant influence and, lastly, it should not be forgotten that the staff of many of the Commission's Directorates General demonstrated particular awareness of urban issues.

These references allow us to recall some of the innovative features that characterised the EEC's urban environment-related activities in the 1970s. Regarding methodological innovation, the emphasis placed on the need for international and intra-Community debate in order to define new city planning strategies capable of dealing with the challenges common to the majority of cities in countries with advanced industrial development is particularly interesting. Japik S. Terpstra, an officer of the Directorate General for Industrial Affairs who participated in the CEMAT held in Bonn in September 1970, observed the intensity and vast scale of the problems caused by increasing urbanization that were emphasized by delegations from the 18 Member States of the Council of Europe present at the meeting.[39] The same reflections about the large scale impact of urban pollution and conurbations growth were also at the core of the OECD activities fostering the creation of a sectoral group on urban environment.[40]

In the same period, within the framework of the Directorate General for Industrial, Technological and Scientific Affairs of the European Commission, Japik Terpstra worked on defining the outline of a com-

---

[37] *Ibidem*, p. 23.

[38] The first *Conférence européenne des ministres responsables pour l'aménagement du territoire* (CEMAT) was held in Bonn from 9 to 11 September 1970 under the auspices of the Council of Europe in order to discuss spatial planning issues. For a general overview, see Williams, R.H., *European Union Spatial Policy and Planning*, London, Paul Chapman, 1996.

[39] J.S. Terpstra, *Rapport de mission*, Conférence ministérielle sur l'aménagement du territoire, organisée à Bonn par le Conseil de l'Europe, les 9-11 septembre 1970, Bruxelles, le 11 septembre 1970, in HAEC, BAC 53/1987 No. 27.

[40] Glover, C., "Les problèmes que pose la rapidité du développement urbain", in *L'Observateur de l'OCDE*, No. 54, Octobre 1971, in HAEC, BAC 6/1981 No. 80.

mon project involving the EEC's Member States to launch new research in the urban sector. The renewal of scientific instruments was, in fact, believed to be the first step towards the adoption of appropriate urban policies: to this end, the establishment of international and Community cooperation, as well as intersectoral collaboration between specialists capable of analysing and understanding the multidimensional aspects of urban problems, were deemed necessary. In 1971, in his *Projet d'un cadre pour des recherches en matière d'urbanisme*, Terpstra stated that:

> Les problèmes auxquels l'urbanisme doit faire face sont extrêmement compliqués et interdépendants par des relations parfois embrouillées et ils évoluent rapidement vers une complexité toujours plus grande et une portée géographique plus large. D'une façon générale, ils ne sont pas suffisamment compris, ni dans leurs propres aspects et détails, ni comme parties constitutives du système de problèmes urbains dans son entièreté. Ils ne peuvent par conséquent être résolus isolement par les spécialistes du génie civil, de la construction, du transport, de la santé ou par les ingénieurs, les économistes, les sociologues, etc., mais uniquement en collaboration étroite de tous les spécialistes intéressés avec des équipes multidisciplinaires d'urbanisme et en dialogue permanent avec toutes les classes des populations intéressées.[41]

Above all, the urban problems could no longer be dealt with by taking only quantitative demands linked to housing and industrial expansion into consideration, but *une nouvelle tournure scientifique* was required that would be capable of renewing urban policy and favouring the overall quality of the urban environment on which the wellbeing and prosperity of local individuals and communities were heavily dependent. Precisely with the aim of taking into account the various facets of the urban problem, the Community's research programme on town and country planning – launched in 1971 – was designed to listen to national experts from various sectors of urban policy. The constitution of a special working group on town planning was agreed to in the framework of the PREST group, a body charged with comparing national programmes in the field of scientific and technical research.[42] A limited number of experts in urban planning disciplines were called to Brussels by Japik Terpstra and Louis Villecourt (the PREST group secretary) on

---

[41] J.S. Terpstra, *Projet d'un cadre pour des recherches en matière d'urbanisme*, Bruxelles, le 6 mai 1971, in HAEC, BAC 23/1979 No. 896.

[42] The PREST working group (Scientific and Technical Research Policy; the acronym is based on the French definition, *Politique de la recherche scientifique et technique*) was set up by Council Resolution in 1967 in order to coordinate EEC cooperation activities in the field of scientific and technical research. The "Town Planning – Structure of the Habitat" group was one of the PREST specialized subgroups. Cf. Groupe de conception "Urbanisme – Structure de l'habitat", Première réunion, le 14 juillet 1971 à Bruxelles, *Exposé introductif de Monsieur Terpstra*, III/1410/71-F, in HAEC, BAC 124/1993 N. 9.

14 July 1971. On this occasion a specialized group entitled "Town Planning – Structure of the Habitat" was established, with the task of studying the main urban problems and the most innovative and effective solutions (including a comparison of studies already underway in the Member States), in order to identify the main themes of a future EEC research programme on urban planning. This *modus operandi* constituted a way of studying a problem of common interest without interfering with the powers exercised by the States and regional and local authorities in urban issues. The use of national experts in the field of urban policy – which was not among the official competences of the EEC, as contained in the founding treaties – would make it possible to test the water and prepare the necessary research in view of a possible Community action, which would ultimately need to be approved by the PREST group in which the Member States were represented.

The final report of the specialized group, entitled *Town and Country Planning Problems in the European Community*, was delivered to the PREST group in February 1972.[43] These preliminary results of the research carried out by the experts group emphasized the importance of urban policies and the necessity of taking them into consideration in the formulation and implementation of EEC sectoral policies, not only in the field of the environment, but also in agricultural, regional, social, transport policies, etc. On the one hand, it highlighted the impact of urban policies on the quality of life – an emerging expectation in European society in the 1970s – and on the other hand, it underlined the necessity of Community intervention. The motivations for this intervention were both the similar character of certain urban problems and the impact that European integration and Community policies had on territorial planning and living conditions. In this regard, the report of the experts stated that "certains problèmes généraux d'aménagement du territoire et d'urbanisme découlant de l'intégration européenne ou se trouvant aggravés par celles-ci, devront être étudiés au niveau communautaire".[44] This reflection seemed to contain an appeal for a renewal of the foundations of Community policies, in order to orientate them more towards the needs and demands of society.

---

[43] Commission of the European Communities, Directorate General for Industrial, Technological and Scientific Affairs, Scientific and Technical Research policy, *Town and Country Planning Problems in the European Community. The need to increase scientific research work, studies and experiments in this field*, Proposal for a Community Programme, Final Report of the Planning Group on "Town Planning – Structure of the Habitat", Brussels, 8 February 1972, III/368/72-E, in HAEC, BAC 28/1980 No. 535.

[44] The quotation is based on the French version of the experts' proposal.

The second document produced by the planning group (which had expanded following the first enlargement of the EEC in 1973 to include more experts, of which two were British officials from the Department of the Environment (R.B. Longworth, J.M. Strachan) and one was from Luxembourg) pointed out the advantages of a comparative analysis of the urban phenomenon in Europe, again suggesting the realization of a Community research programme.[45] The main aim of the programme was to be a clarification and analysis of the "driving forces" of urbanization, in order to understand its dynamics and predict its consequences. The results could thus be applied in the formulation of national and Community policies most closely related to urban and territorial issues. To this end, an updated version of the PREST group study, dated November 1973, highlighted how urban dynamics constituted an important variable to be taken into consideration both in the field of regional policies, to ensure more balanced territorial development, and in the field of environmental action, to improve the efficacy of environmental protection measures.[46]

In the light of these suggestions the PREST group (which was responsible for the activities of the specialized subgroup) expressed its approval of the report, but asked that it be specified that the research programme called for would be undertaken in the form of a common action, according to art. 235 of the EEC treaty.[47] In fact, spatial planning and urban policies were not included among the competences attributed to the EEC by the treaties and it was therefore essential to specify the

---

[45] Communautés européennes, Secrétariat du Comité de politique économique à moyen terme, Politique de la recherche scientifique et technique, *Le développement de conurbations et de mégalopoles dans la Communauté européenne. Thèmes principaux d'un programme de recherches de la Communauté*, Projet de deuxième rapport final du Groupe de conception "Urbanisme – Structure de l'habitat", ENV/111/73, Bruxelles, le 26 septembre 1973, p. 6-8, in HAEC, BAC 124/1993 No 9.

[46] Comunità europee, Segreteria del Comitato di politica economica a medio termine, Politica della ricerca scientifica e tecnica, *Lo sviluppo delle conurbazioni e delle megalopoli nella Comunità europea. Evoluzione delle grandi concentrazioni urbane*, Suggerimenti per un programma di ricerche della Comunità, Relazione finale del gruppo di programmazione "Urbanistica-Strutture dell'edilizia popolare" (seconda fase), Bruxelles, 6 novembre 1973, ENV/179/1973, p. 9, in HAEC, BAC 53/1987 No. 820.

[47] The article 235 of the EEC treaty allowed the Council to act in unforeseen cases, i.e. when the treaty had not provided the necessary powers. It set the procedural rules (proposal from the Commission, unanimity in the Council and consultation of the European Parliament) and the requirements (the attainment of common objectives in the course of the operation of the common market) to be satisfied in order to put in practice a Community action.

legal basis for research to be carried out on these subjects.[48] Moreover, according to Louis Villecourt, secretary of the PREST group, there was some uncertainty regarding the precise estimate of the costs of the research programme, which could have caused problems for its approval by the group itself.

Despite these doubts, the studies of the planning group were widely disseminated within the Commission's services and, in view of the PREST group meeting at which the proposal was to receive definitive approval, the reports were submitted to the attention of the "Environment Service",[49] established within the Directorate General for Industrial, Scientific and Technological Affairs in 1971, upon the initiative of Altiero Spinelli. In the second part of the European Community's environmental action programme the chapter entitled *Urban development and improvement of amenities*, which listed a series of damaging effects caused by uncontrolled mechanisms of urbanization, drew on many points contained in the studies of the planning group.[50] These mechanisms – the action programme claimed – "aggravate pollution, hinder abatement measures or contribute to the deterioration of living conditions and the quality of life". The environmental action programme cited the city as one of the principal places in which action was required to help improve citizens' living conditions and, due to the "Community scale of the problems", it recognised the utility of EEC intervention in this field.

The relevance of urban issues in the field of Community policies was also one of the main reasons that prompted the Commission to authorise the continuation of the urban research, begun in the framework of the PREST group, by the new Scientific and Technical Research Committee (CREST), established by a Council resolution of 14 January 1974 and placed under the presidency of the Director General for Research, Science and Education, Günter Schuster.[51] CREST

---

[48] Letter from Louis Villecourt, Secretary of the PREST Group, to Japik S. Terpstra, Secretary of the Groupe de conception "Urbanisme – Structure de l'habitat", 26 October 1973, in HAEC, BAC 23/1979 No. 897.

[49] Letter from Japik S. Terpstra to Michel Carpentier and Dieter Hammer, 22 November 1973, in HAEC, BAC 124/1993 No.9.

[50] Declaration of the Council of the European Communities and of the Representatives of the Governments of the Member States meeting in the Council of 22 November 1973 on the Programme of Action of the European Communities on the Environment, *cit.*, p. 41-43.

[51] Commission, *Eighth General Report on the Activities of the European Communities 1974*, Luxembourg, Office for Official Publications of the European Communities, February 1975, points 309-311. Günter Schuster was a German physician born in 1918 who worked in the European Commission and became Director General for

was encouraged to continue research into large urban concentrations both by the members of the PREST group (remember that Schuster had presided over the specialized subgroup "Town Planning – Structure of the Habitat") and by the officers of the Directorate General for Regional Policy and the Environment Service. In particular, Michel Carpentier,[52] an officer of the Environment Service, reiterated the utility of further studies on urban issues from a European perspective, so that such research could "fournir des éléments d'information et de jugement pour l'orientation et la mise en œuvre de plusieurs politiques communes".[53]

The studies of the planning group carried out within the PREST framework, which were continued by CREST from 1974, and the contents of the environmental action programme therefore introduced not only the use of particular instruments, such as groups of experts, to study the emerging problems in the Europe context, but also established new themes in Community policies that transcended economic development-related requirements and were connected to the emerging demands of European society.

However, despite these indubitable innovations in methods and contents, the proposal for a Community programme on town and country planning, which aimed to facilitate the review of ongoing projects in the Member States, thus providing a useful tool for the drawing up and revision of various Community policies, encountered numerous obstacles. Firstly, although the research programme on urban issues did not weaken the powers of Member States, its realization involved Community intervention in a new field. In this context, since early 1972, the French delegation to the PREST group – alongside the German and Italian delegations – declared its opposition to entrusting the drawing up of the research programme on urban issues in the EEC to an external research institute.[54] Some resistance was also encountered within the Community when the CREST group further specified the proposal,

---

Research, Science and Education (DG XII) in 1973. In 1984 he was special advisor to the Senate of Berlin.

[52] Michel Carpentier was first naval officer interpreter and at the beginning of the 1970s he became officer in the Environment Service of the European Commission. Then, he was Director General in several Directorates (Environment and Consumer Protection Service, Telecommunication, Information). Since 1995 he is honorary Director general. From 1995 to 1997 he was member of the Economic and Social Council in France. He was also appointed *Chevalier de la Légion d'Honneur.*

[53] Note from Michel Carpentier to Günter Schuster, General Director of the DG XII, Bruxelles, 31 January 1974, in HAEC, BAC 25/1983 No. 2003.

[54] Note from Japik S. Terpstra to Michel Carpentier (21 April 1972), in HAEC, BAC 124/1993 No. 9.

submitting it to the Commission in June 1975.[55] The Commission's Legal Service initially opposed the realization of the action programme, raising the issue of the Member States' specific responsibilities during the programme: in fact, the original proposal mentioned generic obligations of disseminating knowledge, but described the individual projects to be included in detail in the annexes, without specifying the tasks that the States would have to perform. The problem of the role that the Member States would play in relation to the national institutes responsible for carrying out the research was also raised.[56] Lastly, the Legal Service demonstrated a certain reluctance to use article 235 of the EEC treaty as the legal basis for the programme. In this case, in fact, a decision of the EEC Council would have become the legal basis for actions carried out by a Member State with its own financial resources. The Legal Service therefore asked CREST to reflect upon the consequences that would arise, in terms of the violation of Community obligations, should a participating State fail to adhere to the programme.[57]

Although the importance and the impact of urban problems on citizens' living conditions had been recognized, the balance of powers and EEC competences constituted a precise reference framework (albeit one that allowed some margin for operating beyond the scope of the treaties), respect for which was very carefully monitored by the Member States. Despite the undoubted difficulty of achieving concrete progress, the activities of the groups of experts and the exchange of ideas within the *ad hoc* PREST and CREST groups nonetheless influenced debate on Community policy in the 1970s, contributing to the inclusion of reflections on the common and transfrontier nature of urban issues in a new generation of policies, and thus planting a seed that would ripen into the "urban mainstreaming" approach inaugurated by the European Commission in the 1990s and recently included in the EU cohesion policy.[58]

---

[55] Comunità europee, Comitato della ricerca scientifica e tecnica, Relazione del gruppo di lavoro del CREST "Ricerca sulla programmazione urbanistica" al Comitato della ricerca scientifica e tecnica, Oggetto: Progetto di decisione del Consiglio relativo ad un programma di ricerca, in forma di un'azione concertata, sullo sviluppo delle grandi concentrazioni urbane, presentato per l'approvazione, Bruxelles, 13 giugno 1975, CREST/59/75-I, in HAEC, BAC 53/1987 No. 828.

[56] Letter from Donald William Allen (Legal Service of the European Commission) to Günter Schuster, 25 June 1975, in HAEC, BAC 53/1987 No. 828.

[57] Letter from Donald William Allen to Günter Schuster, 3 December 1975, in HAEC, BAC 53/1987 No. 828.

[58] After the early community actions in the urban domain – promoted under the auspices of the Delors Commission with the launch of the Urban Pilot Projects in 1989 – European cities became the main target of a specific community initiative in 1994, when the Urban program was officially set out. See Grazi, *L'Europa e le città*,

4. Conclusion

This analysis of the first EEC actions in the environmental and urban sector has allowed us to emphasise how the need to deal with and provide solutions to the emerging social problems in the 1970s developed against the background of the expanding economic objectives of European integration. In this sense, the improvement of living and working conditions constituted one of the main objectives in the reinforcement of the EEC's political dimension and in the launch of new policies, including environmental policy, which had included the protection of human health and the prevention of risks from pollution among its aims since its inception. While this first aspect represented an innovative feature in itself, the presence of common social problems in the Member States and the transfrontier nature of some forms of pollution constituted an incentive for the "lasting innovation" of political cooperation between Community partners. In this context, the birth of Community environmental policy and the initial research into urban issues demonstrated that the Member States had recognised the Community as a reference framework within which to discuss and analyse emerging problems. As well a forum for political debate, the Member States gradually came to see the EEC as the key context within which to define political responses in these new sectors. This evolution occurred relatively rapidly in the case of environmental policy, and more slowly regarding Community measures on urban matters.

The relationship between environmental and urban issues and other areas of Community competence, first and foremost the economic sector, represented another innovative aspect of political cooperation in these sectors. The need to take this connection into consideration had already been perceived and recognised in the 1970s, in the first environmental action programme and CREST's urban research, for example, and was to constitute a central feature of the evolution of environmental policy and future urban policies. Since the latter half of the 1980s, in fact, the EEC has promoted the inclusion of the objectives of environmental protection and safeguarding urban habitats in other political sectors. The steps taken in the 1970s marked the beginning of a process of innovation in the methods and content of these policies. These transformations have subsequently revealed their incisiveness on a substantial and temporal level with the developments that took place in the 1990s, when the "horizontal" nature of environmental and urban problems was fully and formally recognised by the Member States and Community institutions. The "horizontal" integration of the objectives

---

op. cit., p. 235-374; and Tofarides, M., *Urban Policy in the European Union: a Multi-level Gatekeeper System*, Aldershot, Ashgate, 2003.

of environmental and territorial protection has, in fact, become one of the guiding principles in the formulation and application of a wide range of Community policies, in the framework of a progressive reinforcement of the practice of "mainstreaming". The hypothesis presented and analysed in this paper is confirmed by this latter aspect, which demonstrates how environmental and urban issues, now crucial challenges to the EU, have made an important contribution to the lasting innovation of Community policies.

Vers une politique de recherche commune
Du silence du Traité CEE au titre de l'Acte unique

Arthe VAN LAER

Université catholique de Louvain

En 1952, la Haute Autorité CECA reçoit la mission d'encourager la recherche dans les secteurs du charbon et de l'acier. Cinq ans plus tard, les Traités de Rome créent une Communauté spécifique pour la technologie la plus prometteuse de l'époque : le nucléaire. Euratom a pour mission de développer la recherche des Six, tant à travers ses propres projets dans le Centre commun de recherches que par le financement de programmes coopératifs. Dès l'été 1958, les services d'Euratom notent toutefois l'insuffisance d'une politique de recherche limitée à deux secteurs :

> Les Traités instituant deux Communautés, la CECA et l'Euratom, contiennent des dispositions particulières en ce qui concerne la recherche scientifique et technique, mais le problème de la recherche dans son ensemble n'a jusqu'ici fait l'objet d'aucune disposition dans le cadre de la Communauté des six pays [...]. Il existe là, de toute évidence, une lacune qu'il serait des plus utiles de combler, et qui devrait faire l'objet d'un examen approfondi [...]. En effet, la recherche scientifique et technique est l'un des facteurs qui peuvent le plus puissamment contribuer à maintenir et à élever le niveau de vie.[1]

Si la Commission Euratom est la première à militer en faveur d'une extension de la mise en commun de la recherche dans l'Europe des Six au-delà du nucléaire, c'est dans la Communauté économique européenne qu'une politique d'ensemble verra finalement le jour. Cet article montre comment la CEE, qui n'avait en 1957 pas de compétence dans le domaine de la recherche (mis à part la recherche agricole), a progressivement étendu ses actions en la matière. Il s'arrêtera à l'Acte unique de 1986, qui ajoute au traité CEE l'article 130, reconnaissant à la Commu-

---

[1] AHUE, CM2/1959/873, note anonyme des services Euratom, *Proposition visant à la création d'une Communauté scientifique européenne*, juillet 1958.

nauté une compétence dans le domaine de la recherche et du développement technologique. L'étude portera non seulement sur les acquis,[2] mais surtout sur les ambitions de la Commission, les moyens mis en œuvre pour les réaliser et, à maintes reprises, leur échec.[3] Quatre phases se distinguent. Les premières propositions relatives à une politique de recherche commune, lancées en 1963, aboutissent sept ans plus tard à l'accord intergouvernemental sur la Coopération européenne dans le domaine des sciences et des techniques (COST). Les commissaires Guido Colonna, Altiero Spinelli et Ralf Dahrendorf proposent ensuite chacun une nouvelle approche de la recherche dans le cadre de la CEE, mais leurs réalisations restent relativement modestes. Leur successeur Étienne Davignon, commissaire de 1977 à 1984, obtient un accord sur des actions de recherche relativement conséquentes dans des secteurs-clé, puis l'adoption du premier programme-cadre pour les activités communautaires de recherche. Enfin, la compétence de la CEE dans le domaine de la science et de la technologie est ancrée dans le Traité par l'Acte unique.

1. Des premières discussions à l'adoption du COST (1963-1970) : « une montagne enfante une souris »[4]

En novembre 1963, la Commission Euratom suggère à la Haute Autorité CECA et à la Commission CEE de créer un groupe interexécutif pour étudier la question d'une politique de recherche commune. L'idée est rejetée par la Commission CEE, qui dispute à Euratom le rôle principal dans le développement d'une telle politique. La Commission Euratom plaide pour une interprétation extensive du traité Euratom, la

---

[2] Sur l'histoire de la politique de recherche communautaire jusqu'au milieu des années 1990, les principaux travaux sont Guzzetti, L., *A brief history of European Union research policy*, Luxembourg, 1995 et Peterson, J., Sharp, M., *Technology policy in the European Union*, New York, 1998. Un aperçu utile se trouve dans Commission des Communautés européennes, *Community research and technology policy : developments up to 1984*, Luxembourg, 1985.

[3] Cet article se base notamment sur des recherches menées dans les archives des institutions européennes pour ma thèse de doctorat sur la politique industrielle de la CEE dans les secteurs de l'informatique et des télécommunications (1965-1984), et prolonge un article que j'ai publié avec Éric Bussière sur le développement d'une politique de recherche commune jusqu'en 1972 : « Recherche et technologie ou la "sextuple tutelle" des États sur "la Commission, éternelle mineure" », in Dumoulin, M. (dir.), *La Commission européenne (1958-1972). Histoire et mémoires d'une institution*, Luxembourg, 2007, p. 507-522.

[4] Pour la trame factuelle de cette partie et de la suivante, toutes les références utiles aux documents se trouvent, sauf indication contraire, dans Bussière, Van Laer, « Recherche et technologie ou la "sextuple tutelle" des États sur "la Commission, éternelle mineure" », *op. cit.*

Commission CEE argumente que la recherche est une composante de la politique économique, domaine qui relève de ses compétences en vertu de l'article 2 du Traité CEE. Cette concurrence entre Euratom et CEE continuera à compliquer les initiatives communautaires jusqu'à la fusion des exécutifs en mai 1967. Dans l'immédiat, c'est la Commission CEE qui obtient gain de cause. En mars 1965, la question d'une politique de recherche commune est confiée à un nouveau groupe de travail rattaché au Comité de politique économique à moyen terme de la CEE. Ce groupe Politique et Recherche scientifique et technique, dit 'groupe PREST', est composé de hauts fonctionnaires de la politique scientifique des États membres. La Commission Euratom y est représentée, comme d'ailleurs la Haute Autorité CECA, et elle suspend ses propres ambitions. Un groupe interexécutif 'Recherche' est finalement créé en octobre de la même année, mais son rôle se limite essentiellement à coordonner les positions des trois exécutifs au sein du groupe PREST.

Il n'est pas difficile de convaincre les États membres de l'opportunité d'étudier une politique de recherche commune. Depuis quelques années, les travaux de l'OCDE mettent en évidence le lien entre recherche scientifique et croissance économique, et ses rapports sur l'« écart technologique » pointent la faiblesse de la recherche européenne comme cause du décalage économique entre l'Europe et les États-Unis. Pour rattraper le retard, il faudrait que les États européens renforcent leurs efforts de recherche, et les mettent en commun pour éviter des duplications inutiles. Cette idée est devenue fort consensuelle, mais sa mise en œuvre se révèle difficile.

Le groupe PREST entreprend une confrontation des programmes nationaux et l'examen des possibilités de coopération dans six domaines : l'informatique et les télécommunications, les transports, l'océanographie, la métallurgie, les nuisances (c'est-à-dire pollution de l'air et des eaux, nuisances acoustiques et contrôle des denrées alimentaires) et la météorologie. Si le groupe essaie de rassembler des données comparables sur les recherches publiques dans les six États membres, il n'y a jamais de discussion sérieuse dans le sens d'une orchestration globale des politiques nationales. Les travaux du groupe PREST sont nettement plus concrets dans les six secteurs retenus d'emblée comme prioritaires. Il examine des projets susceptibles d'être organisés et financés en commun, mais aussi les modalités de coopération entre entreprises et la création d'un marché suffisamment grand pour rentabiliser les résultats. À moyen terme, les recherches menées en commun doivent amener les entreprises des différents États membres à fusionner, et former ainsi des 'champions européens' dans les secteurs de pointe.

Pendant que le groupe PREST déblaie le terrain, deux autres initiatives sont lancées en faveur d'une politique de recherche commune. En juin 1966, le ministre des Affaires étrangères italien Amintore Fanfani propose au Conseil atlantique une coopération technologique entre l'Europe occidentale et les États-Unis, un plan Marshall technologique. Quelques mois plus tard, le Premier ministre britannique Harold Wilson préconise la création d'une communauté technologique européenne dans la perspective d'une éventuelle adhésion de la Grande-Bretagne aux Communautés européennes.

Les temps paraissent mûrs pour une réunion à un plus haut niveau : une première réunion des ministres de la Recherche de la CEE. Les préparations du Conseil spécial sur la Recherche sont toutefois compliquées par la crise d'Euratom, qui éclate pleinement au début de 1967, et de surcroît retardées par la fusion des exécutifs en mai. Au sein de la Commission unique, la nouvelle direction générale 'Recherche générale et technologie' (la DG XII) est responsable du groupe PREST, mais la direction générale III, en charge des Affaires industrielles, est chef de file pour les projets dans les secteurs où il existe déjà une infrastructure industrielle importante. Le Conseil des ministres de la Recherche se tient finalement à Luxembourg le 31 octobre. Les ministres cautionnent les résultats du groupe PREST, et le mandatent pour finaliser les projets retenus. Mais la situation se retourne déjà au mois de décembre : à cause du veto de de Gaulle à l'adhésion britannique, les autres États membres suspendent leur participation au groupe PREST. Ils souhaitent une collaboration avec la Grande-Bretagne, le pays européen le plus à la pointe en matière technologique, et sont prêts à établir cette coopération hors CEE si la France s'y oppose dans le cadre de la Communauté. La France admet finalement que les pays candidats puissent être mentionnés comme participants potentiels à la future coopération, mais ils ne pourront pas prendre part aux réunions du groupe PREST. Sur cette base, le Conseil décide, en décembre 1968, de reprendre les travaux communautaires dans le domaine de la recherche scientifique et technique. Au sommet de La Haye de décembre 1969, les chefs d'État et de gouvernement expriment « leur volonté de poursuivre plus intensément l'activité de la Communauté en vue de coordonner et d'encourager la recherche et le développement industriel dans les principaux secteurs de pointe, notamment par des programmes communautaires, et de fournir les moyens financiers à cet effet ». Afin de permettre la participation de tous les pays européens, candidats à la CEE ou non, les projets de recherche proposés par le groupe PREST seront néanmoins transférés vers un nouveau cadre juridique.

À la conférence interministérielle de Bruxelles des 22 et 23 novembre 1970, les six pays de la CEE plus la Grande-Bretagne, l'Irlande, le Danemark, la Norvège, la Suède, la Suisse, l'Autriche, l'Espagne, le Portugal, la Finlande, la Grèce, la Yougoslavie et la Turquie adoptent une résolution sur la « Coopération européenne dans le domaine des Sciences et des Techniques » et signent des accords de coopération pour sept projets (avec un budget total d'environ 21 millions d'unités de compte). La COST n'est pas une véritable organisation, mais plutôt un cadre pragmatique de procédures pour la conclusion et l'exécution d'accords intergouvernementaux. Après plusieurs années de tractations, le premier élan vers une politique de recherche communautaire aboutit donc à une série d'accords intergouvernementaux 'à la carte', auxquels des pays tiers participent. Selon le nouveau commissaire Spinelli, « la montagna ha partorito un topo ».[5]

2. Les projets de Colonna, Spinelli et Dahrendorf : politique industrielle centralisée ou encadrement des politiques scientifiques nationales ?

La COST ne correspond guère à la politique de recherche commune imaginée par les fonctionnaires de la Commission au milieu des années 1960. Il n'implique aucune coordination entre les politiques nationales, ni des projets de recherches communautaires susceptibles de conduire à la création de « champions européens ». En mars 1970, la Commission remet au Conseil un mémorandum sur *La politique industrielle de la Communauté*, nommée « Colonna mémorandum » d'après le commissaire Guido Colonna di Paliano.[6] Ce mémorandum propose un ensemble d'actions destinées à développer les industries communautaires, et notamment celles de haute technologie (électronique, aéronautique, etc.). Le financement public de recherches ne constitue qu'un volet de cette politique industrielle. Il faut surtout encourager la création d'entreprises européennes de même taille que leurs concurrentes américaines, cette dimension étant indispensable pour rentabiliser les investissements dans la recherche de pointe. Le marché commun pour les produits de haute technologie doit donc être effectivement unifié : les marchés publics doivent être ouverts à tous les États membres, voire concertés au niveau communautaire,[7] les normes techniques harmonisées. En plus, des entreprises à échelle européenne ne pourraient être financées que par un

---

[5] « La montagne a accouché d'une souris ». Spinelli, A., *Diario europeo*, t. II *(1970-1976)*, édité par E. Paolini, Bologne, Il Mulino, 1992, p. 229.

[6] Commission CE, *La politique industrielle de la Communauté. Mémorandum de la Commission au Conseil*, COM(70)100, 18 mars 1970.

[7] Sur la politique communautaire concernant les marchés publics de haute technologie, voir Van Laer, A., « L'européanisation des marchés publics dans deux secteurs critiques : l'informatique et les télécommunications (1971-1977) », in Moguen-Toursel, M. (dir.), *Stratégies d'entreprise et action publique dans l'Europe intégrée (1950-1980). Affrontement et apprentissage des acteurs*, P.I.E.-Peter Lang, Bruxelles, 2007, p. 233-253.

véritable marché communautaire des capitaux. Les obstacles juridiques et fiscaux aux fusions doivent être abolis grâce à la constitution d'un statut de société commerciale européenne et à l'harmonisation du droit des sociétés et de la fiscalité des États membres.

Suite au Colonna mémorandum, la Commission soumet trois propositions concrètes dans le domaine de la recherche. Dans une note de juin 1970, elle suggère une procédure de consultation régulière entre les Six sur leurs projets nationaux de recherche et de développement, tant nucléaires que non nucléaires. En septembre 1971, la Commission recommande d'étendre le statut d'entreprise commune prévu par le traité Euratom au-delà du secteur nucléaire. Ce statut faciliterait la constitution d'entreprises relevant de plusieurs États et permettrait l'attribution d'avantages fiscaux et douaniers, ainsi que l'octroi de prêts ou garanties de la part de la Communauté. En juillet 1972, la Commission propose un mécanisme de subsides communautaires de la recherche. Ces « contrats communautaires », gérés par la Commission en collaboration avec la Banque européenne d'investissement, soutiendraient des projets technologiques de dimension moyenne exécutés en coopération par des entreprises de différents États membres, ou répondant à un besoin public non encore satisfait au niveau communautaire. Les trois idées s'enlisent toutefois dans des discussions infructueuses au Conseil. Les États membres ne sont pas tous d'accord sur la nécessité d'une politique aussi interventionniste et certains sont réticents à l'idée de transférer de nouvelles compétences vers la Communauté.

Entre-temps, en juillet 1970, Altiero Spinelli succède à Colonna comme commissaire responsable des affaires industrielles, technologiques et scientifiques. Ses projets sont très largement inspirés par l'Anglais Christopher Layton, qui avait publié en 1969 un ouvrage intitulé *European advanced technology: a programme for integration*. Il deviendra d'ailleurs son chef de cabinet après la signature du traité d'élargissement. Comme Colonna, Spinelli et Layton envisagent la politique de recherche comme partie intégrante d'une politique industrielle pour les secteurs de haute technologie. Ils regroupent d'ailleurs les anciennes directions générales III Affaires industrielles, XII Recherche et Technologie et XV Centre commun de recherche dans une seule DG III Affaires industrielles, technologiques et scientifiques. La politique de recherche doit avant tout renforcer les industries, mais ceci n'empêche pas qu'elle doive désormais aussi prendre en compte les dimensions environnementales et sociales de la technologie, une nouvelle préoccupation de la Commission. Fédéralistes convaincus, Spinelli et Layton imaginent une politique technologique européenne conçue et gérée par des institutions européennes fortes.[8]

Un nouveau Comité européen pour la Recherche et le Développement (CERD) élaborerait des projets de recherche communs. Ce Comité devrait se substituer aux multiples groupes d'experts existants ou au moins coordonner leurs travaux. Sur la base des travaux du CERD, la Commission proposerait au Conseil une large gamme d'actions communes : organisation de centres d'information, mesures d'harmonisation des initiatives publiques, actions de formation, aides financières à des projets de recherche et développement, attribution du statut d'entreprise commune, participation aux activités d'autres organisations scientifiques ou encore mise en œuvre directe de programmes de recherche. Une Agence européenne de Recherche et Développement gérerait le financement des projets communautaires. Les fonds de cette Agence proviendraient des ressources propres de la Communauté et son fonctionnement serait contrôlé par la Commission. Ses projets, contrairement aux actions COST, ne devraient donc pas être approuvés au cas par cas par le Conseil. Enfin, une Fondation européenne pour la science, composée notamment par les responsables des grandes institutions scientifiques des États membres, stimulerait la coopération européenne dans la recherche fondamentale. Les réformes institutionnelles proposées par Spinelli vont toutefois beaucoup trop loin pour les États membres. Ils écartent totalement l'idée de l'Agence européenne de Recherche et Développement. Le CERD est établi en avril 1973, mais ne sera jamais plus qu'un organe consultatif parmi d'autres. La Fondation européenne pour la science se crée en novembre 1974, mais en dehors du cadre communautaire.

Parallèlement à ces institutions de recherche transversales, Spinelli propose des programmes ambitieux pour soutenir les industries européennes de l'informatique et de l'aéronautique,[9] deux secteurs particu-

---

[8] Spinelli formule ses propositions dans Commission CE, *Note de la Commission au Conseil concernant une action communautaire d'ensemble en matière de recherche et de développement scientifique et technologique*, SEC(70)4250, 11 novembre 1970 (publié comme supplément au *Bulletin des CE*, n° 1, 1971). Après la conclusion des négociations d'adhésion, il les soumet à nouveau, avec quelques modifications : Commission CE, *Objectifs et moyens pour une politique commune de la recherche scientifique et du développement technologique*, COM(72)700, 14 juin 1972 (publié comme supplément au *Bulletin des CE*, n° 6, 1972).

[9] Sur le cas de l'informatique, voir Van Laer, A., « Endeavours to build European Computers, 1965-1974: An opportunity to develop an EC industrial policy », in *IEEE Annals of the History of Computing*, vol. 32, 2010, p. 2-17. La proposition dans le secteur aéronautique : Commission CE, *Concernant les actions de politique industrielle et technologique de la Communauté à entreprendre dans le secteur aéronautique*, COM(72)850, 19 juillet 1972. Les institutions communautaires n'ont pas joué

lièrement innovants. Ces programmes auraient également dû comprendre des subventions considérables à la recherche, mais ils restent pratiquement lettre morte. Seul un petit nombre de projets en informatique seront subsidiés à partir de 1976.[10]

Avec l'adhésion des nouveaux pays membres en janvier 1973, la Commission est également élargie et les portefeuilles sont redistribués. Spinelli garde ses compétences en matière d'Industrie et de Technologie, mais la Recherche, de la Science et de l'Éducation seront dorénavant du ressort du nouveau commissaire Ralf Dahrendorf et d'une direction générale à part, la DG XII. Ceci n'empêche pas que d'autres directions générales gardent le contrôle des actions de recherche relevant de leur domaine spécifique. Ainsi, les subventions dans le secteur informatique, évoquées à l'instant, sont mises en œuvre par la DG III, en concertation avec la DG XII. À partir de 1975, les différentes directions générales coordonnent leurs actions dans un Comité interservices pour la recherche et le développement (CIRD), présidé par la DG XII.

Le programme d'action de Dahrendorf en matière de politique scientifique et technologique,[11] présenté au Conseil en août, vise en premier lieu la création d'un « espace scientifique européen », sans chercher des retombées industrielles immédiates. Il s'agit notamment de coordonner les politiques nationales, de promouvoir la recherche fondamentale – entre autres à travers une Fondation européenne pour la science –, d'améliorer la gestion de l'information scientifique et technique et d'établir des prévisions, dont notamment « Europe plus 30 ». Dahrendorf prévoit également des actions de soutien aux politiques de la Communauté, comme les politiques agricole, sociale, énergétique, industrielle, de transport et d'aide au développement. Un nouveau comité de hauts fonctionnaires des États membres, le Comité de recherche scientifique et technique (CREST), remplace en 1974 le groupe PREST. Il a pour mission d'assister la Commission et le Conseil dans le développement de la politique de recherche communautaire. Dahrendorf quitte déjà la Commission au mois de novembre, mais son successeur, Guido

---

de rôle dans la constitution du consortium Airbus en 1970, et la coopération européenne dans ce secteur restera en dehors du cadre communautaire. Cf. Burigana, D., « L'Europe, s'envolera-t-elle ? Le lancement d'Airbus et le sabordage d'une coopération aéronautique "communautaire" (1965-1978) », in *Revue d'histoire de l'intégration européenne*, vol. 13, 2007, n° 1, p. 91-109.

[10] Leur valeur totale est de 1,2 millions d'écus. « Décision du Conseil du 22 juillet 1976 arrêtant un ensemble de projets communs en informatique (76/632/CEE) », in *Journal officiel des Communautés européennes* (dorénavant *JO*), L233, 16 août 1976, p. 11-15.

[11] Commission CE, *Programme d'action en matière de politique scientifique et technologique*, COM(73)1250, 25 juillet 1973 (publié comme supplément au *Bulletin des CE*, n° 14, 1973).

Brunner, poursuit dans sa voie. La politique de recherche n'est plus imbriquée dans la politique industrielle, comme sous Colonna ou Spinelli. Ce dernier note dans son journal : « Mi viene da piangere a vedere come il mio lavoro di due anni e mezzo è stato ridotto a nulla ».[12]

Malgré des déclarations d'intention du Conseil sur la coordination des politiques nationales et l'organisation d'actions communes dans le domaine de la recherche,[13] les réalisations se font attendre. Dressant un bilan en 1976, la Commission constate que diverses délégations « semblent avoir éprouvé des difficultés à se dégager des anciens concepts d'action de "coopération" communautaire pour adopter le concept de "politique commune", concept couvrant aussi bien les actions communes que les programmes nationaux ».[14] Les tentatives de coordination au CREST n'ont pratiquement pas d'effet sur les programmes nationaux, même dans le domaine nucléaire. Quelques programmes communs de recherche sont lancés (dans les domaines des matières premières, de l'énergie, de la recherche médicale, de la politique sociale, de l'urbanisme et de la politique d'aide au développement), mais leurs moyens financiers sont extrêmement modestes. La Communauté dispose pour toute sa politique de recherche (y compris dans le secteur nucléaire) d'un budget équivalent à un ou deux pourcent de la somme des crédits dépensés par les États membres.[15] La politique de recherche commune recevra toutefois une nouvelle inflexion et un nouvel élan en réponse à la crise économique qui frappe l'Europe.

3. Du programme ESPRIT[16] au programme-cadre : changement d'échelle et programmation stratégique (1977-1984)

Début 1977, une nouvelle Commission entre en fonction : Guido Brunner garde ses responsabilités en matière de Science et Recherche, tandis qu'Étienne Davignon sera en charge des Affaires industrielles,

---

[12] « J'ai envie de pleurer en voyant comment mon travail de deux ans et demi a été réduit à néant ». Spinelli, *Diario europeo*, *op. cit.*, p. 452.

[13] Notamment la *Résolution du Conseil du 14 janvier 1974 relative à la coordination des politiques nationales et à la définition des actions d'intérêt communautaire dans le domaine de la science et de la technologie*, in *JO*, n° C7/2-9, 29 janvier 1974.

[14] AHCONS, dos. 28752, note des services de la Commission à l'attention des membres du CREST, XIII/302/76-CREST/20/76, 24 mars 1976.

[15] Estimation dans Commission CE, *La politique commune dans le domaine de la recherche et de la technologie*, COM(79)281, 23 mai 1979, publié comme supplément au *Bulletin des CE*, n° 3, 1977, p. 62.

[16] European Strategic Programme for Research and Development in Information Technologies.

Marché intérieur et Union douanière. Quelques mois plus tard, la Commission annonce, dans sa communication sur *La politique commune dans le secteur de la science et de la technologie*, un changement important : « Par politique commune de recherche pour les quatre prochaines années il ne faut plus entendre une politique présentant un intérêt essentiellement scientifique, mais la réalisation d'une politique qui réponde aux besoins concrets ressentis. Ce qui est en cause ici ce sont les fondements scientifiques et technologiques de toute politique européenne. La situation de départ est critique. Les phénomènes de crise économique se manifestent avec de plus en plus de netteté. La croyance illimitée dans une croissance continue est ébranlée ». La politique de recherche communautaire sera donc résolument mise au service de la croissance économique. Mais la Commission est d'emblée consciente des obstacles en perspective : « Plus les nouveaux projets de technologie sont intéressants, applicables et importants pour les industries nationales, plus les États membres hésitent à renoncer à leurs intérêts nationaux ».[17]

Face à la crise aiguë dans la sidérurgie, le textile et les chantiers navals, Davignon et ses services se concentrent dans un premier temps surtout sur l'établissement d'actions communautaires pour soutenir la restructuration de ces « vieilles » industries. Mais dans son *Rapport sur certains aspects structurels de la croissance* de juin 1978, la Commission rappelle que la Communauté devrait aussi jouer un rôle actif dans la promotion de la croissance, à la fois par l'achèvement du Marché commun et en stimulant l'innovation, « la principale source de la croissance ».[18] Cette politique d'innovation ne devrait pas seulement encourager la recherche, mais aussi favoriser le développement et la commercialisation de ses résultats. Elle comprendrait deux volets. D'une part, des mesures « horizontales » soutiendraient les petites et moyennes entreprises, les capitaux à risque, la circulation de l'information et la formation des travailleurs. De l'autre, les secteurs de pointe, notamment l'informatique et l'aéronautique, devraient bénéficier d'un soutien direct. Les financements communautaires privilégieraient les recherches me-

---

[17] *Ibidem*, p. 10 et 11.

[18] Commission CE, *Rapport sur certains aspects structurels de la croissance*, COM(78)255, 22 juin 1978. Sur l'articulation, dans les projets de Davignon, entre l'unification du marché européen et les actions sectorielles, voir Van Laer, A., « Quelle politique industrielle pour l'Europe ? Les projets des Commissions Jenkins et Thorn (1977-1984) », in Bussière, É., Dumoulin, M., Schirmann, S. (dir.), *Milieux économiques et intégration européenne au XXe siècle. La relance des années 1980 (1979-1992). Colloque des 1er et 2 décembre 2005*, Comité pour l'histoire économique et financière de la France, Paris, 2007, p. 7-52.

nées en coopération, afin de contribuer à l'européanisation de ces industries.

La Commission élabore effectivement quelques programmes de recherche dans l'informatique, dans le prolongement des projets communs financés sous Spinelli. Les budgets sont initialement très réduits, mais augmentent peu à peu : 2,9 millions d'écus pour un groupe de projets en 1977, 25 millions pour un programme pluriannuel en 1979 et 40 millions pour un programme « microélectronique » en 1981.[19] Un plan d'action pour la recherche aéronautique est rejeté par le Conseil en 1977.[20] L'insertion de la recherche dans une stratégie industrielle se répercute dans la création, en 1978, du nouveau Comité consultatif pour la recherche et le développement industriels (CORDI), composé de représentants des organisations industrielles. Les directions générales Affaires industrielles et Recherche cherchent activement à renforcer leur expertise par le biais d'études de consultants et d'un nouveau programme communautaire de prospective dans le domaine de la science et de la technologie, FAST (*Forecasting and assessment in the field of Science and Technology*), lancé en 1978.

Dès 1979, le secteur informatique devient une priorité pour Davignon. Une phase pilote d'ESPRIT démarre en en 1983, avec un budget de 11,5 millions d'écus. Le premier programme ESPRIT, couvrant la période 1984-1988, reçoit des subsides communautaires à hauteur de 750 millions d'écu, l'autre moitié du budget étant assurée par les entreprises et institutions participantes. Il finance des projets de recherche 'précompétitifs' qui impliquent des partenaires d'au moins deux États membres. ESPRIT porte la politique de recherche communautaire à une autre échelle, et servira de modèle pour d'autres programmes.[21]

Comme Colonna et Spinelli, Davignon aborde la recherche dans une perspective de politique industrielle et souhaite une vraie politique commune, et non pas une coordination des politiques nationales. Davignon peut s'appuyer sur le précédent de quelques petits programmes de

---

[19] Décisions 77/615/CEE, 77/616/CEE, 77/617/CEE, 77/618/ et 77/619/CEE (*JO*, n° 255, 6 octobre 1977, p. 22-34) ; décision 79/783/CEE (*JO*, n° L75, 21 mars 1980, p. 39) ; règlement 3744/81 (*JO*, n° L376, 30 décembre 1981, p. 38-48).

[20] Commission CE, *Plan d'action pour la recherche aéronautique*, COM/77/362/final du 26 juillet 1977 ; idem, *Communication de la Commission au Conseil en vue de la concertation sur les programmes aéronautiques civils prévue par la résolution du 4 mars 1975 et par la déclaration du 14 mars 1977*, COM/78/211/final, 23 juin 1978.

[21] Décisions 82/878/CEE (*JO*, n° L369, 29 décembre 1982, p. 37-40) et 84/130/CEE (*JO*, n° L67, 9 mars 1984, p. 54-59). Sur ESPRIT et ses suites, voir aussi W. Sandholtz, *High-tech Europe. The politics of international cooperation*, Berkeley-Los Angeles-Oxford, 1992.

recherche en informatique et sur l'expérience acquise par ses services. Il profite aussi d'une prise de conscience, parmi les États membres, de l'insuffisance des actions nationales : malgré des efforts considérables depuis les années 1960, leurs champions nationaux restent toujours faibles par rapport aux concurrents internationaux. Les discours de Davignon mettent d'ailleurs en exergue la menace d'une domination industrielle, non seulement par les Américains et mais maintenant aussi par les Japonais. Et, surtout, Davignon applique la méthode déjà éprouvée dans le secteur sidérurgique[22] : pour obtenir un accord du Conseil sur de nouvelles actions communautaires, il implique à la fois les entreprises et les administrations des États membres dans la formulation de ses propositions. Ces réunions avec la « table ronde » des industriels du secteur informatique et avec les directeurs généraux de l'Industrie sont l'occasion de consulter et de négocier, mais surtout de convaincre. Une fois ces acteurs-clé gagnés au projet communautaire, ils deviennent des alliés précieux pour obtenir une décision favorable de la part de leurs gouvernements. Ni Colonna, ni Spinelli n'avait forgé de telles coalitions. Enfin, l'adoption d'un programme communautaire majeur devient politiquement possible grâce à un contexte général favorable. La France renonce à la politique de relance nationale de 1981-82, et le Royaume-Uni obtient une réponse à ses exigences budgétaires au Sommet de Fontainebleau de 1984. Suite à la crise économique des années 1970, la nécessité d'une intervention publique pour stimuler « l'ajustement positif » de l'économie est aussi devenue largement acceptée.[23]

Lors de son deuxième mandat comme commissaire, à partir de 1981, Davignon combine la responsabilité des Affaires industrielles avec celles de l'Énergie et de la Recherche. Il donne pour instruction à la direction générale de la Recherche d'orienter davantage ses programmes de recherche en fonction des besoins des politiques industrielle et énergétique.[24] La direction générale Affaires industrielles garde la responsabilité d'actions de recherche à portée industrielle immédiate, telles qu'ESPRIT, parce qu'« il est primordial qu'elles restent pleinement intégrées dans l'ensemble cohérent que constitue un programme industriel ».[25] Dans une communication au Conseil sur l'avenir de la politique de recherche européenne dans les années 1980, cette articulation étroite avec d'autres politiques est avancée comme argument en faveur d'une

---

[22] Cf. Van Laer, « Quelle politique industrielle pour l'Europe ? », *op. cit.*, p. 15-17.
[23] OCDE, *Pourquoi des politiques d'ajustement positives ? Recueil de documents de l'OCDE 1978/79*, Paris, 1979.
[24] ACOM, BAC47/86/92, F. Braun à É. Davignon et K.-H. Narjes, 11 février 1981.
[25] ACOM, BAC10/85/280, G. Schuster, *Rapport sur les améliorations à apporter en matière de coordination des activités de recherche financées par la Commission*, Bonn, octobre 1981.

action communautaire : « En inscrivant les actions de recherche dans une stratégie d'ensemble, la Communauté leur assure un prolongement économique (le marché), industriel (innovation) ou réglementaire (incitation financière, normes, concurrence) qui constitue une valorisation immédiate de l'activité de R&D menée ». La Commission plaide aussi pour un doublement des ressources financières de cette politique communautaire, qui sont toujours fort réduites par rapport aux dépenses totales des États membres dans le domaine de la recherche.[26] Sur le modèle d'ESPRIT, Davignon et ses services élaborent des programmes dans les domaines des télécommunications (RACE), de l'application de nouvelles technologies dans des secteurs traditionnels (BRITE), des nouveaux matériaux (EURAM) et un petit programme en biotechnologie, qui démarreront en 1985-1986.

Dans la nouvelle Commission, Karl-Heinz Narjes reçoit également une compétence liée au domaine de la recherche, à savoir « Innovation industrielle ». Il sera épaulé par la nouvelle DG XIII, en charge du Marché de l'information et Innovation. La mission est double. D'une part, Narjes doit coordonner toutes les actions de la Commission dans le domaine de l'innovation. Il préside notamment des réunions régulières du nouveau 'groupe' des commissaires concernés par l'innovation industrielle, préparées par une *task force* de représentants de différentes directions générales. D'autre part, il faut développer des actions horizontales en faveur de l'innovation. Cette idée a déjà été évoquée dans la communication en 1978, mais n'a entre-temps abouti qu'à deux projets : un plan d'action dans le domaine de l'information et un soutien à la création de STCELA, une « Conférence technologique permanente des autorités locales européennes » au sein de laquelle ces autorités regroupent leurs commandes de matériel (1978). Les projets proposés par Narjes et ses services sont assez divers. Plusieurs initiatives encouragent la diffusion d'informations : des résultats de la recherche, des renseignements commerciaux, des informations sur des prescriptions légales et administratives, des pistes pour établir des associations d'entreprises, des appels d'offres, etc. C'est le cas du Strategical programme for the transnational promotion of innovation and technology transfer (SPRINT), Euronet-Diane, Euro-Abstracts, Euronews, Innovation newsletter, SIGLE, TII et TED. D'autres actions portent sur le financement de l'innovation, comme le soutien communautaire pour la création de l'Association européenne des sociétés de capital à risque, créée fin 1983, et une série d'études et de colloques. Il y a aussi des propositions pour des mesures fiscales en faveur de l'investissement, ainsi qu'un

---

[26] Commission CE, *La politique commune dans le domaine de la science et de la technologie. Priorités et organisation*, COM(80)412, 1er septembre 1980.

projet de « prêt d'innovation européen » pour les petites et moyennes entreprises. La plupart de ces actions horizontales d'innovation sont proposées de façon groupée dans un « plan de développement transnational de l'infrastructure d'assistance à l'innovation et au transfert des technologies (1983-1985) ».[27] Contrairement au programme ESPRIT, axé initialement sur les grandes entreprises, ces projets « horizontaux » ciblent généralement les petites et moyennes entreprises. Les actions sectorielles et horizontales pour l'innovation sont toujours présentées comme complémentaires dans les publications de la Commission. En interne, il y a toutefois des divergences sur les priorités. Alors que Davignon et la DG III veulent surtout renforcer les secteurs-clés en donnant une impulsion à la technologie (*technology-push*), Narjes et la DG XIII accordent une préférence à la dynamisation du marché et à la diffusion de l'innovation (*market-pull*).[28]

Alors que les actions communautaires dans le domaine de la recherche se multiplient, une approche globale fait toujours défaut. Dès 1980, la Commission suggère aussi l'idée d'un 'programme-cadre' pluri-annuel, regroupant les actions de recherche établies sur la base des trois traités (CEE, Euratom et CECA).[29] Cette « programmation stratégique » permettrait à la Communauté de concentrer ses actions de recherche sur les secteurs de priorité, d'assurer leur cohésion avec d'autres politiques communautaires et de les planifier sur le moyen terme. Fondamentalement, l'accord politique du Conseil sur le programme-cadre devrait faciliter les décisions sur les programmes individuels. La Commission souhaite ainsi éviter à l'avenir d'interminables discussions sur chacun des programmes, mélangeant objections de principe et considérations techniques. La Commission propose d'associer à l'adoption de ce nouveau programme-cadre une rationalisation des structures pour l'élaboration, l'examen et la mise en œuvre des programmes de recherche communautaires. Au fur et à mesure du développement de différents types d'actions, sur des bases juridiques diverses, s'est en effet créé un véritable labyrinthe de comités. Enfin, la Commission imagine le programme-cadre comme une confirmation de la volonté des États membres de développer la politique de recherche communautaire,

---

[27] Commission CE, *Communication et proposition relatives à un plan de développement transnational de l'infrastructure d'assistance à l'innovation et au transfert des technologies (1983-1985)*, COM(82)251, 15 juin 1982.

[28] Sur les actions horizontales en faveur de l'innovation industrielle : voir Van Laer, « Quelle politique industrielle pour l'Europe ? », *op. cit.*, p. 28-30.

[29] Commission CE, *La politique commune dans le domaine de la science et de la technologie*, cit. L'idée d'un programme-cadre est ensuite développée dans Commission CE, *La recherche scientifique et technique et la Communauté européennes. Propositions pour les années 1980*, COM(81)574, 12 octobre 1981.

qui devrait s'accompagner d'une augmentation significative des moyens alloués. La Commission espère rien moins qu'un doublement des ressources financières.

La Commission passera plusieurs années à préparer et, surtout, à obtenir l'adoption du premier programme-cadre. Il sera seulement approuvé par le Conseil en juillet 1983. La Commission associe à l'élaboration de ses propositions tous les organes consultatifs existants. Elle essaie ainsi de gagner le soutien d'experts scientifiques (au sein du CERD, remplacé fin 1982 par le Comité de développement européen de la science et de la technologie – CODEST), des représentants des organisations industrielles (dans le cadre du CORDI, auquel succède en 1984 le Comité consultatif pour la recherche industrielle – IRDAC) et, surtout, des hauts fonctionnaires des États membres qui participent au CREST. Comme pour ses initiatives dans les secteurs de la sidérurgie et de l'informatique, Davignon cherche à 'européaniser' la vision des responsables des administrations nationales. En 1982, il nomme aussi des 'conseillers scientifiques' auprès de la Commission : Umberto Colombo, Hubert Curien, Bernard Delapalme, Christian de Duve, Ilya Prigogine et Günter Schuster. Le concours de ces scientifiques et spécialistes de la politique de recherche de grande envergure doit contribuer à légitimer les propositions de la Commission. Une grande conférence organisée à Strasbourg en l'automne 1982, sous le titre *1980-1990 : un nouveau développement de la politique scientifique européenne*, permet d'élargir encore le champ d'interlocuteurs, et en même temps de donner une large visibilité aux projets de la Commission.[30] Au niveau ministériel, la Commission obtient des réunions plus régulières du Conseil Recherche, au rythme de deux par an à partir de la fin de 1981.

Les efforts considérables de la Commission pour forger à la fois une communauté épistémique[31] et une coalition en faveur d'un programme-cadre des activités scientifiques et techniques communautaires portent leurs fruits. En mai 1983, la Commission soumet au Conseil sa proposition définitive pour le premier programme-cadre quadriennal.[32] Elle

---

[30] *1980-1990 : un nouveau développement de la politique scientifique européenne. Actes de la conférence tenue à Strasbourg, France, du 20 au 22 octobre 1980*, Luxembourg, 1982.

[31] Sur l'importance des idées des acteurs, par opposition à leurs intérêts, voir Sanz Menéndez, L., Borrás, S., *Explaining changes and continuity in EU technology policy : The politics of ideas*, Madrid, 2000 (Working Papers Unidad de Políticas Comparadas CSIC, n° 00-01).

[32] Commission CE, *Proposition de décision du Conseil portant sur le programme-cadre des activités scientifiques et techniques communautaires 1984-1987*, COM(83)260, 17 mai 1983.

demande un budget de 3 750 millions d'écu pour quatre ans, ce qui représente une majoration de 60 % du montant annuel moyen par rapport à 1982. Parallèlement au programme-cadre, la Commission propose une réforme fondamentale des structures et procédures de la politique commune dans le domaine de la science et de la technologie.[33] Un nouveau « Haut comité de politique scientifique » remplacerait le CREST et les groupes spécialisés du Conseil. Il préparerait les délibérations du Conseil au sujet du programme-cadre, et devrait lui-même aboutir à des décisions sur des actions spécifiques, qui seraient alors approuvées par le Conseil sans débat.

Le principe du programme-cadre ne rencontre aucune opposition au Conseil, mais la politique communautaire est à ce moment dominée par le contentieux budgétaire. Dans ce contexte, le Royaume-Uni et la République fédérale allemande sont très réticents à augmenter l'enveloppe financière pour la recherche communautaire. Le 25 juillet, le Conseil approuve l'idée des programmes-cadres et les objectifs scientifiques et techniques pour le premier programme-cadre (1984-1987), mais il attendra le résultat des discussions générales sur les ressources communautaires avant de se prononcer sur le volet financier de ce premier programme-cadre. Le 19 décembre, le Conseil arrivera finalement à un accord sur un budget de 1 225 millions d'écus pour le programme-cadre, dont 750 pour ESPRIT.[34] Les structures de la politique de recherche commune sont amendées : de nouveaux comités consultatifs en matière de gestion et de coordination (CGC) sont institués auprès de la Commission, en remplacement des comités spécialisés du CREST et de la majorité des comités consultatifs en matière de gestion de programmes. La refonte fondamentale proposée par la Commission est toutefois rejetée par le Conseil. Le Haut comité de politique scientifique n'aurait pas été aussi autonome que l'Agence européenne de Recherche et Développement projetée par Spinelli, mais aurait néanmoins renforcé le pouvoir de la Commission au détriment du Conseil. C'est pourquoi la France, notamment, y est hostile.

Même si le programme-cadre structure désormais la politique de recherche communautaire, la CEE n'a toujours pas de compétence explicite dans ce domaine. Après l'adoption du programme-cadre, toute

---

[33] Commission CE, *Communication sur les structures et procédures de la politique commune dans le domaine de la science et de la technologie*, COM(83)143, 16 mars 1983.

[34] « Résolution du Conseil, du 25 juillet 1983, relative à des programmes-cadres pour des activités communautaires de recherche, de développement et de démonstration, et au premier programme-cadre (1984-1987) », in *JO*, n° C 208, 4 août 1983, p. 1 ; Commission CE, *Dix-huitième rapport général sur l'activité des Communautés en 1984*, 1985, §551.

action communautaire continuera à être approuvée à l'unanimité par le Conseil en vertu de l'article 235 du Traité CEE (qui autorise le Conseil à décider toute mesure qui serait nécessaire à atteindre un des objectifs de la Communauté) ou des Traités Euratom ou CECA. Un rapport d'initiative présenté au Parlement européen à la veille de la transmission de la proposition relative au premier programme-cadre par la Commission au Conseil, a toutefois soulevé déjà l'idée que, à l'occasion d'une révision des traités, il serait intéressant de donner à la politique de recherche de la Communauté une base juridique unique.[35]

4. En quête de bases pour l'avenir : de l'idée d'une Communauté technologique à l'Acte unique (1985-1986)

L'adoption du premier programme-cadre en 1984 annonce un nouvel élan pour les activités en matière de recherche. Mais à peine quelques mois plus tard, au printemps 1985, la France propose un nouveau cadre de coopération européenne dans ce domaine : l'Agence européenne pour la coordination de la recherche, mieux connue sous le nom d'Eureka.[36] Conçue en réponse à la Strategic Defense Initiative (SDI) américaine, Eureka présente une alternative intergouvernementale à la coopération communautaire. Les pays signataires pourront y choisir « à la carte » les actions de recherche auxquelles ils participent. Deux visions de la future politique de recherche commune s'affrontent : la France considère que la Communauté est un lieu de coopération parmi d'autres, alors que la Commission aspire à une Communauté qui engloberait, plus ou moins directement, toute action publique en matière de la recherche en Europe.

Jacques Delors, le nouveau président de la Commission, accueille favorablement l'idée d'Eureka comme pendant européen de la SDI, mais il déclare aussi qu'Eureka doit être inséré dans le programme-cadre, même si tous les États membres de la CEE ne sont pas impliqués.[37] Au mois de juin, la Commission propose officiellement la création d'une « Communauté technologique européenne », qui compren-

---

[35] Parlement européen, Commission de l'énergie et de la recherche, Rapporteur : R. Linkohr, *Rapport sur les problèmes et les perspectives de la politique commune de la recherche*, document de séance n° 654/82.

[36] Sur Eureka, voir notamment Peterson, J., *High technology and the competition state : an analysis of the Eureka initiative*, Londres, 1993 ; Sandholtz, *High-tech Europe*, op. cit., p. 257-297 ; et Saunier, G., « Eurêka : un projet industriel pour l'Europe, une réponse à un défi stratégique », in *Revue d'histoire de l'intégration européenne*, vol. 12, n° 2, 2006, p. 57-74.

[37] Sandholtz, *High-tech Europe*, op. cit., p. 275 ; Commission CE, *Mise en œuvre du mémorandum de la Commission « Vers la Communauté européenne de la technologie » (Communication de la Commission au Conseil)*, COM(85)350, 30 septembre 1985.

drait le programme-cadre, Eureka et d'autres coopérations européennes dans le domaine technologique. La question de l'organisation de cette Communauté est laissée ouverte, mais certains fonctionnaires de la Commission évoquent la possibilité d'un nouveau traité. Les petits pays du Benelux et l'Italie, qui ont individuellement une capacité technologique relativement réduite, se montrent favorables à une nouvelle Communauté technologique européenne. Les grands États membres veulent toutefois garder le contrôle national et s'opposent à une communautarisation de ce domaine stratégique. La Communauté ne devient donc pas le lieu d'une coordination suprême de toutes les actions européennes dans le domaine de la recherche ; elle reste un cadre parmi d'autres. Ceci ne signifie pas que les différentes modalités de coopération seront tout à fait cloisonnées : la Communauté deviendra ainsi membre d'Eureka, et participera à plusieurs de ses projets.

Sans être exclusive, la compétence communautaire dans le domaine de la recherche reste reconnue par tous les États membres. Lors de la modification du Traité CEE par l'Acte unique en février 1986, un nouvel article 130 donne à la Communauté pour objectif de « renforcer les bases scientifiques et technologiques de l'industrie européenne et de favoriser le développement de sa compétitivité internationale ». Il prévoit l'établissement d'un programme-cadre pluriannuel et de programmes spécifiques. Cette naissance officielle d'une nouvelle politique communautaire confirme la compétence progressivement acquise au cours des deux dernières décennies.

5. Bilan de la création d'une nouvelle politique communautaire

Absente des Traités, une politique commune de la recherche couvrant l'ensemble des secteurs est déjà rêvée à la Commission Euratom en 1958, et la Commission CEE formule ses premières propositions en 1965. Sa réalisation se fait toutefois attendre jusqu'au milieu des années 1980, quand les États membres approuvent le programme ESPRIT, le premier programme-cadre pour les activités communautaires de recherche et, enfin, l'introduction d'une compétence formelle dans le Traité CEE. Quels sont les facteurs qui ont permis cette réussite, là où les tentatives précédentes de la Commission avaient échoué ?

Dans la première moitié des années 1980, les initiatives de la Commission paraissent en adéquation avec un contexte politique, économique et technologique. L'ambition d'instaurer rapidement une Communauté toute-puissante, dirigeant de près ou de loin toute la recherche européenne, telle que chérie par Spinelli, s'est révélée une voie sans issue. De même, les États membres n'admettent pas l'ingérence communautaire qu'impliquerait une réelle coordination des politiques nationales. L'approche à petit pas de Davignon permet par contre de construire pour la Communauté un rôle complémentaire à celui d'autres acteurs. Après l'adoption du programme-cadre, la Commission Delors tentera d'y intégrer l'ensemble de la recherche publique, mais cette Communauté technologique européenne reste toujours hors de portée.

Le silence des Traités n'est pas un obstacle insurmontable : là où existe la volonté politique, des activités de recherche communes peuvent être lancées. Il paraît toutefois plus facile de développer une politique de recherche commune dans le prolongement des compétences économiques de la Communauté. Le programme ESPRIT, qui crée une dynamique essentielle pour le programme-cadre, s'insert dans une politique industrielle. La communautarisation de la recherche pure, le projet de Dahrendorf, se situe par contre plus loin des objectifs initiaux de la Communauté.

Dans la deuxième moitié des années 1960, l'établissement d'une politique de recherche commune est fondamentalement entravé par les divergences sur l'adhésion britannique. Au cours des années 1970, la crise économique préoccupe fortement les décideurs européens. Après des secours d'urgence aux industries en déclin, se développe un consensus sur l'importance du soutien aux nouvelles industries technologiques, y compris par le financement public de la recherche. Et l'impuissance des États membres individuels devant les problèmes économiques, combinée à la concurrence américaine et japonaise, les rend plus enclins à une approche commune. En même temps, la Commission saisit l'occasion d'un changement technologique important : la convergence de l'informatique et des télécommunications. Les projets informatiques communs proposés dans la deuxième moitié des années 1960 rivalisaient avec les efforts des grands États membres pour développer leurs entreprises nationales dans ce nouveau secteur, seulement lancés depuis quelques années. Au tournant des années 1980, la situation est différente. Les champions nationaux du secteur informatique, en difficulté face aux concurrents américains et japonais, doivent se convertir à la « télématique » (néologisme alliant télécommunications et informatique). L'industrie européenne des télécommunications, traditionnellement fort protégée par la préférence nationale des PTT, commence aussi à sentir le souffle du changement, d'autant que les États-Unis engagent la libéralisation du secteur. La Communauté, de son côté, est déjà active dans le secteur de l'informatique par le biais de quelques programmes mineurs, et elle dispose de leviers importants en ce qui concerne la régulation du marché des télécommunications. Il est significatif que les propositions de la fin des années 1970 pour des actions de recherche communes dans l'aéronautique échouent, alors que celles pour le secteur informatique aboutissent. L'aéronautique est en effet un secteur technologique bien établi, dans lequel a déjà été créé un consortium européen, Airbus, sans implication des institutions communautaires.

La Commission peut bénéficier de ce nouveau contexte non seulement parce qu'elle y adapte ses objectifs, mais aussi grâce à la méthode de conviction mise en œuvre. Davignon procède dans le dossier de la recherche sans grand plan préconçu, mais implique très étroitement des hauts fonctionnaires des États membres, des industriels et des experts. Ses prédécesseurs en ont parfois fait de même (Spinelli associe par exemple des fonctionnaires nationaux à l'élaboration de son programme informatique, avorté en 1975), mais Davignon développe la pratique à une toute autre échelle. Enfin, la Commission peut s'appuyer sur les acquis et expériences du passé, notamment Euratom et les programmes de recherche non-nucléaire lancés dans les années 1970. Du fait de la relative continuité des fonctionnaires dans les services de la Commission, même les échecs précédents ont sans doute été instructifs.

Transnational Infrastructures and European Integration
A Conceptual Exploration[1]

Johan SCHOT

Eindhoven University of Technology

1. Introduction

Shortly after the French National Assembly's rejection of the European Defence Community treaty in August 1954 Monnet and his adjutants examined their options. They decided to push for sectoral integration for conventional energy, transport, and for atomic power.[2] This was a return to the preferred path since transport and energy had always been mentioned as the next sectors to integrate after coal and steel, only political circumstances had forced Monnet to move towards defence.[3] These ideas helped to shape the so called Benelux Memorandum and

---

[1] This paper is part of ongoing work within the research program Transnational Infrastructures and the Rise of Contemporary Europe (TIE) supported by the Netherlands Organisation for Scientific Research under the VICIscheme (dossiernummer 277-53-001). See www.tie-project.nl I would like to thank Christophe Bouneau, David Burigana, Paul Edwards, Andreas Fickers, Christian Henrich-Franke, Waqar Zaidi and Antonio Varsori for comments on an earlier draft, as well as all the members of the TIE group in Eindhoven, Irene Anastasiadou, Alec Badenoch, Vincent Lagendijk, Suzanne Lommers, Frank Schipper and Erik Van der Vleuten. In particular Frank Schipper helped me out with a read of the final draft. Finally I would like to thank the participants in the workshop "Trends in technological innovation and the European construction: the emerging of enduring dynamics?", held in Padua, on Friday 6th and Saturday 7th June 2008.

[2] The best general overview of the negotiations which led to the signing of the Treaties of Rome is Küsters, H.J., *Die Gründung der Europäischen Wirtschaftgemeinschaft*, Baden-Baden, Nomos, 1982. On the negotiations about transport integration see Degli Abbati, C., *Transport and European Integration*, Brussels, Commission of the European Communities, 1987; and for energy see Lukas, N.J.D., *Energy and the European Communities*, London, Europa Publications, 1977.

[3] Duchêne, F., *The First Statesman of Interdependence*, London/New York, W.W. Norton Company, 1994, p. 258-308.

the Messina-Declaration which were the opening gambits for a negotiation process leading to the signing of the Treaties of Rome in 1957. Although the Treaty for the European Economic Community still had a (weak) transport section, all ideas on building new European energy and transport networks had been dropped. The idea of free movement of people, information, goods, and services which was central to the European integration process had not implicated the creation of Common European Transport, Energy or Communication Policies in the first decades of the European integration process. These policies had only been developed during the 1980s. The Treaty of Maastricht included a section (Title XV) to support the construction of the so called trans-European networks (TENs) for transport, energy and telecommunications. Subsequently many plans for European railway, road, electricity and other networks were discussed and got attention at the highest levels of the European Union. This resulted in a host of specific projects. Although many doubt whether all these projects will be implemented as planned, it is clear that the EU has become an actor in the area of infrastructure.[4]

According to the literature available on European infrastructure policies, an important explanation for the lack of earlier action is that infrastructure development until the 1980s was completely dominated by nation-states, and since they did not see any added value in infrastructure development initiated by the EU, it did not happen.[5] One could argue that this preference should not come as a surprise, since infrastructure was always heavily implicated into the building of the nation-state itself. The new means of transport, communication and energy production, which came available in the 19th century, had significant strategic and political potentialities, of which the new nation-states of Europe had been well aware. They had successfully used infrastructures for building national spaces and identities.[6] The emphasis on the impor-

---

[4] For a brief history of the TENs initiative sees MsGowan, F., "Trans-European Networks: Utilities as Infrastructures", in *Utilities Policy*, July 1993, p. 179-186.

[5] For example see Dumoulin, M. (ed.), *The European Commission, 1958-72. History and Memories*, Luxembourg, European Communities, 2007, chapters 22 and 24. For energy see also George, S., *Politics and Policy in the European Union* Oxford, Oxford University Press, 1996, chapter 8, and Lukas, N.J.D., *Energy and the European Communities*, op. cit.; For transport see Ross, J.F.L., *Linking Europe. Transport Policies and Politics in the European Union*, Westport/London, Praeger, 1998, and Stevens, H., *Transport Policy in the European Union* Basingstoke/New York, Palgrave, 2004.

[6] For France see for example Weber, E., *Peasants into Frenchmen. The modernization of rural France, 1870-1914*, Stanford, Stanford University Press, 1976. See also Bouneau, C., *Entre David et Goliath. La dynamique des réseaux régionaux. Réseaux ferroviaires, réseaux électriques et régionalisation économique en France du milieu du XIXe siècle au milieu du XXe siècle*, Bordeaux, Éditions de la Maison des Sciences

tance of the nation-state is also present in histories of Europe more general and histories of the European integration process in particular. Perhaps the most influential European integration historian is Alan Milward. He has argued that nation-states have consistently controlled the integration process.[7] In his view the entire evolution of the European Community since 1957 has been an integral part of the reassertion of the nation-state. Without it, the Western European states could not have offered their citizens the same sense of security and prosperity. The EU (and its predecessors) was never a beginning of a new European federal state, but only an instrument in the hands of some nation-states to build a common market needed in the competition with the USA and former Soviet Union.

Infrastructure has not been researched a lot by historians of European integration, except for some who focus on the evolution of common transport or energy policies. This is remarkable since communication, energy and transport infrastructures were so heavily debated in the decade before the signing of the Treaty of Rome, although they were omitted in the final text. This history seems to prove the case: nation-states were able to keep control over a key sector such as infrastructure, and plans developed by some ardent supporters of some kind of federal Europe for a European network were pushed aside. For historians such as Milward, this interpretation is not defied by the recent TEN initiative. On the contrary, it is confirmed. At the end of the 20th century, due to the enormous growth of intra European traffic, and the need to make the much larger common market even more competitive in the new global-

---

de l'Homme d'Aquitaine, 2008. For the Netherlands see the special issue "Networked Nation. Technology, Society, and Nature in the Netherlands in the 20th century", edited by Van der Vleuten, E., Verbong, G., *History and Technology*, Vol. 20, 2004, No. 3, p. 195-333. For the USA see Hughes, T., *American Genesis*, New York, Viking, 1989, and Nye, D., *Electrifying America*, Cambridge Mass., MIT press, 1990. Nationalism studies also deal extensively with the importance of information and communications technology, especially due to the popularity of the imagined community concept introduced by Benedict Anderson in his *Imagined communities*, London/New York, Verso, 1983. Anderson uses this concept to explain that as nations form, people come to see themselves as part of a community, even though they have never seen or spoken with each other. Historians have concluded from his work that communications technology, such as newspapers, postal services, telephone, radio, and television were important forces in the process of building of nation states because they helped people feel connected.

[7] Milward, A.S., *The European Rescue of the Nation-State*, London/New York, Routledge, 1992. Milward was responding to an earlier tradition which argued that European integration originated in the work of transnational movements and relations informed by European ideals. For an historiographical overview see Kaiser, W., "From State to Society? The Historiography of European Integration", in Cini, M., Bourne, A.K. (eds.), *European Union Studies*, Houndsmills, Palgrave/MacMillan, 2006, p. 190-208.

ization era, nation-states have agreed to go along with some of the proposals developed by the Commission. They engaged in a process of creating Trans-European networks in order to rescue the nation-states again in a period of intensive globalization. The European Council devised a structure that would allow constant supervision and intervention of member states, and consequently strong national priorities were present in the selection of specific projects. Many projects proposed reflect specific national and regional priorities. According to Milward and others this should be taken as evidence for a profound truth about the persistence and viability and continued dominance of nationally framed ideas and interests.[8]

The aim of this paper is to develop a new conceptual perspective on the mutual shaping of infrastructure development and European integration. However, as I hope to show this perspective has also some relevance for European integration history in general. The main contribution is that next to national foreign policies and nationally framed ideas and interests on European integration, we should explore a range of other actors and their perceptions too, although they were often not part of the 'official' integration process. These might be national or domestic actors, for example parties, pressures groups, businesses, who develop their own networks as well as international organisations including the European Commission. Historically, infrastructures (and technology more broadly) are often used by these actors to generate, and to implement transnational ambitions, including the ambition to create some form of a united Europe.[9]

---

[8] This is a linear extrapolation to the TEN initiative of the argument on the origins of the Maastricht Treaty of Milward, A., Sørensen, V., "Interdependence or integration? A national choice", in Milward, A., Lynch, F., Ranieri, R., Romero, F., Sørensen, V., *The Frontier of National Sovereignty. History and Theory 1945-1992*, London/New York, Routledge, 1993, p. 1-32.

[9] For examples on infrastructure see Van der Vleuten, E., Kaijser, A. (eds.), *Networking Europe. Transnational Infrastructures and the Shaping of Europe 1850-2000*, Sagamore Beach, Science History Publications, 2006, p. 279-314; Schipper, F., *Driving Europe. Building Europe on Roads in the 20th century*, PhD thesis Eindhoven University of Technology, and Amsterdam, Aksant/SHT, 2008; Lagendijk, V., *Electrifying Europe. The Power of Europe in the Construction of Electricity Networks*, PhD thesis Eindhoven University of Technology, and Amsterdam, Aksant/SHT, 2008; Anastasiadou, I., *In Search of a Railway Europe. Transnational Railway Development in Interwar Europe*, PhD thesis Eindhoven University of Technology, and Amsterdam, SHT/Aksant, 2009; Heinrich-Franke, C., Neutsch, C., Thiemeyer, G. (eds.), *Internationalismus und Europäische Integration im Vergleich*, Baden-Baden, Nomos, 1987. Badenoch, A., "Imagining the 'Transnational Motorway', 1930-1950", in *The Journal of Transport History*, No. 28, 2007/2, p. 192-210. For examples of other transnational groups see Wolfram Kaiser who argued that transnational networks of Christian Democrats co-shaped the integration process, see his *Christian Democracy and the Origins of European Union*, Cambridge, Cambridge University

The paper proceeds as follows. I begin with looking at a specific brand of theories on European integration that did reflect the importance of infrastructures, in particular functionalist and neo-functionalist theories developed in the 1930s and 1950s. I explore how in these theories infrastructures constituted European integration, but also seek to think about these theories in the light of their historical context. Theories need to be seen as particular forms of thinking located in specific contexts. For me any historical inquiry begins and ends with conceptual work, but not for theory's sake. I see theory as a fundamental prerequisite for research because theoretical perspectives, consciously or unconsciously, inform our approach to the world we observe. Hence, we write better analyses if we are theoretically reflexive. In the second part of the paper I explore the relevance of the work of more recent neo-functionalist inspired thinkers. In the third and final part I flash out the new perspective on the mutual shaping of Europe and its infrastructures. In this paper I make a double move. On the one hand I review a set of theories relevant to the elaboration of an infrastructure perspective, and put them into their historical context (albeit I can only do this in a very limited way). On the other hand I use these theories to develop my own perspective on the relationship between Europe and infrastructures.

2. The Neo-functionalist Detour to European Integration

From the late 1950s until the early 1970s neo-functionalist theory developed by political scientists (and not historians) dominated the historical understanding of European integration. The seminal work was *The Uniting of Europe* by Ernst B. Haas. He analyses the realization and effect of the European Coal and Steel Community (ECSC). The neo-functionalist school consisted mainly of a group of American and Canadian political scientists (largely refugees from Europe) who used the European integration case study to professionalize.[10] Neo-functionalists derived their ideas about the importance of functional

---

Press, 2007, Dumoulin, M. (ed.), *Réseaux économiques et construction européenne/Economic Networks and European Integration*, Brussels, P.I.E.-Peter Lang 2004, and see Rollings, N., Kipping, M., "Private transnational governance in the heyday of the nation-state: the Council of European Industrial Federations (CEIF)", in *Economic History Review*, No. 61, 2008/2, p. 409-431.

[10] Haas, E.B., *The Uniting of Europe. Political, Social and Economic forces 1950-1957*, Notre Dame, Indiana, University of Notre Dame Press, 2004 (third printing, first printing was in 1958). See also Lindberg, L., *The Political Dynamics of European Economic Integration*, Stanford, Stanford University Press, 1963; and Schmitter, P., "A Revised Theory of Regional Integration", in *International Organization*, No. 24, 1970, p. 836-868. These authors had the explicit aim to apply a natural science understanding of research to social reality.

associations from an interwar functionalist set of theories.[11] The idea is that European integration, and after accomplishing its bonus: the end of conflict and war, can be engineered by creating international organisations to perform certain functions such as coal and steel production, transport and healthcare. These functions would create material interdependencies between nations and hence make conflict more difficult. In the plan for the ECSC, made public by the French Foreign Minister Robert Schuman, this idea was formulated as follows: "The solidarity in production thus established will make it plain that any war between France and Germany becomes not merely unthinkable, but materially impossible".[12]

According to Haas, this successful start subsequently would give rise to expansive integration logic. In neo-functionalism, the term "spill-over" – which consists of three types: functional, political and cultural – is used to describe this logic.[13] A functional spill-over consists of a process in which integration in one sector encourages other sectors to integrate as well. The main idea is that the introduction of integration in, for instance, the coal and steel industries will soon give rise to integration in energy and transport sectors. Political spillover means that a new political community (an elite of civil servants, politicians, managers, leaders of social organisations) will emerge that no longer has a strong loyalty toward the nation states concerned. This shift in loyalties will ultimately carry over from the elite to the citizens because they would recognize that the integration process was better able to generate welfare and satisfy their needs than the individual nation-states. Cultivated spill-over refers to the role of the central institution, the High Authority in the case of the ECSC and the Commission in the case of EEC. In neo-functionalist reasoning, the expansive and unfolding integration process would ultimately lead to a new supranational federal state, at least this was their prediction. In the 1950s, in addition to Haas, Karl W. Deutsch acquired a broad following.[14] Deutsch is generally described as a transactionalist rather than a neo-functionalist. His basic premise is that

---

[11] See Groom, N.J.D., Taylor, P., *Functionalism. Theory and practice in International Relations*, London, University of London Press, 1975.

[12] Office for Official Publications of the European Communities, *Europe. A Fresh Start: the Schuman Declaration, 1950-1990*, Brussels, 1990.

[13] This distinction is introduced by Jeppe Tranholm-Mikkelsen in his analysis of neo-functionalism, "Neofunctionalism: Obstinate or Obsolete?", in *Millennium: Journal of International Studies*, No. 20, 1991/1, p. 1-22.

[14] Deutsch, K.W., *Political Community and the North Atlantic Area: International organization in the light of historical experience*, Princeton, Princeton University Press 1957. In his method he relied heavily on the accumulation of aggregate survey data, while Haas' method amounted to theoretically focused case studies.

integration arises from communication and dependencies between people and organisations. Growth of communication brings about new political communities and consequently new forms of loyalty as well. In his view integration does not imply creation of a federal state, but the creation of a security zone (or zone of peace) among states.

Although Haas and Deutsch sought to theorize and create an academic respectable theory, the boundaries between their work and actual policy were blurred. Jean Monnet, who figured prominently in the drafting of the Schuman Plan and the subsequent establishment of the European Coal and Steel Community, Gunnar Myrdal, the first secretary general of the UN Economic Commission for Europe (UN-ECE), who advocated integrating Western and Eastern Europe, Walter Hallstein, the first president of the European Commission, and many members of the Council of Europe Consultative Assembly such as Édouard Bonnefous, a member of the French Parliament, did indeed argue according to neo-functionalist tenets.[15] Theory and practice were closely related.

Many initiatives for creating European networks emerged after the Second World War. An important centre for developing and discussing plans was the Council of Europe. In 1950 one of its members Édouard Bonnefous, a member of the French Parliament, who believed in the functional approach, proposed a plan for integrating transport, including the building on a common transport network and a European transport authority. The organisation should get the power to decide on large-scale investments, and for example the various railway organisations would merge into one European public service. In the original plan the

---

[15] It is instructive to read Monnet's *Memoirs*, London, William Collins Sons & Co, for example on pages p. 295-296. If this one, Franco-German union was the central concern. If it could not be achieved at one, this was because of 'accumulated obstacles'. A start must be made by "the establishment of common bases for economic development', first in coal and steel and then in other fields". On November 9, 1954 Monnet announced his resignation as President of the so called High Authority. At that occasion he said: "In order to be able to take part with complete freedom of action and speech in the achievement of European unity, which must be practical and real, I shall resign [...]. What is being achieved in our six countries for coal and steel must be continued until it culminates in the United States of Europe. So the path of further progress seemed obvious: it was directly to extend the activities of the High Authority in those areas where we were beginning to feel hemmed in. Those we had in mind were transport and energy". According to Gillingham Haas was a disciple of Monnet. This holds also for Hallstein. See Gillingham, J., *European Integration 1950-2003. Superstate or New Market Economy*, New York, Cambridge University Press, 2003, in particular chapter 2. For the views of these major actors: for Gunnar Myrdal see his "Twenty Years with the United Nations Economic Commission for Europe", in *International Organization*, No. 22, 1968/3, p. 617-628; for Walter Hallstein see his *Europe in the Making*, London, Allen and Unwin, 1972; for Édouard Bonnefous see his *L'Europe en face de son destin*, Paris, Éditions du Grand Siècle, 1952.

service would deal with civil aviation, railroad, road, and costal and inland navigation. After many discussions this initiative led to the establishment of the intergovernmental European conference of Ministers of Transport (ECMT) in 1953, with the aim of coordinating the various modes of transport on the European level. The ECMT became a forum for expert[16] delegates from national transport ministries and international transport organisations.[17] In 1955, Bonnefous also became the promoter of a European organisation for communication. Again this initiative resulted in the founding of an expert-led forum, the European Conference for Postal and Telecommunications Administrations.[18] The Council of Europe initiatives were based on the understanding that eventually an integrated Europe would emerge from making a number of smaller steps in areas such as transport and communication. The establishment of the ECSC was seen as an example that should be followed. Bonnefous regarded transport and communication as basic industries, and obvious candidates for capitalizing on the functional spillover idea. In the end, the initiatives resulted in a number of new European organisations, which, contrary to the original ideas and the ECSC, had no supranational element. These organisations focused on creating a basis for voluntary agreements among experts from national and other international organisations.

Fuelled by the thinking of Myrdal, the UN-ECE acted from the understanding that linking the motorway, railway and electricity infrastructures was a crucial precondition for achieving peace, and that it would boost economic growth. The UN-ECE encouraged discussions on European networks, and took several practical steps towards this direction, in particular in the various technical committees. For example in 1951 The Committee on Electric Power examined various cross-border power projects in Europe in order to identify technical problems.[19] The UN-ECE Inland Transport Committee formulated a "Declaration on the Construction of Main International Traffic Arteries" which was signed on September 16 1950 by five states, but many others followed in the

---

[16] I am using the notion of expert as an actor category. It refers to people who were called experts at the time.

[17] On this the history of the Bonnefous transport initiative, and its subsequent discussions which led to the establishment of the ECMT see Henrich-Franke, Ch., "Mobility and European Integration. Politicians, Professionals and the Foundation of the ECMT", in *Journal of Transport History*, No. 29, 2008/1, p. 64-82; See also Kapteyn, P.J., *Europa sucht eine Gemeinsame Verkehrspolitik*, De Tempel, Brugge, 1968, Part one, chapter 3.

[18] Laborie, L., "A Missing Link? Telecommunications Networks and European Integration 1945-1970", in Van der Vleuten, Kaijser, *Networking Europe, op. cit.*, p. 187-216.

[19] See Lagendijk, *Electrifying Europe, op. cit.*, chapter 4.

1950s.[20] The objective was to create an international network of E-roads that would not only integrate Western Europe but also West and East.[21] The rationale for a focus on infrastructural networks was clearly functionalist in two ways. First, the assumption that the material dependency would fuel economic and political integration, and subsequently lead to peace and prosperity; and secondly the idea that negotiations on technical subjects such as networks would circumvent nationalism. According to Myrdal, "the key was to define the political as technical, to technify politics, and to keep the negotiations behind locked doors".[22]

Monnet and Myrdal both shared the idea that the creation of a set of functionally defined organisations could lead to integration. This idea was also known as the sectoral integration approach. Yet, for Monnet such organisations should have supranational powers, otherwise they would be ineffective. For this reason he considered the ECSC to be a superior political framework when compared with the UN-ECE, or work of other international organisations.

3. The Functionalist Origins

It is not difficult to show that neo-functionalist thinking heavily influenced the practice of European integration in the first two decades after the Second World War. This kind of thinking rooted in functionalist reasoning, which was formulated after the First World War, but had its roots in 19th century thinking. The urgent concern after the horrors of the First World War was to identify lasting conditions for peace. According to functionalist thinking the War had proven the danger of the prevailing balance of power thinking of diplomats and politicians. They looked for other ways to engineer peace. Since the focus was on peace in Europe, their activism was done in the name of some form of united Europe. Functionalist thinking was connected to other important movements and intellectual intervention on behalf of Europe, for example the pan-European movement led by Richard Coudenhove-Kalergi. This is not the right place to write history of functionalism and its influence (which is surely needed) but I would like to point at three characteristics, especially present in thinking of David Mitrany who became the

---

[20] Belgium, France, Luxembourg, Netherlands, and United Kingdom. Austria signed in 1951, Greece and Sweden in 1952, Norway in 1953, Portugal and Turkey in 1954, Germany and Italy in 1957, Poland, Spain and Yugoslavia in 1960, Bulgaria and Hungary in 1962, Finland and Romania in 1965, Denmark in 1966, Ireland in 1968 and Czechoslovakia in 1973.

[21] On E-road network see Schipper, *Driving Europe, op. cit.*

[22] Blomkvist, P., "Roads for Flow-Roads for Peace: Lobbying for a European Highway System", in Van der Vleuten, Kaijser, *Networking Europe, op. cit.*, p. 161-186, here 173.

leading functionalist thinker in the 1930s.[23] First, he assumed that people whose material and economic needs are taken care of will not go to war. Second, many welfare functions, such as food production, communication, transport, electricity production should be organised and provided at the most efficient level, and often this is not the national but the international one. Nation-states too often promote national prestige at the expense of public welfare. International organisations created to focus on satisfying specific functions (or needs) will be in a better position to produce welfare benefits. Third, Mitrany believed that it was best to have experts determine the needs and organise provisions, because he doubted that traditional forms of democratic government can handle the complex range of difficulties involved. Functionalist opted for a technocracy, even if they accepted that experts should in some way respond to institutions that organized the general interest. Mitrany was highly suspicious of states; he argued that while the work of the many different international organisations would gradually undermine the loyalty of people towards the state, it would and should not lead to the development of a new state, or, as argued for by several other functionalists, some form of world government. In his thinking, international activities should pursue a result in which nation states would no longer be able to operate independently and would become engulfed in a "spreading web of international activities and agencies" whose activities together express world politics or world society.[24] For many functionalists including Mitrany a major danger was the belief that people could only unite through nation-state building. To his mind, such a process would always provoke nationalism and ultimately lead to war.

Functionalist thinking was not a school in a disciplinary sense. It was a perspective on international relations and tendency in thinking present in the writing of a number of intellectuals active within the United Kingdom, such as Angell, Robert Cecil and G.D.H. Cole, and David Mitrany.[25] A major source of inspiration was not only an older English liberal free trade tradition that became prevalent in the 19th century, but also the activities of a large number of international organisations. The liberal tradition, also known as the Manchester

---

[23] Much of his work is brought together in Mitrany, D., *The Functional Theory of Politics*, London, Martin Robertson & Company, 1975. See also his "The Prospect of Integration: Federal or Functional", in *Journal of Common Market Studies*, No. 4, 1965/2, p. 119-149. See also Anderson, D., "David Mitrany (1888-1975): an Appreciation of his Life and Work", in *Review of International Studies*, No. 24, 1998, p. 577-592.

[24] Mitrany, "The Prospect of Integration", *op. cit.*, p. 135.

[25] See for example Long, D., Wilson, P. (eds.), *Thinkers of the Twenty Years Crisis: Inter-War Idealism Reassessed*, Oxford, Clarendon Press, 1995.

school, put forward the idea that countries trading with each other – and thus having mutual economic ties – not only promoted economic growth but were also unlikely to go to war against each other because it would damage their own interest too much. This tradition was translated at the end of the 19th century into various forms of internationalism.[26] One of the best know expressions of this set of ideas was Norman Angell's book The *Great Illusion*, which, published in 1909, had several editions in Britain and innumerable translations and editions abroad. Angell explained that the logic of economic progress and interest of the people in Europe made a war illusory, and so people should not fear for it. This idea was widespread before World War I.[27]

The functionalist perspective was not only a tendency in thinking, but is also visible in the arguments behind many plans for European infrastructures developed during the interwar years. For example, in the 1930s Hermann Sögel suggested in his Atlantropa plan to close off the Straits of Gibraltar with a huge dam, and turning larger parts of the Mediterranean Sea into new *Lebensraum*.[28] The dam would enable the production of huge amounts of hydroelectric power, which would be distributed throughout Europe using a high-voltage electricity network. His aim was not only to combat unemployment but also to create material dependencies and European unity in order to ensure peace. Sögel's thinking was strongly influenced by the ideas of Coudenhove-Kalergi and his paneuropa movement, but he also felt that this movement had to rely on idealistic appeals, while his plan exploited technology which would bring the peoples of Europe together more "naturally and inevitably".[29] In his plan he pointed out that:

> An international agreement of electricity producers, a league based on economic interest, may encounter smaller difficulties these days than a league based on political interests. The economic agreement must precede the political one. At any rate, the road to the United States of Europe seems longer than the road to the United Power Plants of Europe, whose realization would surely be a large step toward European international peace. Connecting the European countries with power lines is a better guarantee of peace than treaties on paper, since any nation that destroys the power lines would thereby destroy itself.[30]

---

[26] See for this Iriye, A., "Internationalism", in Mazlish, B., Iriye, A., *Global History Reader*, New York/London, Routledge, 2005, p. 202-208.

[27] Angell, N., *The Great Illusion. A Study of the Relation of Military Power to National Advantage*, New York, GP Putnam & Sons, 1913 (fourth edition).

[28] See Gall, A., "Electricity and competing visions of a United Europe", in Van der Vleuten, Kaijser, *Networking Europe, op. cit.*, p. 99-128.

[29] As Sögel would argue, see Gall, "Electricity and competing visions", *op. cit.*, p. 113.

[30] *Ibidem*, p. 115.

This plan was not the only one proposed. Similar plans were developed for railway and road infrastructures with similar intent and background ideas.[31] Although these plans did not materialize, they left their mark and many of the ideas were taken up again after the Second World War. People like Monnet, Bonnefous and others had drawn the conclusion that one element had been missing during the interwar years, which also explains why the plans were not realized: supranationality. This was not the conclusion drawn by many scholars in the international relations field, however.

4. The Realist Critique

Already in the 1930s functionalism became highly controversial with the publication of *The Twenty Years Crisis* by E.H. Carr. Scholars of international relations dismissed it as naïve after the Second World War.[32] The so-called realistic approach that took the nation state, the struggle for power and nationalism, for granted became the new fashion. Research efforts focused on explaining the conduct of nation states in their struggle for power. In the emerging field of European integration studies, however, functionalism revived. The interwar experience had made clear for scholars such as Haas that the functionalist theory needed to be adapted. He argued that integration will not follow automatically from functional ties but it requires the emergence of a new political community of experts, managers and officials, who can interfere in the power play of nation states. This elite can acquire room to manoeuvre because nation states are by definition pluralist and thus have no control of the actions of all the different elites representing the nation state. The mere existence of a transnational community, however, is not enough to activate the integration process. Nation states will not easily surrender their sovereignty. Specific conditions need to exist from the outset for this to happen. Haas describes the severely weakened situation of European nation states and the American push for integration as such exogenous initial conditions. A fundamental additional step in neo-functionalist theory is that it stipulates that once integration is in progress, due to contingent reasons, individual nation states can no longer block the resulting autonomous dynamics. Functionalists regarded the ratification of the Rome Treaty in 1957 and the establish-

---

[31] See Lagendijk, *Electrying Europe*, op. cit., chapter 3; Schipper, *Driving Europe*, op. cit., chapter 3 and Anastiasiadou, *In search of a Railway Europe*, op. cit., chapter 2.

[32] Important critics are Carr, E.H., *The Twenty Years Crisis. An Introduction to the Study of International Relations*, Houndmills, Palgrave 2001 (originally published in 1939) and Morgenthau, H., *Politics Among Nations. The Struggle for Power and Peace*, Rajinder Nagar, Kalyani Publishers, 2004, originally printed in 1948).

ment of the European Economic Community and Euratom as proof of their theory, arguing that these two organisations were the outcome of the spill-over they had predicted.[33]

In the course of the 1960s neo-functionalism lost its appeal, mainly because European integration stagnated, despite its promising start. Prospects for further integration seemed few and far between. Disintegration appeared more likely. Gone was the spillover effect. All the initiatives taken in the early 1960s by the Commission to develop infrastructure, in particular transport networks were curtailed by the member states and never realized. Looking back upon the transport integration process in 1972, Hallstein, the first European Community President, writes:

> Every issue in politics has its ironical side. In the case of integration of Europe, it is transport that provides the irony. Of all recent technological changes, one of the greatest has been in men's ability to move bodies or objects over distances, i.e. in transport. It is only as the means of transport have improved that our horizons have become wider and our sense of being free to move over ever-greater distances has increased to the point where we could think of building one large modern Europe [...]. And yet European transport policy has remained in what one could describe as a state of old-fashioned pastoral seclusion. It is stationary. What has been done to turn the 'common transport policy', demanded by the Treaty, into fact does not make a glorious tale in the history of the European Economic Community.[34]

Haas tried to adapt his theory by introducing concepts such as disintegration and integration plateau, but ultimately conceded himself that neo-functionalist theory was no longer adequate.[35] In the 1970s a realist understanding that focuses on nation-states developed significantly based on the earlier analyses by Stan Hoffmann.[36] It was labelled as the intergovernmental perspective. This brand of theory stated that the neo-functionalist understanding of what happened in the 1950s and 1960s was inadequate. For intergovernmentalist, national governments have been uniquely powerful actors in the process of European integration; they controlled the nature and pace of integration guided by their con-

---

[33] A very good introduction to the development in neo-functionalist thinking is the introduction by Haas himself to the third edition of his *Uniting in Europe* published in 2004. Another excellent summary is provided by Rosamond, B., *Theories of European Integration*, Houndsmills, Palgrave/MacMillan, 2000, chapter 3.

[34] Hallstein, *Europe in the Making, op. cit.*, p. 225-226.

[35] For this conclusion see Haas, E.B., *The Obsolescence of Regional Integration Theory*, Berkeley, University of California, 1975.

[36] Hoffmann, S., "Obstinate or obsolete? The fate of the nation state and the case of Western Europe", in *Daedalus*, No. 95, 1966, p. 862-915. See also Rosamond, Theories of European Integration, chapter 4.

cern to protect and promote the national interest. Nation states do contain plural elites, but they never allow these elites to enter the space of international relations before having agreed nationally on the position taken. The activities of men such as Monnet and Hallstein are footnotes in history. No transnational elites or organisations managed to manipulate the interests of the nation states. After the Second World War ended, all the elite of the nation states wanted, was to re-establish their own supremacy and legitimacy. They understood that this would be possible only if they managed to bring about affluence and employment for the entire population. European integration was an important element in this national strategy. Milward's analysis discussed before, fitted in this trend. He aptly coined European integration as the rescue of the nation state. The view of Milward prevails among historians. Textbooks about European history revolve around the idea of a dominant nation state, while European integration is often treated as an element in their foreign policy.[37]

5. (Neo-) Functionalism Revisited

From the mid 1980s, functionalism gradually revived. It could ride a new wave of integration efforts that led to the revision of the Rome Treaty in the Single European Act and the Treaty of Maastricht. These treaties seemed to give integration new momentum, and provoked new interpretations. The new form of functionalism was enriched by insights based on other new perspectives on European integration that emerged in the 1990s, such as institutionalism and constructivism. This revival is represented by the work of William Wallace,[38] Wayne Sandholtz and Alex Stone Sweet[39] and Lars Cederman.[40] A review of their ideas follows.

---

[37] See for example Fulbrook, M., *Europe since 1945. Short Oxford History of Europe*, Oxford, Oxford University Press, 2001. Yet, they are also a growing historical literature which develops a more complex picture of the relationship between the European Commission, the Court of Justice, and the various nation-states. See for example Girault, R., Bossuat, G. (eds.), *Europe brisée, Europe retrouvée. Nouvelles réflexions sur l'unité européenne au XXe siècle*, Paris, Publications de la Sorbonne, 1994.

[38] Wallace, W., *The Transformation of Western Europe*, London 1990; see also Wallace, W. (ed.), *The Dynamics of European Integration*, London, Pinter Publisher, 1990.

[39] Sandholtz, W., Sweet, A.S. (eds.), *European Integration and Supranational Governance*, Oxford, Oxford University Press, 1998.

[40] Cederman, L.-E., *Constructing Europe's Identity. The External Dimension*, Boulder, Colo., Lynne Rienner, 2001.

William Wallace introduces the distinction between formal and informal integration. Formal integration signifies formal regulations governing interactions among citizens, companies, organisations etc. between countries. Informal integration is another term for interactions that are less the consequence of political measures than that of emerging new markets and technological and social trends, as manifested in trade, new communications networks, tourism and migration. Wallace argues that European integration started with formal integration arising from specific post-war conditions. Such integration was primarily negative, i.e. the removal of trade barriers. In describing these conditions, Wallace emphasizes the role of the United States as a driving force behind the integration process. Western Europe was influenced primarily by the United States. This formal integration stagnated in the 1960s, at least according to Haas and other neo-functionalists. Wallace, however, presents a different analysis, asserting that rather than stagnating, the focus of the process shifted from formal to informal integration. The first round of formal integration provided a major boost to trade. Trading between European countries reached an unprecedented volume. Financial markets, mass tourism, new European communications networks and large-scale migration (e.g. of guest workers) became integrated as well. Note that these changes were confined to Western Europe. Europe became Western Europe. Wallace observes that the nucleus of this Europe is the area that was once the empire of Charlemagne. He suggests that this was no coincidence, but that the informal integration was built on very old historical ties. The rapid rise of informal integration revived the pressure, for example from the companies concerned, to advance the formal integration process. At this stage, the pressure did not come from the United States but was generated within Europe. Moreover, the end of the Cold War placed questions about the international position of the European Union high on the agenda. New appeals for formal integration ultimately led to entirely new formal dynamics and to the Maastricht Treaty in 1992.

Wallace appears to base his analysis primarily on Deutsch, who places similar emphasis on interactions. But Wallace also notes that, because of the short distances in Europe, an elite of European experts was formed, that worked for the European Economic Community. The members of this elite advocated ongoing European integration and presented a host of new initiatives, to which the nation states were obliged to respond. The European Commission became an independent actor able to set the agenda. Wallace thus combined Haas's and Deutsch's ideas in his explanation. Two forces drive the integration process: the informal integration in addition to the establishment of a network or European integration lobby (which might also be regarded as a type of informal integration). Wallace disagrees with Deutsch's emphasis on identity. He observes that the influence of informal integration has definitely not given rise to the new European identity that Deutsch had predicted, but that identification with the nation state has diminished. This has created a dilemma. Integration has made progress on economic and political fronts but not in cultural terms.

Rather than trying to explain the origins of the integration process, Sandholtz and Sweet focus on what they describe as its institutionalization. They start with the vast differences in the measure of integration between sectors and try to explain these discrepancies. Deviating substantially from Haas, Deutsch and Wallace, they believe that the process will culminate not in the formation of a new state or a European identity but in new, supranational forms of governance. The relationships between the governance levels, local, national or European will vary per sector. During the 1980s the governance concept was introduced in political science to highlight that the conduct of individuals and organisations is driven by local, national and international actors, including European ones.[41] There is strong emphasis on the importance of institutions, operationalised as a set of formal and informal rules that constitute a regime together. The multi-level governance perspective moreover emphasizes that in addition to public actors, private and social actors are closely involved in drafting and enforcing these regulations. They often work together in policy networks. Governance is therefore not identical to government. Governance refers to the fact that the process of integration is governed by a range of actors, including the governments. Sandholtz and Sweet argue that the main source for the development of a European governance level is the growth of international interactions. These gave rise to new European regulations and new European organisations, which then stimulated again European exchanges, and reinforced forms of supranational governance. The differences between sectors are thus primarily attributable to the differences in the growth of international interactions. They often illustrate their point by referring to telecommunications, where increased international interaction led companies and the Commission to pressure national states to give up their national monopolies. Although nation states at first had no intention of doing so, the costs of retaining national monopolies became excessive. European Union regulations became binding.

---

[41] For this governance turn in integration studies see Rosamond, *Theories of European Integration*, chapter 5. See also Kohler-Koch, B., Eising, R. (eds.), *The Transformation of Governance in the European Union*, London, Routledge, 1999, and Marks, G., Scharpf, F., Schmitter, P.C., Streek, W., *Governance in the European Union*, London, Sage, 1996.

Lars-Erik Cederman focuses on whether a European identity has emerged. His starting point is that processes of determining who does not belong to "Us", and who is the "Other" is the most important factor in forming identities. Cederman – explicitly elaborating on Deutsch in this respect – presumes that delineations of "Us" and the "Other" clearly correlate with frequency of interaction. Less interaction makes for a clear definition of the borders, while more interaction leads to weaker identities. This goes for relations between nations, but also between European nations and nations outside Europe. Cederman does not regard a border as a physical boundary. It is a social construct and requires extensive work in symbolic and cultural terms. He concludes that Europe is not a clear and strong identity precisely because of the interaction frequency. From his perspective, concerns about Europe being transformed into a fortress are a bit premature. Deutsch's work reflects the assumption that communication will automatically engender feelings of mutual understanding and unity. While this link between interaction and identity figures in Cederman's work as well, he adds to this that also the substance of these feelings should come into focus. While identity arises from interaction, what matters is the way in which such interaction is interpreted. This is an important addition to the work of many neo-functionalists, who overemphasize networks and interests. The cognitive dimension is neglected. Social constructivists have expressed the same criticism of the European integration theories devised within political science. They argue that perceptions among citizens as well as among other actors of Europe deeply influence the way they define their interests. While they accept the existence of institutions and regulations, the way they apply these regulations is determined less by their interest or strategy than by how they interpret these regulations. Regulations, therefore, are not up to external actors but are internal and help shape the identity of the actor and consequently the reality. European integration is thus less the formation of a new state or regulations than a new way for actors to define their interests and identity. The crucial question is then whether actors perceive themselves as Europeans. Europe is primarily a discourse.[42] In their empirical analyses, these authors demonstrate to actors do not always juxtapose Europe against their national identities. Nor do they constitute a separate identity in addition to the national identity.[43] Feeling Euro-

---

[42] *Ibid.*

[43] Marcussen, M., "Constructing Europe. The evolution of French, British and German nation-state identities", in *Journal of European Public Policy*, No. 6, 1999/4, p. 614-633. See also Hermann, R.K., Risse, T., Brewer, M.B., *Transnational identities. Becoming European in the EU*, Lanham, Rowman & Littlefield Publishers, 2004, and Girault, R. (ed.), *Identité et conscience européenne au XXe siècle*, Paris, Hachette, 1994.

pean is an integral part of national identity and cannot be disassociated from it. National and European identities have become intermingled. This means that European identity occurs in various national manifestations, giving rise to many different European identities. The French, for example, believe that the European Union should serve as a civilizing force, whereas the British perceive Europe primarily in a negative context. The British are not Europeans and therefore always take a separate stand with respect to the European Union. The dispute about what Europe is has become a dispute over different national interpretations of Europe.

6. Infrastructure and European Integration: a New Perspective

What kind of conclusions can be drawn from this overview for the study of the mutual shaping of infrastructures and European integration? How should we understand and conceptualize European integration when we relate it to infrastructure development? Following the governance turn in integration studies, I would like to propose to describe European integration as a form of transnational governance. It is called transnational since governance is not only provided by nation states but also other by actors.[44] An additional major advantage of the notion of transnational governance is that it avoids a focus on the EU and its predecessors. As we have seen many other international organisations were working on forms of transnational governance, and when we focus on European integration and infrastructures many already from the late 19th century onwards. A comprehensive list of the organisations would cover several pages, but I will mention a few here. First, the International Telecommunication Union responsible for telegraphy, telephone and radio communication. It was established in 1865 for telegraphy and has been expanded since then to include new forms of infrastructure; it was integrated within the UN framework after the Second World War; Second, the International Union of Railways (UIC), formed after the First World War. Third, the Transit and Communication Committee of the League of Nations active during the Interbellum. Finally, private actors were particularly active in organisations such as the International Road Federation and the European Broadcasting Union.[45] While Haas

---

[44] On the various meanings of transnational see Patel, K.K., "Ueberlegungen zu einer transnationalen Geschichte", in *Zeitschrift für Geschichtswissenschaft*, No. 52, 2004, p. 626-645; Van der Vleuten, E., "Toward a Transnational History of Technology", in *Technology and Culture*, No. 49, 2008, p. 974-994.

[45] For a list and the activities of several of these organisations, see various books by Brigadier-General Sir Harry Osborne Mance (1875-1966), Transport Advisor, Technical Adviser to Ottoman Bank, Director of Canals at the Ministry of War

and other neo-functionalist followed the emergence of the EU, research on the mutual shaping of infrastructure and European integration should not neglect the EU and its predecessors, but they will not have a privileged position. This proposal has two major consequences. First, it means that the European integration process already begun in the 19th century, and second that it has been a highly fragmented process. There was no central actor, such as the European Commission, or, more broadly, the European Union. Instead, many transnational actors merit consideration.[46]

If we see European infrastructural integration as a form of transnational governance, we might also use the regime concept. This concept is introduced in international relations studies and speaks to the governance concept. It is also central to the history of technology multi-level perspective.[47] Following these studies, I would like to define infrastructural regimes as a set of semi-coherent rules embodied in for example regulations, decision making procedures, engineering search heuristics and standards around which actor interpretations and expectations converge and coordination is achieved for international infrastructure

---

Transport (1941-1944), and Member of Transport and Communications of UN (1946-1954), who at the end of Second World War published several surveys, including *International Communications*, London/New York, Oxford University Press, 1944; *International Sea Transport*, London/New York, Oxford University Press, 1945, and *International Road Transport, Postal Electricity and Miscellaneous Questions*, London/New York, Oxford University Press, 1947. Transnational organisations working on infrastructures were part of a much larger group of such organisation that also covered other grounds. In an overview F.S.L. Lyons has counted 37 international governmental organisations that were already active in 1914, of which at least 10 and probably more were directly concerned with infrastructure. In addition, 466 International Non-Governmental Organisations were established, dedicated to causes such as 'conflict management', human rights, relief and welfare, health and education and research. See *his Internationalism in Europe (1815-1914)*, Leiden, Sythoff, 1963.

[46] For an elaboration of this argument see Schot, J., 'Transnational Infrastructures and the Origins of European Integration", in Badenoch, A., Fickers, A. (eds.), *Europe Materializing? Transnational Infrastructures and the Project of Europe*, Houndsmill, Palgrave, forthcoming.

[47] See Sandholtz, Sweet, *European Integration and Supranational Governance, op. cit.*; see also Krasner, S.D., "Structural Causes and Regime Consequences: Regimes as Intervening Variables", in *International Organization*, No. 36, 1982/2, p. 185-205; Young, O.R., "Regime Dynamics: The Rise and Fall of International Regimes", in *International Organization*, No. 36, 1982/2, p. 277-297, and Saunier, Y., "Learning by Doing: Notes about the Making of the Palgrave Dictionary of Transnational History", in *Journal of Modern European History*, No. 6, 2008/2, p. 159-180, especially p. 174-175; for a discussion of the regime concept from the history of technology perspective see Van Driel, H., Schot, J., "Radical innovation as a Multilevel Process", *Technology and Culture*, No. 46, 2005, p. 51-77. Which elements a regime consists of can vary depending on what the author wants to stress.

development. These rules can be codified in formal regulations, such as treaties, but also in informal agreements and shared understandings, which result from sustained interaction over the years among actors in a myriad of settings. The establishment of transnational infrastructural regimes is a pervasive characteristic of building transnational infrastructures because otherwise it would be difficult to make them work and sustain them. Bilateral agreements have a limited efficiency for network technologies such as infrastructures. Regimes must be understood as something more than temporary arrangements that change easily. They result in patterned behaviour of constructing and using transnational infrastructures. Accordingly, infrastructural regimes are institutions that govern actors, they accept them as norms so without making detailed calculations whether they should follow them on a case-by-case basis. This does not mean that actors will always comply with the terms of the regime. Deviance is common, yet the existence of infrastructural regimes results in widespread adoption and legitimacy of particular ways of constructing and using transnational infrastructures.[48]

The use of a regime concept as defined above implies that we can make a distinction between on the one hand activities aimed at the construction and use of transnational infrastructures and on the other hand activities aimed at the maintenance and development of regimes. These are two separate analytical levels. Envisioning, planning, discussing, constructing new transnational infrastructural connections and networks, and domesticating (or appropriating) of the connections and networks by users and citizens happens at the micro-level of daily life and events, while the coordination by the regime operates at what I would like to call the meso-level, because it routinizes, enables, constrains and coordinates the envisioning, planning, construction and use process. The relationship between the micro and the meso level is a dynamic one. Subsequently we can make a distinction between two situations: a first one in which transnational infrastructural regime formation, precedes the actual construction and use of infrastructures, for example because actors want to encourage trade or other transborder activities. Such a regime formation can be either negotiated or imposed on the other actors. The second situation is that at some point in time, the construction and use of transnational infrastructures lead to many problems during border crossings, and hence a range of actors began to call for a new regime formation. My hypothesis would be that the latter situation occurred from the 1850s until the First World War, while in

---

[48] The emergence of a regime could also be perceived as a process of institutionalization, considering that institutions are systems of rules. This notion of institutionalization fits very well in current European integration theory. See Rosamond, *Theories of European Integration, op. cit.*, chapter 5.

the interwar years until the early 1960s the former situation was dominant. From the 1970s onwards problems with border crossings created a new push for regime formation again.

Infrastructure development is central to the work of (neo-) functionalists. It is the main driving force for the start up and continuation of the interaction and communication processes. Remarkably, however, they do not focus on infrastructures themselves. Infrastructure is simply presumed to be present at any point in time. In their work transnational infrastructure development acts as a powerful outside exogenous cause or driving force that precedes other forms of integration. Construction and use of transnational infrastructures provoke integration, and subsequently integration might reinforce this construction and use. This would be the (neo-) functionalist way of understanding the mutual shaping of infrastructure and European integration. Here history of technology can make a major contribution by providing another less deterministic understanding of how the power of infrastructures operates. Infrastructures could (and perhaps should) be perceived as a contested space where not only wires, pipelines, roads, and harmonized standards but also new forms of transnational European governance, and hence European identities, power relationships and markets are constituted. The central question to be asked and answered is when, how and why transnational infrastructural regimes were conceived and helped to produce forms of European governance. This framing captures the idea that infrastructures have politics, that these politics have material and other outcomes (identities, markets, etc.) and that both matter and mutual constitute each other.

The formation of European infrastructural regimes needs a lot of dedicated work. It needs work by engineers and users alike to articulate accumulate, compare and transform local and national experiences into standards and sets of procedures (regulations, standards) and user preferences that make the infrastructural regimes work. It also needs a lot of political work to impose on or negotiate this regime with a range of public and private actors who own and run the infrastructures. Following Gabrielle Hecht, we might call this work technopolitical.[49] It was done by a specific elite that organised international conferences on transnational infrastructures and pioneered the development of infrastructural transnational organisations. In many cases, the initiative for establishing transnational organisations that were responsible for the establishment of transnational infrastructural regimes did not come from the political leaders of nation states concerned but from individuals who

---

[49] Misa, T.J. and Schot, J., "Inventing Europe: Technology and the Hidden Integration of Europe", in *History and Technology*, Vol. 21, No. 1, March 2005, p. 1-19.

had a background in diplomacy and came from aristocratic families highly experienced in forming international networks. They were assisted by a new class of experts, in particular engineers, that made up the gradually expanding national authorities.[50] These experts were loyal toward their national government on the one hand but stood by their professional ideas on the other hand. Based on these ideas, they worked together fruitfully and formed a transnational community that revolved around ideas nurtured by their profession. Engineers, in particular, cared about efficiency, coordination and order. They believed in a technical apolitical road to integration advancing thus a technocratic model for building relationships among countries.[51] These very views led engineers and other experts to become so active internationally. Limiting infrastructure development to nation-states was incompatible with their professional ethos.[52] Although the different transnational organisations did not work together, the diplomats and their networks, the experts and the transnational organisations to which they belonged could nevertheless be considered an international society in their own right. Akira Iriye believes that these organisations have formed an alternative world that does not equal the sum of sovereign nations. He argues that these organisations have been studied too much from the nation-state perspective rather than from that of internationalism as a valid and even more productive alternative.[53] This international society does not only consist of the transnational organisations dedicated towards building and maintaining transnational regimes, but also of actors who build and use transnational infrastructures and are thus involved in transnational transactions, for example multinational firms, (parts of) the military, and international tourists and their organisations. They will profit from the emergence of transnational infrastructural regimes and therefore often exert pressure on a nation-state level and work on the international level to create and maintain transnational infrastructural regimes. Although

---

[50] See also Murphy, C.N., *International Organization and Industrial Change*, Cambridge, Polity Press, 1994, in particular chapter 2.

[51] See Van Laak, D., *Weiße Elefanten. Anspruch und Scheitern technischer Grossprojecten im 20. Jahrhundert*, Stuttgart, Deutsche Verlags-Anstalt, 1999, and Schot, J., Lagendijk, V., "Technocratic Internationalism in Interwar Years. Building Europe on Motorways and Electricity Networks", in *Journal of Modern European History*, No. 6, 2008/2, p. 196-217.

[52] These engineers are part of what also has been called a epistemic community, a group with a common style of thinking. Such communities are believed to be responsible for bringing in new ideas into international policy making. See Peter M. Haas, Introduction: Epistemic Communities and International Policy Coordination. *International Organization*, No. 46, 1992/1, p. 1-35.

[53] Iriye, A., *Cultural Internationalism and World Order*, Baltimore, Johns Hopkins University Press, 1997.

internationalism clashed often with nationalism, not always seen as an opposite force by the transnational regime builders, but sometimes also as natural building blocks of a new international order.

Transnational infrastructural regimes are not static, they evolve constantly, and they can become weaker or stronger, depending on the acceptance of their rules. When they become stronger, the role of transnational regime actors such as ITU will be enhanced. They will acquire and wield autonomy. The transnational society will expand. This expansion process will not only result in more stable transnational infrastructural regimes. These can be called European because they are labelled as such by the actors. Regimes are constantly under construction by the daily work of these actors. In this sense each regime is constantly emerging, never completely stable. European integration is an emerging process.

In any case national unification and European integration through infrastructures is not a zero-sum game, in which European integration automatically compromises national integration. On the contrary they can strengthen each other.

7. Final Note

This paper aims to revisit the issue of infrastructure development and European integration. The aim is to provide a new perspective and some evidence that this perspective holds. The core of the new perspective is that it might indeed be the case that the European Union never was able to develop a European infrastructure, but this lack of development cannot be interpreted only as evidence for resistance and complete control. This would be a too limited perspective on the process of European integration. The inactivity of the EU should also be put into the context of the activities of an already very crowded and often globally operating transnational society in the 1950s. This society not only curtailed new European initiatives, but also limited the possibilities and provided an alternative for nation-states transnational infrastructure activities. My hypothesis is that one of the important reason why infrastructure policies initiatives of the Economic Community and its heirs never were so successful is because the work was already done by other transnational organisations; and they continued to prefer keep this privilege. Many of these organisations had a long history. From the 19th century onwards, transport and communication grew enormously in Europe. This growth was part of a new and very intense globalization round, fuelled by new forms of imperialism and the growth of world trade, but also got a European dimension. Narrating the activities of this society delivers a new kind of history of European integration, one that emphasizes the inherently fragmented and technocratic character of this process. It is fragmented not so much because nation-states did not implement European policies, but because there was no central institution that integrated the entire process. From the 19th century onwards a host of transnational actors created a mosaic of overlapping, sometimes cooperating, sometimes competing, transnational non-territorial regimes that created a non-territorial imagined and lived European space. It is technocratic because engineers and others appropriate a mandate to define and develop these regimes according to their standards.

This perspective also delivers a explanation for the emergence of the recent TEN initiative. The re-establishment of an international transport regime after the Second World War provided a boost to trade and travel, and transnational traffic reached unprecedented volumes. In the 1980s this success led to another integration wave, and the fall of the Berlin Wall reinforced this by calling for integration of Western and Eastern Europe. The European Union was able to ride this wave, strengthen its position *vis-à-vis* other actors in the transnational arena and make infrastructure development more part of their prerogative. To what extent this also will lead to the undoing of the hitherto technocratic quality of the mutual shaping of infrastructure and European integration is highly questionable. In any case, EU's trans-European Networks (TEN) of the 1990s represent a new overt political zeal and negotiation space to unify Europe by using infrastructures.

ÉNERGIE ET INNOVATION TECHNOLOGIQUE : DES DÉFIS PERMANENTS

ENERGY AND TECHNOLOGICAL INNOVATION: A LONG-TERM CHALLENGE

L'Europe occidentale et la première crise pétrolière

S'assurer l'énergie par la coopération technologique

Francesco PETRINI

Università degli Studi di Padova

1. Introduction

Bien que la crise du marché pétrolier fût évidente dès le début des années 1970, les tentatives de mettre en place une politique énergétique communautaire étaient restées de portée limitée.[1] Pour expliquer ce résultat, on souligne habituellement la différence profonde existant parmi les membres de la Communauté en termes d'orientations de fond de leurs politiques énergétiques. En particulier, une ligne majeure de fracture divisait ceux qui, comme les Français, songeaient à réglementer le marché en vue d'en assurer la stabilité, et ceux qui, en première ligne les Néerlandais, préféraient confier leur approvisionnement au jeu de la concurrence.[2]

---

[1] Sur les tentatives de mettre en œuvre une politique énergétique commune avant la crise de 1973 et dans sa suite immédiate : Curli, B., « Le origini della politica energetica comunitaria, 1958-64 », in Guderzo, M., Napolitano, M.L. (dir.), *Diplomazia delle risorse. Le materie prime e il sistema internazionale del novecento*, Firenze, Polistampa, 2004, p. 95-118 ; Demagny van Eyseren, A., « L'Europe à la recherche d'une politique pétrolière commune du Traité de Rome au premier choc pétrolier », 5 janvier 2005, http://www.ihtp.cnrs.fr/spip.php?article313&lang=fr (page consultée le 13 octobre 2008) ; Black, R.A., « "Plus Ça Change, Plus C'est la Même Chose" : Nine Governments in Search of a Common Energy Policy », in Wallace, H., Wallace, W., Webb, C. (eds.), *Policy-making in the European Communities*, London, John Wiley and Sons, 1977 ; D'Amarzit, P., *Essai d'une politique pétrolière européenne 1960-1980*, Paris, Éditions techniques et économiques, 1982 ; Hassan, J.H., Duncan, A., « Integrating Energy : the Problems of Developing an Energy Policy in the European Communities (1945-1980) », in *The Journal of European Economic History*, n° 1, 1994, p. 159-175.

[2] Comme on lit dans un rapport français : « pour les Néerlandais, la politique énergétique communautaire se ramène donc à fortifier les forts c'est-à-dire à se garder de

123

Malgré ces différends, l'évidence de l'approche d'une crise majeure et la donnée structurelle d'une forte dépendance énergétique extérieure caractérisaient presque tous les pays communautaires, à l'exception des Pays-Bas (cela expliquerait largement leur position beaucoup plus libérale) ; elles conduisirent la plupart des pays européens à définir des orientations de politique énergétique qui, bien que conçues indépendamment l'une de l'autre et réalisées en dehors du cadre communautaire, partageaient l'objectif prioritaire d'un affranchissement d'une situation qu'on estimait dangereuse.[3]

Dans la perspective de parvenir à un approvisionnement sûr et à bon prix, on avait identifié un ensemble d'actions qui visaient :[4]

1. La diversification du point de vue géographique des sources d'approvisionnement et la mise en valeur des gisements d'hydrocarbures « non conventionnels », pour réduire la dépendance vis-à-vis des pays producteurs radicaux et des zones moins « sûres » politiquement.

2. L'émancipation de la dépendance des grandes compagnies étrangères, grâce au renforcement ou à la création de compagnies nationales. Si cette stratégie nationale reposait dans le cas français sur une tradition remontant aux décisions prises après la Grande Guerre, la crise pétrolière provoqua également son adoption par des gouvernements qui, comme l'allemand, avaient été jusqu'alors plus près des positions libérales défendues par les Néerlandais.[5]

---

    toute intervention de caractère sélectif et favoriser la réalisation du marché commun des produits pétroliers selon les principes les plus libéraux » ; CHAN, CARAN, 5AG2/200, fasc. Conseil restreint du 29 juillet 1971 consacré à la politique énergétiques, s. fasc. Politique énergétique européenne-Premier ministre, Comité interministériel pour les questions de coopération économique européenne, Note, *Politique énergétique communautaire*, 27 juillet 1971). Sur la politique énergétique des Pays-Bas suite à la crise pétrolière cf. Hellema, D., Wiebes, C., Witte, T., *The Netherlands and the oil crisis : business as usual*, Amsterdam, Amsterdam UP, 2004.

[3] J'ai cherché d'articuler cette thèse in : Petrini, F., « L'arma del petrolio : lo "shock" petrolifero e il confronto Nord-Sud. Parte prima. L'Europa alla ricerca di un'alternativa : la Comunità tra dipendenza energetica ed egemonia statunitense », in Caviglia, D., Varsori, A. (dir.), *Dollari, petrolio, aiuti allo sviluppo. Il confronto Nord-Sud negli anni 1960-1970*, Milan, FrancoAngeli, 2008, p. 79-108.

[4] *Ibidem*, p. 92-94.

[5] Le gouvernement allemand soutint la création d'une société d'exploration pétrolière a propriété mixte, publique-privée, la Deminex et il se fit promoteur de la transformation de la Veba, la plus grande société allemande opérant dans le domaine énergétique, dont l'État possédait la moitié du capital, dans la première compagnie pétrolière nationale intégrée. (Kokxhoorn, N., *Oil and politics. The domestic roots of US expansion in the Middle East*, Frankfurt, Peter Lang, 1977, p. 219-220 ; Grayson, L.E., *National Oil Companies*, Chichester, J. Willey and Sons, 1981, chap. 6).

3. Enfin, l'approfondissement de la coopération économique avec les pays producteurs sur la base d'un échange entre d'une part une aide en vue de leur modernisation et d'autre part un approvisionnement en hydrocarbures sûr et à prix constants.

Comment ces objectifs ont été traduits en termes de coopération technologique ? Il nous semble que la crise entraîna une double réponse : d'un côté la collaboration pour la mise en valeur des gisements de la mer du Nord ; de l'autre côté, l'utilisation de la technologie comme carte à jouer dans les rapports avec les pays producteurs. Nous examinerons séparément ces deux sujets.

2. Le défi de la mer du Nord

En 1959, sur ses rivages, près de Groningue, une *joint-venture* Shell-Esso avait découvert un vaste gisement de gaz. Il était donc raisonnable de supposer l'existence d'autres gisements dans les fonds de la mer du Nord. On commença alors l'exploration des structures géologiques sous-marines. Après des découvertes gazières dans la partie méridionale de l'espace maritime, l'exploration se déplaça septentrionalement en affrontant des difficultés croissantes (profondeur élevée, conditions météorologiques extrêmes) qui représentaient un défi très sévère compte tenu des technologies de forage existantes.[6]

À ce stade de l'exploration offshore, les compagnies disposaient d'un équipement mis au point pour des mers calmes et des faibles profondeurs.[7] Les plates-formes étaient du type à auto-élévateur, c'est-à-dire constituées d'une table dont les piliers d'appui, extensibles comme des antennes, s'enfonçaient dans le sol marin. Pour des raisons de stabilité elles ne pouvaient atteindre que des profondeurs assez faibles (50 m au maximum). Au début de l'exploration en er du Nord ces performances étaient suffisantes, mais le glissement septentrional imposa une adaptation technologique. C'est à ce moment que firent leur apparition les plates-formes de forage submersible et semi-submersible. Dans ce cas la plate-forme était constituée d'une table de forage posée sur des jambes géantes se terminant par des flotteurs. L'équipement était remorqué à destination. À l'arrivée les flotteurs étaient remplis d'eau, les jambes de la plate-forme s'enfonçaient alors dans la mer jusqu'à se poser sur le fond. Dans le cas des semi-submersibles, l'engin ne touchait

---

[6] Cf. Total Oil Marine, *Ekofisk, l'énergie qui vient de la mer du Nord*, s.d., in AGT, 001TE 131 : Historique des activités du groupe, 4 : mer du Nord. Voir aussi Lorieux, C., *Les Aventuriers de la mer du Nord*, Paris, Hachette, 1979 ; Cooper, B., Gaskell, T.F., *North Sea Oil. The Great Gamble*, London, Heinemann, 1966.

[7] AGT, 00 131 TE : Historique des activités du Groupe, 4 : mer du Nord, fasc. Frigg, *Rapport : Le gisement de Frigg*, s.d.

pas le fond mais était arrimé au sol marin à l'aide de plusieurs ancres. La première plate-forme de ce type fut baptisée *Sea Quest*, elle fut bâtie par les chantiers Harland & Wolff de Belfast et, terminée en février 1966, entra en service à la fin de la même année chez BP dans le gisement de Forties.[8]

Ensuite firent leur apparition les bateaux de forage à positionnement dynamique. Ces navires étaient équipés par un système d'ordinateurs et de sonars qui leur permettait de rester pratiquement immobiles sur la surface de la mer en gardant l'alignement entre la tige de forage et le puits. Le premier navire de ce type, le *Pélican*, capable de forer par 300 m d'eau, entra en service en 1972, fruit d'une coopération franco-néerlandaise (Total-Foramer-IHC Gusto).[9]

Le développement de l'exploration produisit ses premiers résultats importants à la fin de 1969, quand un consortium de compagnies américano-européennes découvrit au centre de la mer du Nord, dans la zone norvégienne, un grand gisement de pétrole, baptisé Ekofisk, dont la production débuta en 1971.

Le passage de l'exploration à la production entraîna des investissements massifs. Comme les plates-formes de production doivent rester en place pendant 25 ou 30 ans, durée moyenne d'un gisement commercial, elles doivent être plus robustes, et donc d'un coût nettement plus élevé que celles de forage. Pour les conditions difficiles de la mer du Nord furent créées les plates-formes en béton qui étaient tenues immobiles sur le fond de la mer par leur seul poids, qui à l'époque pouvait atteindre 300.000 tonnes. Le débat faisait alors rage entre les partisans du béton et les partisans de l'acier, ainsi le champ de Frigg fut équipé avec des plates-formes en béton tandis que celui de Forties, situé dans les eaux britanniques, le fut de plates-formes en acier. En tout cas il s'agissait d'engins gigantesques, à tel point que les chantiers navals classiques n'étaient pas de taille suffisante pour les réaliser. Le temps nécessaire pour la construction d'une plate-forme variait de 18 mois à deux ans.[10]

Même si nous venons de citer essentiellement des sociétés européennes, c'est bien l'industrie américaine qui se tailla la part du lion

---

[8] Lorieux, *Les aventuriers de la mer du nord, op. cit.*, p. 18-19 ; voir aussi : http://home.versatel.nl/the_sims/rig/seaquest.htm ; http://www.dukeswoodoilmuseum.co.uk/offshore%20history.htm (pages consultées le 13 octobre 2008).

[9] Marce, R.P., Fort, G. [du Service des engins spéciaux du groupe Total], *Les mers profondes ou hostiles avec Pèlerin et Pélican. Expérience, résultats*, in Communautés européennes, Actes du symposium de Luxembourg, 18-20 avril 1979, *Les Techniques nouvelles pour l'exploration et l'exploitation des ressources de pétrole et de gaz*, vol. 2, p. 974-994, Paris, Technip, 1979. Voir aussi : http://www.gustomsc.com/pagina.php?id=81&lang=uk (page consultée le 13 octobre 2008).

[10] Lorieux, *Les aventuriers de la mer du nord, op. cit.*, p. 31-36.

dans les recherches et ensuite l'exploitation des gisements de la mer du Nord.

Répartition en pourcent de l'exploitation des majeurs gisements du secteur britannique (en gras les entreprises américaines)

Secteur britannique :	Détenteurs de permis de participation (% de participation)	Estimation des réserves récupérables (millions de barils)	Estimation de la production (milliers de b/j)
Thistle	**Signal 24, Santa Fe Int. 20, Union Pacific 20, United Canso Oil and Gas 20, Tricentrol 10,** Norse Petroleum 5, Charterhouse Securities 1	1.000	200
Dunlin	Shell 50, **Esso 50**	1.000	200
Extension de Dunlin	**Conoco 33,3, Gulf 33,3,** National Coal Board 33,3		
Hutton	**Conoco 33,3, Gulf 33,3,** National Coal Board 33,3	1000	200
Extension de Hutton	**Amoco 25,77,** British Gas 25,77, **Mobil 20, Amerada 18,08, Texas Eastern 10,38**		
Brent	Shell 50, **Esso 50**	2.250	450
Extension de Brent	**Texaco 100**		
Alwyn	Total 33,3, Erap-Elf 44,45, Elf Aquitaine 22,22,		
Piper	**Occidental 36,5, Getty 23,5, Allied Chemical 20,** Thomson & Scottish 20	1.250	250
Piper 15/24	**Hamilton Brs. 60,** Rio Tinto-Zinc 25, Blackfriars Oil 12,5, Trans-European 2,5		
Forties	BP 100	2.000	400
Extension de Forties	Shell 50, **Esso 50**		

« La mer du Nord lente à produire », in *Petroleum Economist*, janvier 1974, p. 14-16.

Dans le tableau qui précède on remarque aisément la présence massive des firmes américaines. Par exemple, le gisement Brent, qu'on estimait le plus grand en termes de réserves disponibles (2.250 millions de barils, selon les données reportées par *The Petroleum Economist*) et de production journalière (450 milliers de barils),[11] était partagé entre Texaco, Esso et, en position minoritaire, la Shell.

---

[11] « La mer du Nord lente à produire », *The Petroleum Economist*, janvier 1974, p. 15.

La prépondérance américaine était due surtout à l'avance technologique,[12] grâce à l'expérience acquise dans le Golfe du Mexique, mais aussi à la politique poursuivie par l'Eximbank, qui subordonnait la concession de ses financements à l'emploi de matériel, navires et parfois même de personnel américains.[13]

Les Européens devaient affronter alors une double difficulté : un problème de *know-how* et un problème de financement des investissements nécessaires à la mise en valeur des gisements. Du point de vue de l'innovation technologique ce furent surtout les Français et les Norvégiens qui réussirent à répondre au défi américain. En revanche les Britanniques rencontrèrent plus de difficultés à soutenir le rythme d'innovation. Ils furent en particulier désavantagés par un climat social très tendu : la perte d'heures de travail due aux grèves constitua un facteur de coût important. Pour surmonter leurs faiblesses, ils créèrent en 1973 l'*Offshore Supplies Office*, dont la mission était de soutenir les entreprises britanniques dans la réalisation des commandes.[14]

En termes d'investissements les Britanniques estimaient en 1978 avoir investi entre 13 et 18 milliards de dollars. Les Norvégiens évaluaient leurs dépenses à environ 7 milliards de dollars.[15] Le problème ne résidait pas seulement dans le montant global des frais, mais aussi dans les gigantesques et constants dépassements des devis. Un seul exemple : la mise en valeur de Frigg – considéré comme le plus grand gisement sous marin de gaz du monde – généra un surcoût de plus de 400 % par rapport au devis initial. Selon une enquête menée par le gouvernement

---

[12] Voir le rapport envoyé par l'Ambassade d'Italie à Londres au Ministère des Affaires étrangères italien, *Mare del Nord. Inserimento dell'industria italiana nello sfruttamento delle risorse petrolifere*, 11 novembre 1974, in AENI, BA.II.4. D'après les données reportées par *The Petroleum Economist*, à la fin de 1973 sur 246 appareils de forage en activité dans le monde, 197 (soit 80 %) étaient de propriété américaine, seulement huit (3,25 %) européens (plus 6 de propriété conjointe américano-européenne) (« Demande croissante d'appareils de forage offshore », *The Petroleum Economist*, août 1974, p. 304-306).

[13] AENI, Ambassade d'Italie à Londres, *Mare del Nord. Inserimento dell'industria italiana nello sfruttamento delle risorse petrolifere*, 11 novembre 1974, *loc. cit.* note 12, p. 75.

[14] Leboutte, R., *Histoire économique et sociale de la construction européenne*, Bruxelles, P.I.E.-Peter Lang, 2008, p. 447 ; *Idem*, « La Grande Bretagne et l'Europe face aux chocs pétroliers de 1974-1979 », in Bussière, É., Dumoulin, M., Schirmann, S., *Milieux économiques et intégration européenne : la crise des années 1970 : de la conférence de la Haye à la veille de la relance des années 1980*, Bruxelles, P.I.E.-Peter Lang, 2006, p. 91-92. Lorieux, *Les aventuriers de la mer du nord*, *op. cit.*, p. 199-200.

[15] Lorieux, *Les aventuriers de la mer du nord, op. cit.*, p. 195-197. Cfr. aussi « Notes sur le congrès mondial du pétrole », *The Petroleum Economist*, juillet 1975, p. 258. Aussi Grenon, M., *Le nouveau pétrole*, Paris, Hachette, 1975, p. 103-104.

britannique, tous les projets auraient coûté en moyenne deux fois plus cher que prévu. À cet égard la hausse des prix fut providentielle pour sortir les compagnies de l'impasse dans laquelle elles risquaient de s'enfoncer.

Pour faire face à ces difficultés, les compagnies mirent en œuvre un réseau serré de coopération. Comme on lit dans un article paru sur *Petroleum Economist*, il fallait mettre en œuvre un effort coordonné d'intensité gigantesque : « Faute de mesures coordonnées des gouvernements, des sociétés pétrolières, de l'industrie et des organismes de recherche *comparables à ceux du programme spatiale américain*, il n'est pas possible d'obtenir avant 1978 une production importante de pétrole en mer du Nord ».[16] Des groupements d'entreprises virent alors le jour, soit au niveau national, comme dans le cas d'Elf et Total qui dès 1963 avaient formé un consortium pour joindre leurs efforts dans la mer du Nord, soit transnational. Par exemple l'exploitation du gisement Ekofisk avait été confiée au Groupe Phillips, composé d'entreprises américaines, belges, italiennes, françaises et norvégiennes :[17]

	Pourcentage
– Phillips Petroleum Company Norway	36,96
– American Petrofina Exploration Company	30,00
– Norsk Agip	13,04
– Groupe Petronord	20,00

Le Groupe Petronord comprenait lui-même les compagnies suivantes :

– Elf Aquitaine Norge	8,094
– Norsk Hydro	6,700
– Total Marine Norsk	4,047
– Eurafrep[1] Norge	0,456
– Coparex[2] Norge	0,399
– Cofranord[3]	0,304

[1] Société française
[2] Société française
[3] Société norvégienne

---

[16] « La mer du Nord lente à produire », *The Petroleum Economist*, janvier 1974, p. 14 (mis en italique par nous).
[17] AGT, Historique des activités du groupe, 00TE 131/4, mer du Nord, Note, *Total en mer du Nord*, 19 octobre 1981, p. 7.

À l'échelle communautaire, outre les efforts de la Banque européenne d'investissement, qui contribua par exemple au financement du gazoduc qui reliait Frigg à l'Écosse,[18] on essaya de mettre en place un soutien aux efforts de recherche dans le secteur des hydrocarbures : on adopta en novembre 1973 un règlement,[19] fruit de la pression exercée surtout par la France, qui établissait des aides aux activités de développement technologique liées à l'exploration, au stockage ou au transport, en particulier dans les zones offshore. Pendant la période 1974-1978 la Commission engagea à ce titre 163 millions d'unités de comptes, distribuées comme on peut voir dans les tableaux suivants :

Montant des subventions (millions d'UC)

1974	*25*
1975	*25*
1976	*28*
1977	*50*
1978	*35*

D'Amarzit, *Essai d'une politique pétrolière européenne, op. cit.*, p. 65.

Distribution (1974-1978), en %

France	*35*
Grande-Bretagne	*30*
Italie	*16*
Allemagne	*10*

D'Amarzit, *Essai d'une politique pétrolière européenne, op. cit.*, p. 65.

Dans l'utilisation de ces fonds, en général les Français visaient à développer des projets de recherche technologique de long terme,[20] s'appuyant sur une coopération étroite entre leurs compagnies nationales, alors que la Grande-Bretagne et l'Italie privilégiaient des projets visant à résoudre des problèmes pratiques de mise en valeur des gisements récemment découverts. Il est intéressant de noter que le montant global des financements, après un maximum en 1977, diminua, et cette baisse traduisait l'opposition de certains pays, en premier lieu de l'Allemagne, à un programme qu'ils considéraient essentiellement comme un soutien au secteur pétrolier français.

---

[18] AENI, BA.II.4, Ambassade d'Italie à Londre au ministère des Affaires étrangères, Tel., *Mutui per 4 milioni di sterline concessi dalla BEI nel Regno Unito per lo sfruttamento del gas nel Mare del Nord*, 4 juillet 1975.

[19] D'Amarzit, *Essai d'une politique pétrolière européenne, op. cit.*, p. 59-69.

[20] Pour tirer parti au maximum de l'aide communautaire, la France avait mis en place un organisme, le GERTH, Groupement économique de Recherche et Technologie des Hydrocarbures, qui regroupait CFP, Elf, IFP, dont il coordonnait les projets. (*Ibidem*, p. 65).

3. La coopération avec les pays producteurs

Pour les pays producteurs en voie de développement, l'enjeu était la modernisation assise sur la rente pétrolière. Ce point de vue a été bien résumé par le ministre algérien de l'Industrie et de l'Énergie, Belaïd Abdesselam : « Il s'agit [...] de semer le pétrole et le gaz pour récolter des usines, moderniser notre agriculture, diversifier notre production, et mettre en place une économie nationale articulée et orientée vers le progrès ».[21]

Généralement il s'agissait de projets de développement des secteurs liés fortement aux hydrocarbures, comme le raffinage et la pétrochimie, avec, lorsque c'était possible, un effort de développement du secteur agricole. Avec la hausse des prix, ces projets connurent une accélération spectaculaire : le montant global des investissements prévus par les pays de l'OPEP pour la période 1974-1980 était de près de 500 milliards de dollars.[22] Dans ce cadre, l'Europe représentait un partenaire privilégié. Comme l'écrivait Nicolas Sarkis, directeur du Centre arabe d'études pétrolières et conseiller de l'OPEP :

> Les effets de l'augmentation des prix incitent à un élargissement de ce dialogue [entre producteurs et consommateurs] à d'autres domaines non moins importants [...] : extensions des échanges commerciaux, transferts technologiques, investissements et entreprises mixtes dans des secteurs aussi variés que le pétrole, l'industrie, l'agriculture. [...Les] États-Unis [... sont] les moins intéressés au changement du *status quo ante*, puisqu'ils en ont été les principaux bénéficiaires. [...]. Envisagée dans cette optique, la coopération pétrolière euro-arabe apparaît comme la condition et le principal volet d'une collaboration élargie aux domaines technique, financier, commercial, économique, culturel et politique.[23]

De l'autre côté, les pays consommateurs industrialisés avaient tout l'intérêt à établir des rapports de collaboration fondés sur l'échange entre des garanties pour un approvisionnement sûr et à prix stables et la fourniture des technologies nécessaires à la modernisation économique.[24] En outre cette collaboration permettait de recycler les profits

---

[21] « Algérie : le ministre de l'Industrie expose les objectifs de la politique pétrolière du pays », *Le Commerce du Levant*, 24 octobre 1970.

[22] Sid-Ahmed, A., *L'OPEP, passé, présent et perspectives*, Paris, Economica, 1980, p. 313. Sur le processus d'industrialisation dans le monde arabe : Bourgery, A. (ed.), *Industrialisation et changements sociaux dans l'Orient arabe*, Beyrouth, Éditions du Centre d'études et de recherches sur le Moyen-Orient contemporain, 1982.

[23] Sarkis, N., Laurent, E., *Le pétrole à l'heure arabe*, Paris, Stock, 1975, p. 252-253.

[24] Voir par ex. Murcier, A., « Pour garder de bonnes relations avec les pays producteurs de pétrole, il faut leur apporter la technologie qu'ils réclament. Entretien avec René Granier de Lillac, PDG de la Compagnie française des pétroles (Total) », in *Expansion*, avril 1978.

pétroliers au bénéfice des entreprises occidentales et, en même temps, en diversifiant les économies des pays producteurs, elle les rendait plus sensibles aux exigences de stabilité générale dans les relations économiques internationales.[25]

Il s'agit d'une évolution qui en 1973 était déjà en marche depuis quelques années. Bien sûr, avec l'irruption de la crise, on assista à une véritable course à la signature de contrats de coopération entre producteurs et consommateurs. Les États industrialisés les plus dépendants du pétrole importé, c'est-à-dire les Européens et le Japon, furent en première ligne dans cette course, avec une multiplication des contacts bilatéraux. Souvent ces contacts passaient à travers les canaux de relations des compagnies pétrolières qui disposaient du *know-how* industriel requis par les pays producteurs et qui en même temps, en tant que sociétés publiques ou d'économie mixte, représentaient un outil souple d'une politique nationale d'approvisionnement. Comme on lit dans une note rédigé par Vincent Labouret, diplomate détaché auprès de la présidence de la Compagnie française des pétroles, en réponse à des observations provenant des milieux pétroliers américains sur le rôle des compagnies étatiques : « Une entité pétrolière d'État n'est pas une grande dépense. Elle permet principalement des accords de troc entre pétrole et produits industriels évitant à l'un la sous-production, à l'autre le chômage. L'avantage pour les deux États peut être important ».[26]

En outre, le transfert de la propriété des gisements dans les mains des sociétés des pays producteurs avait provoqué un bouleversement radical dans le rôle des compagnies occidentales : en fait elles devaient de plus en plus fournir des services techniques et financiers et organiser l'exploration et la production, en échange du droit de disposer d'une partie du brut ou du gaz.[27] Dans cette situation, le poids de la coopération technique sur le bilan des sociétés alla en augmentant. Selon René Granier de Lillac, président de la Compagnie française des pétroles, sa société réalisait en 1978 « 400 millions de francs de bénéfice sur les ventes de pétrole brut qu'elle produ[isa]it, perd[ait] l'équivalent sur le

---

[25] Pappalardo, G., Pezzoli, R., *Il Petrolio e l'Europa : strategie di approvvigionamento*, Bologna, il Mulino, 1971. Les auteurs étaient membres du Bureau d'études de l'ENI.

[26] Voir les commentaires de Labouret à l'ébauche du rapport *International Energy Supply : a Perspective from the Industrial World*, rédigé pour la *Rockefeller Foundation* par un groupe d'experts coordonné par Melvin A. Conant in AGT, 2 SG : Secrétariat général, Archives de V. Labouret, 4: Fondation Rockefeller-Conant, fasc. Voyage à Genève 17-19 février 1977, *Draft Agenda*, p. 6, 20 janvier 1977.

[27] Sluyterman, K., *Keeping Competitive in Turbulent Markets. A History of Royal Dutch Shell*, Oxford, Oxford UP, 2007, p. 33.

raffinage et tir[ait] en définitive l'essentiel de ses profits de ses contrats d'assistance technique, soit 100 millions de francs par an [...] ».[28]

Pour illustrer l'articulation concrète de la collaboration entre producteurs et consommateurs, citons ici quelques cas. Par exemple, la CFP créa au début de l'année 1974 une branche expressément dédiée à ce genre d'opérations la Total Assistance Technique, ensuite (en 1978) devenue en 1978 Total Coopération Industrielle.[29] En outre, en février 1975 fut mise en place Total Services Golfe, société chargée de gérer la coopération technique avec la Fédération des Émirats, en particulier avec Abu Dhabi.[30] Le premier résultat de cette activité fut un contrat entre la CFP, l'Elf et l'Arabie Saoudite signé en décembre 1973 pour une durée de trois ans : il prévoyait la fourniture d'une part saoudienne de 27 millions de tonnes de brut à un prix préfixé (93 % du prix affiché) en échange d'équipements pour le secteur pétrolier et la pétrochimie.[31] À l'échelle politique intergouvernementale, la France signa début 1974 un accord avec l'Iran, qui prévoyait une fourniture d'assistance technique dans le domaine de l'énergie nucléaire. L'Iran s'engageait de son côté à garantir à la CFP des livraisons annuelles de 15-20 millions de tonnes de brut.[32] L'ENI, pour donner un autre exemple national, engagea également début 1974 des pourparlers avec les Saoudiens pour la signature d'un contrat triennal de fourniture, en contrepartie de la construction d'une raffinerie et du développement des capacités de transport maritime de l'Arabie saoudite.[33] Les Allemands, qui ne disposaient pas de grandes compagnies pétrolières nationales, s'appuyèrent sur la force de leur industrie chimique et sur le levier de puissants

---

[28] Déclarations de Granier de Lillac à la Commission des affaires économiques et du plan du Sénat, cf. : « La CFP tire l'essentiel de ses profits de la coopération technique », in *Pétrole Information*, 2 novembre 1978.

[29] Granier de Lillac, R., « Le Pétrole facteur d'industrialisation », in *Nouvelles du Groupe CFP-Total*, p. 7-11, septembre 1978.

[30] AGT, 87.1 : Présidence Compagnie française de raffinage, Compagnie navale des pétroles, Histoire pétrolière, 21 : Total Assistance Technique, stratégie et développement, Memorandum, *Développement des activités d'assistance technique*, [signé R. Germés, directeur Total exploration-production], s.d., mais automne 1975.

[31] AENI, AZ.IV.4-27, Ministero degli Affari Esteri-Direzione Generale Affari Economici, Rome, *Viaggio del ministro francese dell'Industria in Arabia Saudita*, 3 septembre 1974.

[32] Valéry Giscard d'Estaing – ministre de l'Économie et des Finances, qui avait négocié le traité – décrivit l'accord comme le plus important conclu entre un pays industrialisé et un État producteur de pétrole. CHAN, CARAN, Paris, 5AG2/1037, Présidence de la République, Secrétariat Général, Note pour M. le Président de la République, *Accords bilatéraux avec les États producteurs de pétrole*, Paris, 22 février 1974.

[33] AENI, AZ.IV.4-27, fasc. Arabia Saudita, Trattative di acquisto greggio dall'ente petrolifero statale Petromin, *Pro-memoria* [signé R. Santoro] : *Arabia Saudita, acquisto di greggio a lungo termine e accordo di collaborazione*, 20 février 1974.

d'investissements,[34] en utilisant les canaux de la coopération financière, pour renforcer les rapports privilégiés entre le système industriel allemand et les pays producteurs. Ainsi, en juin 1973 s'installa à Francfort l'Union des Banques arabes et européennes, qui regroupait diverses banques allemandes, françaises et le groupe de la Arab Bank Ltd.[35] L'Union, présidée par Robert Dhom de la Commerzbank, avait comme but de promouvoir les relations économiques germano-arabes et d'aider à la réalisation de projets et d'investissements industriels dans les pays arabes.

Les compagnies essayèrent aussi de construire une approche commune. En décembre 1973, quatre compagnies européennes (Total, ENI, Shell, Veba) firent une démarche auprès du gouvernement irakien, en proposant une collaboration qui visait à obtenir un accès aux réserves pétrolières du pays en contrepartie d'une aide au développement. Selon le schéma définitif adressé au gouvernement irakien en mars 1974, le groupe européen aurait fourni la technologie, le personnel et les fonds pour l'exploration pétrolière d'une vaste région du territoire irakien. Dans le même temps les compagnies présentaient un vaste programme d'aide à l'agriculture irakienne, qu'elles s'engageaient à soutenir avec les ressources techniques et humaines nécessaires. En retour, les compagnies auraient acquis le droit d'acheter au « coût technique » une certaine quantité de la production mise en exploitation à la suite de l'effort d'exploration entrepris.[36]

À l'échelle communautaire, on chercha à créer un cadre commun pour la coopération avec les producteurs. Ces efforts donnèrent lieu à la naissance en de 1974 du Dialogue Euro-Arabe, tentative d'institutionnaliser les rapports avec les pays arabes à travers les réunions périodiques d'un Comité général, constitué à partir des ambassades, et de plusieurs groupes de travail, dont un expressément dédié à la coopération technologique et un autre au développement de l'industrie.[37] Le Dialogue connut beaucoup de difficultés à démarrer à cause des diffé-

---

[34] Recherche de rapports privilégiés avec l'Iran (projet pour une raffinerie de 500 000 barils par jour) et avec l'Algérie aussi (à travers Deminex), cf. : TNA, FCO96/52, Energy Department, *Bilateral Oil Deals*, 21 février 1974.

[35] « Moyen-Orient : création d'une banque franco-germano-arabe à Munich », in *Le Commerce du Levant*, 7 mars 1973 ; « L'UBAE s'installe à Francfort », in *Le Commerce du Levant*, 23 juin 1973.

[36] Pour le texte du projet voir AGT, 87.1 : Présidence Compagnie française de raffinage, Compagnie navale des pétroles, Histoire pétrolière, 26, Irak 1972-1974.

[37] Sur le Dialogue euro-arabe cf. : Allen, D., « The Euro-Arab Dialogue », in *Journal of Common Market Studies*, n° 4, 1977, p. 323-342 ; Ifestos, P., *European Political Cooperation : towards a framework of supranational diplomacy ?*, Brookfield, Gower, 1987, chap. 20 ; Jawad, H.A., *Euro-Arab relations : a study in collective diplomacy*, Ithaca, Reading, 1992.

rends politiques entre Arabes et Européens sur le rôle de l'OLP. En définitive il donna lieu à peu de résultats concrets, sinon une pléthore d'études préliminaires et de déclarations (comme celle issue, en décembre 1978, de la quatrième réunion du Comité général relative à la création au Koweit d'un centre euro-arabe pour le transfert de technologie)[38] qui n'eurent guère de répercussions réelles.

4. Conclusion

En conclusion, le jugement qu'on peut porter sur les efforts de coopération dans le domaine pétrolier doit sans doute être nuancé.

D'une part, en ce qui concerne les efforts de coopération dans la mer du Nord, on peut conclure qu'ils se traduisirent par un véritable succès. Grâce à la hausse des prix, qui rendit rentables les investissements, la production pétrolière de la mer du Nord passa du demi-million de tonnes de 1971 à plus de 80 millions en 1978.[39]

Production de pétrole brut (1971-1980) en milliers de tonnes

	Norvège	Grande-Bretagne
1971	300	212
1972	1.618	333
1973	1.570	372
1974	1.691	410
1975	9.233	1.564
1976	13.627	12.169
1977	16.207	38.265
1978	29.336	54.006
1979	37.178	77.748
1980	46.863	80.467

http://www.berr.gov.uk/energy/statistics/source/oil/page18470;
http://www.ssb.no/ogprodre_en/ (pages consultées le 13 octobre 2008)

Par conséquent, la contribution de la production pétrolière européenne au total mondial augmenta considérablement durant cette décennie.

---

[38] Jawad, *Euro-Arab relations*, op. cit., p. 152.
[39] Dubois, S., *Les Hydrocarbures dans le monde*, Paris, Éllipses, 2007, p. 370.

Distribution en % de la production de brut (monde non socialiste)

	1973	1976	1979	1980	1981	1982
USA	19,9	17,8	17,4	18,8	20,5	24,7
mer du Nord	0,1	1,1	3,9	4,5	5,3	6,3
Tot. non OPEP	33,0	32,6	37,1	41,0	45,9	55,4
OPEP	67,0	67,4	62,9	59,0	54,1	44,6

Renner, M., « Restructuring the world Energy Industry », *MERIP Reports*, n° 120, 1984, p. 15.

Comme on l'a dit, le développement et la mise en œuvre des technologies nécessaires à l'exploitation des gisements exigèrent la mise en place d'une coopération multiforme en raison des coûts très élevés. Cette coopération se réalisa surtout entre compagnies : la mise en valeur de presque tous les gisements dans les secteurs norvégien et britannique se fit par des pools transnationaux d'entreprises. Par ailleurs, à l'échelle communautaire la coopération resta limitée, mais pas insignifiante : il s'agissait de ressources modestes par rapport aux besoins, mais strictement ciblées vers le soutien de la recherche technologique, dont l'impact par conséquent ne fut pas négligeable.

Les résultats des efforts de développement technologique furent impressionnants[40] (au prix, il faut le rappeler, de plusieurs victimes parmi les travailleurs dans des accidents sur les plates-formes[41] et d'une pollution accrue). Une donnée significative à cet égard est représentée par le nombre des forages d'exploration offshore et leurs taux de succès, qui passent en 1972 de 33, avec un taux de succès de 18 %, à 79, dont 27 donnant des résultats commercialement significatifs (soit un pourcentage du 34 %), en 1975 :

---

[40] Commission des CE, *Nouvelles technologies pour l'exploration et l'exploitation des ressources de pétrole et de gaz. Comptes rendus du deuxième symposium européen. Luxembourg 5-7 décembre 1984*, vol. 1+2, Paris, Technip, 1986.

[41] Selon les données reportées par http://www.oilrigdisasters.co.uk/ (page consultée le 13 octobre 2008), en mer du Nord jusque 2006 le nombre de victimes d'accidents sur les plateformes pétrolières (sans compter donc les autres installations d'exploitation en mer et les hélicoptères) aurait été de 326.

Nombre de forages d'exploration offshore et de découvertes de pétrole et de gaz (1965-75)

	Exploration (nb. de puits de forages)	Découvertes (pétrole et gaz)	%
1965	10	1	10,0
1966	20	4	20,0
1967	42	3	7,1
1968	31	3	9,7
1969	44	6	13,6
1970	22	4	18,2
1971	24	5	20,8
1972	33	6	18,2
1973	42	8	19,0
1974	67	15	22,4
1975	79	27	34,2

Atkinson, F., Hall, S., *Oil and the British Economy*, London, Croom Helm, 1983, p. 28.

Nous venons de présenter les développements dans le secteur des plates-formes, mais il faut aussi rappeler les résultats obtenus dans la mise en œuvre des pipelines sous-marins.[42] Dans ce domaine les Européens réussirent à combler en partie leur retard technologique vis-à-vis des Américains, comme le montrent les données concernant les appareils de forage en activité qui traduisent une atténuation de la suprématie américaine dans ce secteur. En tout cas on ne doit pas oublier qu'en 1977 les sociétés américaines couvraient encore 43 % de la production de la mer du Nord.[43]

Au demeurant, en sachant que plus du tiers des coûts de fonctionnement d'une plate-forme de production pétrolière offshore correspondaient, selon les données disponibles au début des années 1980, aux installations électriques ou électroniques, on peut conclure que la technologie de recherche et d'exploitation des hydrocarbures était devenue un secteur de pointe en Europe. Cette filière technologique était désormais source de retombées importantes sur des autres technologies sophistiquées, à forte valeur ajoutée, comme l'électrotechnique et

---

[42] Par ex. le Groupe Total-CFP mit au point, en association avec des autres entreprises françaises, la technique de soudure des pipelines par faisceaux d'électrons (dit aussi pose en « J »), qui consentait de réaliser une soudure en trois minutes, au lieu des plusieurs heures requises par les procédés classiques, et de souder des pipelines de plus gros diamètres (voir par ex. AGT, 00 131 TE : Historique des activités du Groupe, 4 : mer du Nord, fasc. Frigg, *Rapport : Le gisement de Frigg*, p. 3, s.d.).

[43] Arnold, G., *Britain's Oil*, London, Hamilton, 1978, p. 268.

l'électronique, l'informatique, la mécanique de précision, les techniques de mesure, de réglage et de commande.[44]

À l'inverse, dans le domaine de la coopération avec les producteurs les résultats furent plus décevants. L'intensification des rapports entre producteurs et consommateurs ne manqua pas de susciter des inquiétudes, principalement d'une double nature.

D'abord elle contraria fortement les États-Unis, qu'il s'agisse des compagnies, soucieuses de perdre des quotas de marché au bénéfice des entreprises européennes, ou du gouvernement qui craignait un affaiblissement futur de son *leadership* sur le bloc occidental. Un « rappel à l'ordre » fut lancé au cours de la conférence de Washington de février 1974 qui enregistra le réalignement des pays communautaires, sauf la France, sur les positions de l'administration Nixon.[45]

Cela ne signifia pas la fin du dialogue pays industrialisés/pays producteurs mais marqua sans doute un affaiblissement du processus d'autonomisation européenne dans le domaine énergétique par rapport à la puissance américaine.[46]

En même temps, la coopération producteurs/consommateurs souffrait aussi de problèmes endogènes. Comme en attestent les débats d'un colloque tenu en novembre 1975 entre l'Organisation des Pays Arabes Exportateurs de Pétrole et l'Institut Français du Pétrole, les Arabes reprochaient aux pays industrialisés d'offrir souvent une technologie soit obsolète, soit non encore expérimentée, soit trop sophistiquée, donc trop coûteuse, et même d'exporter en tant que coopérants des chômeurs

---

[44] Heierhoff, F.V. (Secrétaire général du Wirtschaftvereinigung Industrielle Meerestechnik EV), *La technologie européenne du pétrole et du gaz. L'importance de l'industrie de la sous-traitance et des services*, in Commission des CE, *Nouvelles technologies pour l'exploration et l'exploitation des ressources de pétrole et de gaz*, op. cit., p. 50.

[45] Sur la conférence de Washington cf. : Petrini, « L'arma del petrolio », *op. cit.*, p. 102-106. Sur la confrontation Europe-États-Unis sur les questions énergétiques pendant la première crise pétrolière : Kohl, W.L., « The United States, Western Europe and the Energy Problem », in *Journal of International Affairs*, n° 1, 1976, p. 81-96 ; Walton, A.-M., « Atlantic Bargaining over Energy », in *International Affairs*, n° 2, 1976, p. 180-196 ; Venn, F., « International Co-operation versus National Self-Interests : the United States and Europe during the 1973-1974 Oil Crisis », in Burk, K., Stokes, M. (eds.), *The United States and the European Alliance since 1945*, Oxford, Berg, 1999, p. 71-98. Möckli, D., *European Foreign Policy during the Cold War. Heath, Brandt, Pompidou and the Dream of Political Unity*, London, I. B. Tauris, 2009 chap. 6.

[46] Sur le dialogue producteurs-consommateurs après la conférence de Washington voir Garavini, G., « L'arma del petrolio : lo "shock" petrolifero e il confronto Nord-Sud. Parte seconda. Il fallimento dell'alternativa europea : la Conferenza di cooperazione economica internazionale (1975-1977) », in Caviglia, Varsori (dir.), *Dollari, petrolio, aiuti allo sviluppo, op. cit.*, p. 109-142.

mal préparés.[47] Pour les Arabes il était clair que la technologie dont ils choisissaient de se doter devait leur permettre non seulement de contribuer au décollage de leur économie, mais aussi d'exporter vers les pays industrialisés. Le ministre irakien du pétrole parla expressément de « transfert de capacités de production ».[48] Les Français répondirent en soulignant que la technologie représentait pour eux un « domaine d'exportation », qu'il s'agissait en premier lieu d'améliorer leur balance commerciale et que l'achat de produits plus chers que le brut ne pouvait résoudre leurs problèmes.

En d'autres termes, ressortait la contradiction de fond des rapports entre pays producteurs et pays consommateurs : alors qu'à l'ordre du jour du débat communautaire figurait la gestion des capacités productives en excès[49], les Européens n'avaient pas l'intention de contribuer à créer de nouvelles capacités industrielles qui, bénéficiant d'abondantes ressources en matières premières, auraient pu déboucher sur une concurrence redoutable pour les produits européens. Significativement, dans une étude conduite en septembre 1975 sur les possibilités d'expansion de l'assistance technique du groupe Total, il était expressément prévu parmi les buts de la politique de coopération de « conserver une large avance technologique (préserver les techniques de pointe) ».[50]

Cette contradiction apparut en pleine lumière au milieu des années 1980, quand la Commission, soucieuse de défendre les emplois en Europe, introduisit des nouveaux droits de douane sur les produits

---

[47] AGT, 1 SG : Compagnie française des pétroles, relations extérieures, 44, fasc. Colloque OPAEP/IFP, *Colloque échange et coopération franco-arabe, Versailles 4-5 novembre 1975*, 13 novembre 1975. Voir aussi Völker, E. (ed.), *Euro-Arab Cooperation*, Leyden, Sijthoff, 1976, qui recueille les actes d'un colloque organisé en octobre 1975 par l'Europa Instituut de l'Université d'Amsterdam, auquel participèrent plusieurs personnalités et organisations du monde arabe.

[48] AGT, *Extrait du discours du ministre irakien du pétrole M. Abdul Karim, loc. cit.* note précédente.

[49] Cf. Mechi L., Petrini F., « La Comunità europea nella divisione internazionale del lavoro: le politiche industriali, 1967-1978, » in Varsori A. (dir.), *Alle origini del presente. L'Europa occidentale nella crisi degli anni '70*, Milano, Franco Angeli, 2007, p. 251-283 ; Tsoukalis, L., Silva Ferreira, A., « Management of Industrial Surplus Capacity in the European Community », in *International Organization*, n° 3, 1980, p. 355-376 ; Strange S., « The Management of Surplus Capacity : Or How Does Theory Stand Up to Protectionism 1970s Style ? », in *International Organisation*, n° 3, 1979, p. 303-334.

[50] AGT, 87.1 : Présidence Compagnie française de raffinage, Compagnie navale des pétroles, histoire pétrolière, 21 : Total Assistance Technique, stratégie et développement, CFP-Total Exploration Production, *Conclusions de l'étude sur les possibilités de développement de l'assistance technique*, Note de synthèse sur les orientations TEP, p. 5, septembre 1975.

pétrochimiques provenant de l'Arabie Saoudite.[51] Mais les craintes européennes n'étaient guère fondées, si l'on réfère aux données relatives à la croissance annuelle des capacités de raffinage. En définitive, les pays de l'OPEP, par rapport au reste du monde, ont connu le plus faible taux de croissance dans ce secteur industriel du raffinage, bien qu'il fût au cœur de leurs projets de modernisation.

Croissance annuelle des capacités de raffinage (1970-1983, %)

Amérique du Nord	2,6
Europe occ	1,3
Japon	5,4
Tot. OCDE	2,4
OPEP	1,9
Autres PVD	5,1
Tot. PVD	4,1

Tanzer, M., Zorn, S., « OPEC Decade: Has It Made a Difference? », *MERIP Report*, n° 120, January 1984, p. 10.

---

[51] Jawad, *Euro-Arab Relations, op. cit.*, p. 189-195.

European Cooperation and Technological Innovation

Applied Research in the OEEC Halden Reactor Project

Mauro ELLI

Università degli Studi di Milano

Early in 1948, a number of industrial concerns in partnership with the Norwegian Government founded the Institutt for Atomenergi (IFA) as an independent non-profit organisation.[1] Through its chief, the astrophysicist Gunnar Randers, IFA joined forces with Reactor Centrum Nederland – an institution that brought together the electricity producers and industry with the Foundation for Fundamental Research on Matter. The result was the creation of the Joint Establishment for Nuclear Energy Research (JENER) in April 1951, which designed and built the JEEP (Joint Establishment Experimental Pile) reactor at Kjeller using Dutch uranium and Norwegian heavy water.[2]

A second machine was envisaged, but the Dutch eventually decided to buy a testing reactor directly from the USA, whereas Norway pursued a new project on an exclusively national basis. IFA entered into agreement with a number of industrial concerns in order to build a heavy boiling water reactor at Halden, a town south of Oslo near the Swedish border. The boiling system had arisen great interest in the United States earlier and was considered particularly suitable for producing process steam, namely an important industrial input in a country already rich in hydropower. Indeed, the pulp factory Saugbrugforeningen, offered the location in exchange of the expected steam. The Norwegian Parliament granted its approval on 14 June 1955 and in October works began at

---

[1] HAEU, European Nuclear Energy Agency (henceforth NUC) 124: Statues for Institutt for Atomenergi, n.d.

[2] Njølstad, O., *Strålende forskning: Institutt for energiteknikk (1948-1998)*, Tano Aschehoug, Oslo, 1999.

Halden upon a project by Niels Hidle, IFA chief engineer, and Odd Dahl from the Institutt Christian Michelsens in Bergen.[3]

At the same time, the Organisation for European Economic Cooperation (OEEC) was actively considering a new cooperative initiative in the field of atomic energy, focusing on chemical reprocessing of irradiated fuel and prototype/testing reactors.[4] This eventually led to the creation of the European Nuclear Energy Agency (ENEA) in February 1958. Still in March 1957 the heavy boiling water system was not on the agenda, but for a number of reasons – both political and technological – it quickly became a true catalyser for cooperation. In the ensuing negotiations, which eventually led to the Oslo Agreement of 11 June 1958, the Norwegian reactor was turned into an ENEA joint enterprise known as Halden Reactor Project (HRP). Such accomplishment was due to the skilful mediating activities of the ENEA secretariat and director-general, Pierre Huet, and to the remarkable negotiating stance of the Euratom Commission, which insisted on the international outlook of the Project by way of two governing bodies (the Halden Council and the Halden Technical Group) taking their decision by weighted vote and dealing with the research programme and patent issues.[5]

During the first half of 1959, in spite of delays due to unexpected corrosion of fuel elements, the reactor was commissioned and low power and power physics experiments were performed. It diverged on 29 June 1959 and heavy water first boiled on 5 October 1960. At the presence of king Olav V of Norway, a solemn inauguration ceremony took place on 10 October 1959, with the explicit aim of stressing the international cooperative nature of the Project.[6] On that occasion, the secretary-general of the OEEC, René Sergent, pointed out the political value for Europe of the world first heavy boiling water reactor:

> If I were asked what I thought was the most important aspect of all, I should reply that I saw in this project a pointer for the future – a pointer to what I believe is the only method, in our modern technological world, whereby Europe can keep abreast (and indeed sometimes lead) in the remarkable advances of science. [...] the value of [European collaboration] increases –

---

[3] HAEU, NUC 124: specifications of the Halden Reactor Project, n.d.; Norway's Halden Project, n.d.; SEN/REX (57) 4, joint operation of the Halden Boiling Water Reactor, 6 September 1957.

[4] AENI, U III 4, 69, 2DC7: C (56) 164, Comité spécial de l'énergie nucléaire – Annexe I: entreprises communes, 4 July 1956.

[5] Elli, M., *La cooperazione nucleare in Europa: il caso dell'ENEA*, in Canavero, A., Formigoni, G., Vecchio, G. (eds.), *Le sfide della pace*, LED, Milan, 2008.

[6] HAEU, NUC 106: HC 2nd meeting on 31 January 1959, n.d. HAEU, HAL 6: Randers to Huet, 29 June 1959; Adkins to Huet, 29 June 1959. HAEU, HAL 8: Adkins to Kåsa, 20 September 1960.

much increase – with the number of countries and hence the amount of resources involved. [...] That is why it is particularly encouraging to find in this Halden Project that Governments of the two smaller groups of OEEC Member Countries, "the Six" of the Common Market and "the Seven" of the European Free Trade Area Association are working together for the common benefit of all.[7]

Randers went even lyrical in recollecting the course of a Norwegian reactor using British fuel elements in American heavy water contained in Swedish steel.[8] Actually, relations in the HRP were not always smooth, especially between IFA and Euratom. The Commission's interest in Halden as a training ground, and in the international composition of the senior staff, led to a clash between Euratom director-general for research, Jules Guéron, on the one hand, and Randers and the Project's general manager, Olav Kåsa, on the other hand. The first lamented that Norway was over-represented in senior posts and insisted that the appointment of staff be subject to the approval of all the Signatories of the Oslo Agreement; an interpretation that nobody else shared. Randers and Kåsa retorted that every effort had been made to recruit people outside Scandinavia: if the Halden Committee were of the opinion that IFA was discriminating, the latter would be willing to make staff substitutions to the extent necessary.[9]

In fact, looking at the distribution of professional staff as of mid 1959, Norway occupied 16 posts out of 28, notably in reactor physics and engineering, but four Euratom men were present compared with only two each from the UK and Sweden. In the senior technical staff, the Scandinavians were overwhelming as well, though the heads for experimental operations and mechanical design were from Britain and Switzerland respectively. In brief, this situation reflected the reality, namely that the reactor was started as a national Norwegian project and the fact that a 2-year-long secondment to a small Nordic town did not look very attractive to foreigners who feared to loose ties with their parent organisations.[10] Moreover, Euratom was hamstrung by its own cumbersome administrative procedures.[11]

---

[7] HAEU, HAL 6: speech by Sergent, n.d.
[8] HAEU, HAL 6: speech by Randers, n.d.
[9] HAEU, NUC 104: Wolff to Huet, 3 February 1959; Wolff to Huet, 25 February 1959. HAEU, NUC 106: HC 2nd meeting on 31 January 1959, n.d.
[10] HAEU, NUC 106: HRP-125, HC 3rd meeting on 30 May 1959, n.d.; HRP-273, HC 11th meeting on 13 October 1962, n.d.; HRP-273 annex III, Summary report of the chairman of the HTG, n.d. HAEU, HAL 6: brief notes on Halden senior technical staff, 9 October 1959.
[11] HAEU, NUC 104: Saeland to Huet, 6 February 1959.

Another order of problems was of sheer technical nature. The original objective of the Project was to demonstrate the feasibility of the boiling heavy water reactor. Accordingly, special emphasis was given to the measure of reactivity coefficients associated to temperature and void, and to reactor dynamics. Indeed, many experiments in basic physics were performed, but the first core never attained the design parameters of 20MW, 200°C. This was due to the fact that metallic uranium would react with heavy water at the latter temperature, while the initial assessment of the system reactivity was incorrect; moreover, the aluminium sheet of fuel elements gave rise to galvanic corrosion at contact with the steel lattice.[12]

The whole time schedule was too optimistic, since the plant required extensive works on site. A second fuel charge was ordered, employing slightly enriched uranium in zirconium alloy cladding. Originally, its criticality was expected in spring 1961, but actually experiences with the first core continued up to April 1961. Almost one year of plant modifications ensued, so that the second charge was finally on power on 23 March 1962. However, even without such a delay, time would not have been sufficient to conclude the programme, so in August 1959 the Halden Technical Group proposed a prorogation of the period covered by the Oslo Agreement beyond June 1961.[13]

By February 1960, all the Signatories had agreed in principle, but the original proposal of a prorogation up to three years, with the use of a third charge and the installation of a turbine was rejected in favour of a period of one and half years aimed at achieving the second core experiences. In the Euratom Commission's view, delays were due to basic miscalculations, so the Project was to prove the validity of its original programme before venturing into any follow-up. Actually, there was a consensus that there should be a distinction between the programme as originally envisaged and the proposed new experiences concerning light water, and ENEA stressed that the HRP management was called to explain why the original time schedule and cost forecasts had been underestimated.[14]

---

[12] HAEU, BAC 118/1986-2675: Bahbout, A., *Quelques remarques sur le rapport récapitulatif relatif à l'exploitation du réacteur de Halden avec son premier noyau*, 27 November 1962. IFE, *OECD Halden Reactor Project*, cit., p. 7.

[13] HAEU, NUC 106: HRP-154, HC 4th meeting on 9 February 1960, n.d.; HRP-264 annex II, summary report of the chairman of the HTG, n.d. HAEU, NUC 126: preliminary note regarding possible prolongation of the Halden Agreement, 8 August 1959. HAEU, HAL 9: OECD technical information press release, 26 March 1962.

[14] HAEU, NUC 106: HRP-154, HC 4th meeting on 9 February 1960. HAEU, NUC 126: HRP-132, Prolongation of the Halden Agreement, 22 October 1959; HRP-143, Prolongation of the Halden Agreement, 23 December 1959; Hart-Jones to Weinstein,

It is safe to say that Euratom was dragging its feet not so much because of the money involved (an extra expenditure of $584,000), rather for genuine doubts in the technical merit of the Project, not least in its management. Accordingly, the Commission – along with the British – insisted that the Halden Technical Group should play more incisive a role. Eventually, on 20 May 1960, the Halden Committee unanimously recommended the prorogation up to the end of 1962.[15] However, this issue gave rise even to increased infighting in Euratom, with France trying to reduce the Commission ability to act "independently" as the executive agency of the Community.[16]

The most awkward moment came when future activities and a further prorogation were discussed. Indeed, during 1961, IFA thought that the joint operation of Halden could continue with another programme of six years. The topic had not to be necessarily heavy boiling water reactors, but even light water or spectrum shift control. These alternatives underlined the changing orientation of the project, from investigating the operational characteristics of the Halden reactor to the formulation of a general theoretical model for boiling water reactors. On 21 September 1961, the Halden Technical Group reported that operations should go on beyond the end of 1962, if one wanted to employ fully the second charge, as delays in component delivery and longer-than-expected in-core measurements were bound to outstretch the original deadline. IFA proposals concerning a new ambitious programme did not find support, because the prevalent opinion was that any extended period should be devoted to tidy up the current one and, maybe, to find out a reasonable follow-up. Accordingly, it was devised a reduced programme (three years with a $4 million budget) aimed at verifying the theoretical models by a series of dynamic measures through in-core instrumentation.[17]

---

11 March 1960; Hart-Jones to Price, 11 March 1960; HRP-143 (1st revision), Prolongation of the Halden Agreement, 21 March 1960; Weinstein to Ager-Hanssen, 26 February 1960.

[15] HAEU, NUC 106: HRP-173, HC 5th meeting on 20 May 1960, n.d. HAEU, NUC 126: HRP-143 (2nd revision), Prolongation of the Halden Agreement, 9 April 1960; HRP-160, memorandum by Kåsa, 24 May 1960. HAEU, BAC 118/1986-2674: HRP-156, Brief summary of the prolongation proposals, 9 April 1960; mémorandum sur l'extension de l'accord Halden, 22 avril 1960; note à l'attention de M. Guéron, 28 avril 1960; note à l'attention de M. Guéron, 29 avril 1960.

[16] HAEU, BAC 118/1986-2674: note par Ludovicy, 5 septembre 1960; note par Ludovicy, 8 septembre 1960; extrait du P.V. de la 30e session du Conseil du 17 octobre 1960.

[17] HAEU, NUC 106: HRP-238, HC 8th meeting on 7 December 1961, n.d.; HRP-238 annex II, Summary report of the chairman of the HTG, n.d. HAEU, NUC 107: Saeland to Huet, 02.02.61; HRP-234, memorandum by Kåsa, 14 December 1961. HAEU,

The new proposal envisioned two phases: during the first one, from January 1963 to 30 June 1964, the HRP would investigate the static and dynamic behaviour of the reactor (with the second charge); the second one, from 1 January 1964 to 1 January 1967 (the two phases overlapped in the first half of 1964) was supposed to employ a bi-zone core with metallic uranium tubular elements at the centre and material from the second charge at the periphery for a more diversified research programme.[18] Phase II gave rise to widespread criticism. Marten Bogaardt of Reactor Centrum Nederland pointed out that interest for heavy boiling water reactors was too low in the Euratom countries to justify the programme, whereas it would have been much better to reconsider and possibly extend the reactor dynamics experiences with the second charge. In general, comments stressed the speculative character of Phase II and questioned the technical feasibility of the experiments proposed.[19] Guéron's remarks were particularly caustic on this occasion.[20]

The Halden Technical Group produced a revised programme with a global budget of $4,100,000 (1,905,000 for the first phase and 2,195,000 for the second), in which it was stated that Phase II would allow a broader theoretical knowledge, notably regarding hydrodynamic instability and radioactivity feedback.[21] Significantly, the Euratom representative did not concur and, on 3 March 1962, only Sweden signalled her support for the whole programme. Eventually, the Halden Committee approved just the first phase, leaving aside the second for further consideration in spite of Norwegian inducements and the prospect of a $250,000 research contract with the US Atomic Energy Commission (AEC), which was hoped to swing Euratom in favour of an extended participation.[22]

The situation was extremely delicate, since the Community had been so far the greatest contributor to the Project with Norway. In spite of the Commission's generic assurances and more a clear-cut split between the

---

BAC 118/1986-2682: technical discussion on the Halden III Project held on the 13 October 1961, n.d.

[18] HAEU, NUC 107: HRP-239, Future research programme, 21 January 1962.

[19] HAEU, NUC 107: comments by Ølgaard, 9 January 1962; comments by Hultin, 8 January 1962; Higatsberger to Christensen, 9 January 1962; Holmes to Christensen, 12 January 1962; Meylan to Boxer, 15 January 1962; HAEU, BAC 118/1986-2674: Bogaardt à Guéron, 4 janvier 1962.

[20] HAEU, NUC 107: Euratom comments, 6 February 1962.

[21] HAEU, NUC 107: HRP-242, Future international research programme, 12 February 1962; HRP-239 Revised, Future research programme, 21 February 1962.

[22] HAEU, NUC 106: HRP-253, Summary record of the extraordinary HC meeting on 3 March 1962, n.d. HAEU, NUC 107: Kåsa to Weinstein, 30 April 1962; Weinstein to Kåsa, 7 May 1962.

two phases, the Community was still not able to take a positive decision on sheer technical ground. Hence it was the only Signatory that could not proceed even with Phase I.[23] With the exception of The Netherlands,[24] there was apparently no interest in the long-term operation of Halden as an international joint undertaking, as Bogaardt explained to Kåsa:

> I need not to point out that the decision to go in for a far more refined and difficult programme like Halden III would depend very much on the confidence one would have that valuable results will be obtained. I may add here that, as I have also pointed out repeatedly, Euratom at present does not feel satisfied that the phase II programme would really be justified and we shall therefore have to be convinced by sound scientific arguments if we were to accept the phase II programme.[25]

During the summer of 1962, negotiations between Euratom, on the one hand, and the HRP management and ENEA, on the other, hinged on the possibility of a complete division between the two phases. The latter did not seem feasible, but IFA stressed that it could be assumed that less than 10% of the staff would be engaged in Phase II up to May 1963. Anyway, the problem was political. Though the Commission could eventually recommend Phase I on technical ground, in October 1962 the member-states seemed adamant in resisting any further expense on Halden, if not a token contribution for presentational purposes. Hence the Halden Committee began considering a separate participation of The Netherlands and an increased Norwegian contribution.[26]

Moreover, Guéron was not reconciled with the idea that the HRP was a genuine European cooperative effort:

> Un petit réacteur isolé, de ce genre, ne peut être le noyau d'un projet international vrai que si la direction contient, à quelques postes élevés, des agents

---

[23] HAEU, NUC 106: HRP-264, HC 10th meeting on 26 May 1962, n.d. HAEU, NUC 107: HRP-260, Draft agreement on joint operation of the OECD Halden Reactor Project, 5 June 1962. HAEU, BAC 118/1986/2674: Sassen to Randers, 5 June 1962. HAEU, BAC 118/1986/2682: note d'information pour le Conseil sur le Projet Halden, 18 juin 1962.

[24] HAEU, BAC 118/1986/2674: note du Groupe des questions atomiques, 5 juillet 1962.

[25] HAEU, BAC 118/1986/2682: Bogaardt to Kåsa, 27 July 1962.

[26] HAEU, NUC 106: HRP-273, HC 11th meeting on 13 October 1962, n.d. HAEU, NUC 107: HRP-269, Research programme for Halden IIB – Phase I, 13 September 1962. HAEU, BAC 118/1986/2674: Randers to the Commission, 13 August 1962; mémorandum du cabinet de M. De Groote, 21 août 1962. HAEU, BAC 118/1986/2675: HRP-268, Research programme for Halden IIB – Phase I, 29 August 1962; mémorandum de Sassen, 31 août 1962; note pour le Conseil, 6 septembre 1962; Caprioglio à Guéron, 15 octobre 1962.

des partenaires. Le refus de fait des Norvégiens d'accepter nos candidats, en 1958, a montré qu'ils ne comprenaient pas, ou refusaient systématiquement, cette condition essentielle. [...] Par contre, Halden est à la mesure d'une entreprise régionale et, en fait, s'est constitué en affaire scandinave ou, si l'on veut, baltique (compte tenu de la Finlande).[27]

Euratom was the only Signatory still to reserve its position at the Halden Committee held at Cannes on 13 October 1962. Bogaardt considered the last proposal for Phase I acceptable, and the overall opinion in the Commission was that not participating to the conclusion of the original programme would have represented a waste of the investments made so far. Still, the Coreper and Council rejected the proposal and suggested an even more reduced participation, to be paid with residual funds from the first Euratom Research Programme 1958-1962.[28] Thanks only to the outstanding flexibility of the HRP and ENEA business-like approach a solution was eventually found on 10 December 1962. Euratom would participate just to the completion of the second charge experiments in Phase I with a financial ceiling of $300,000 – instead of $525,000 as originally envisaged – and the two phases – though overlapping and consecutive in principle – would have separate accountings. The final agreement specified expressly the extent of Euratom involvement and, accordingly, the limits of its right to acquire information from the Project.[29]

Indeed, though the final text did not contain any reference to Phase II, the revised research programme envisioned a systematic analysis of the radiolytic decomposition of heavy water and, more generally, ascertaining the possibility of controlling the water chemistry of the system. This was important to determine shielding requirements and to predict inhibitory effects on heat exchangers.[30]

---

[27] HAEU, BAC 118/1986/2675: mémorandum de Guéron, 16 octobre 1962.

[28] AHCONS, CM2/1962-74: P.V. de la 56ᵉ réunion du Conseil du 22-23 octobre 1962, 28 février 1963. HAEU, BAC 118/1986/2675: note sur l'accord relatif au Projet Halden, 18 octobre 1962; M. Bogaardt, *Some considerations regarding the Second Halden Prolongation Proposal*, 21 octobre 1962; Déclaration de la Commission au Conseil du 22 octobre 1962, 19 octobre 1962; note de Guéron, 6 novembre 1962.

[29] HAEU, NUC 107: Staderini à Huet, 18 décembre 1962; Huet à Staderini, 20 décembre 1962. HAEU, BAC 118/1986/2675: Randers to Sassen, 5 November 1962; note pour le Conseil, 30 novembre 1962; note du Conseil, 10 décembre 1962; note au Conseil, 13 décembre 1962; note du Groupe des questions atomiques, 14 décembre 1962; note pour la session du Conseil des 17, 18 et 19 décembre 1962, 15 décembre 1962. AHCONS, CM2/1962-102: P.V. de la 59ᵉ réunion du Conseil du 17-19 décembre 1962, 6 mars 1963.

[30] HAEU, NUC 107: HRP-278, Revised research programme, n.d. HAEU, HAL 4: HRP-279, Revised final text of the agreement, n.d.

The Commission, pressed by the French, could not accept the water chemistry programme, so, on 16 January 1963, the Halden Committee decided to keep the programme as it stood and provide the Community with special clauses. At the last minute Britain had accepted to give an extra contribution for the water chemistry investigations, hence the latter would be performed as an integral part of the Halden programme though being financed just by Norway, Sweden and the UK. Information accruing from these investigations would be passed to all Signatories with the exception of Euratom.[31] After further consideration in Brussels, the Euratom Council finally approved the agreement on 25 February 1963; accordingly, the Community would contribute only to the agreed topics and within the stated ceiling.[32]

The negotiations on Phase II inaugurated a new period in the life of the HRP: in a way, it marked the end of the "prehistory" of the Project and the beginning of a history that is going on still nowadays. Having abandoned the idea of developing tubular elements, the programme for 1964-1967 focused on fuel irradiations, burn-up physics, reactor dynamics, in-core instrumentation development, and studies on water chemistry and corrosion. Clearly, this involved a basic reorientation of the HRP, as the purpose would be no more the establishment of a general model for boiling water reactors (or, at least, for heavy boiling water reactors), but the transformation of the Halden site in a testing ground and R&D centre.

The "prehistory" of the HRP was not a failure, since the effort of producing theoretical models had indeed given results. For example, the British physicist, Robert W. Bowring, investigated the void fraction in the subcooled region of Halden reactor fuel channels in order to obtain data useful for a more thorough predictability of the reactivity and the dynamic and steady state hydraulic characteristics of the system. Employing an approach different than usual in considering the voidage in the subcooled region, Bowring could develop a model that gave appreciably more precise results and had application to many other water-

---

[31] HAEU, NUC 107: Jansen to Weinstein, 7 January 1963; Weinstein to Jansen, 10 January 1963; draft summary record of the extraordinary HC held on 16 January 1963, n.d.; Weinstein and Boxer to Huet, 24 January 1963. HAEU, BAC 118/1986/2675: le Représentant permanent français à Chatenet, 12 janvier 1963; note de Staderini, 19 janvier 1963; note au Conseil, 7 février 1963.

[32] HAEU, NUC 107: Staderini à Huet, 7 mars 1963. HAEU, HAL 3: HRP-310, Programme and budget for the period 1 January – 30 June 1964, 9 November 1963. HAEU, BAC 118/1986/2675: note du Groupe de questions atomiques, 20 février 1963. AHCONS, CM2/1963-13: P.V. de la 61ᵉ réunion du Conseil du 25-26 février 1963, 14 mai 1963. AHCONS, CM2/1963-92: P.V. de la 247ᵉ session du Coreper du 19, 20 et 21 février 1963, 27 février 1963.

cooled reactor systems irrespective of their geometry and range of subcooling.[33]

Reorientation does not mean utter diversity. Indeed, the provisional programme for 1964-1967 was somewhat a follow-up of the previous work. The success experienced in developing in-core instrumentation for the measure of fuel channel hydro- and thermodynamic properties, for example, led to inaugurate fuel behaviour and performance studies. The Halden reactor was particularly apt to such activities, since it had a greater core than the equivalent light water piles, so offering more space for experimental equipment, and thanks to its flat lid with one penetration for each fuel assembly, so making loading/unloading relatively simple. During a meeting on 27 June 1963, Switzerland and Reactor Centrum Nederland expressed great interest for irradiations, prefiguring the direct Dutch participation to the Project. All in all, there was consensus on the prosecution of the Halden Project under the aegis of ENEA with a three-year budget of $3,350,000, out of which IFA would have covered $2,100,000 if the British had not participated.[34]

Since Euratom had ceased to be a party, upon IFA request ENEA envisioned an entirely new agreement with the governing bodies changing their names in order to mark the discontinuity (the Halden Committee became the Halden Board of Management; the Halden Technical Group turned into Halden Programme Group). This new agreement represented really a masterpiece of flexibility. First of all, it was found an accommodation for Austria. Indeed, the Austrian government had not allocated funds for further participation because the HRP seemed coming to the end at the time of the difficult negotiation with Euratom. Nevertheless, given the interest in stability studies and in-core instrumentation, ENEA arranged an association agreement between the Project and the Österreichische Studiengesellschaft für Atomenergie: for a contribution of $75,000, the Austrian study society had the right to second personnel and access to information.[35]

---

[33] Bowring, R.W., *Physical Model, Based on Bubble Detachment, and Calculation of Steam Voidage in the Subcooled Region of a Heated Channel*, HRP Paper No. 10, December 1962.

[34] HAEU, HAL 1: Randers to Malmløw, 13 August 1963. HAEU, HAL 2: IFA proposals for the three-year period 1964-1967, May 1963; meeting on the proposed international operation of HBWR for the period 1964-1966 held on 27 June 1963, n.d.

[35] HAEU, HAL 1: proposed joint programme for period 1964-1966, n.d.; Jensen to Boxer, 9 August 1963. HAEU, HAL 2: Jansen to Weinstein, 4 July 1963. HAEU, HAL 12: Renner to Randers, 23 August 1963; Higatsberger and Spann to Randers, 3 October 1963; Higatsberger and Spann to Randers, 10 October 1963.

Finland signalled her intention to participate fully to the HRP, though she was not a member of ENEA. Even in this case, the legal framework was flexible enough to accommodate the Finnish position and, despite the fact that the British were still reserving their position, the new Halden agreement was signed in Oslo by IFA, Swedish Aktiebolaget Atomenergi, Reactor Centrum Nederland, Switzerland, the Danish and the Finnish Atomic Energy Commission on 17 October 1963. The rules of procedure of the governing bodies retained the principle of majority voting and the programme was divided into different areas where the Signatories had their own specific interests; such interests would serve as the base to calculate the contributions of each party to the budget, so that IFA covered more than 50% of the whole cost. Irradiations became the cornerstone of the programme, with the participants supplying the fuel elements. Fabrication details remained classified for commercial reasons, but all the Signatories had access to the results of the tests and to the background information necessary to their interpretation. Further work was envisaged on in-core instrumentation and water chemistry.[36]

In spite of divergences on single aspects, the programme was interesting enough for the British to participate as of 24 December 1963. Their $550,000 worth contribution allowed the expansion of the budget and put IFA share at 50% square. By mid July 1966, when the work with the second charge was stopped, 14 fuel element irradiations were on the log and further studies on hydrodynamics and burn-up had been accomplished. Also the development of in-core instrumentation met success with the installation of rod gas pressure sensors and fuel centre thermocouples to measure the power produced in the fuel assembly, and the use of a differential transformer extensometer to determine dimensional changes.[37]

The growing interest in the HRP was not limited to the British. Back in the autumn of 1962, IFA had entertained informal contacts with a

---

[36] HAEU, HAL 1: Weinstein to Jansen, 27 September 1963; Fry to Weinstein, 30 September 1963; New programme agreed for OECD Halden reactor project, 17 October 1963. HAEU, HAL 3: minutes of meeting of signature of the agreement covering the period from 1 January, 1963 to 31 December 1966, 17 October 1963; Annex II, agreement of the OECD Halden Reactor Project covering the period from 1 January, 1963 to 31 December 1966, n.d. HAEU, HAL 23: SEN (63) 25, Participation of Finland in the Halden Project, 8 October 1963.

[37] HAEU, HAL 3: HP-10, minutes of meeting held on 25 November 1963, n.d.; mémorandum de Smets à Huet, 27 novembre 1963. HAEU, HAL 4: Weinstein to Jansen, 30 December 1963; HP-1, Final text of the agreement covering the period from 1 January 1964 to 31 December 1966, 14 January 1964. HAEU, HAL 5: HP-60, proposal for the programme and budget for 1966, 20 August 1965. IFE, *OECD Halden Reactor Project, op. cit.*, p. 10.

number of German concerns on behalf of the Project. One year later, with the new programme under way, Siemens, AEG and NUKEM, which were working on fuel R&D, water chemistry, reactor stability and in-core instrumentation, asked for direct participation. Though ENEA would have preferred a deal with the German government, in order to keep the original physiognomy of the joint undertaking, it succeeded without much difficulty in organising for the participation of a private industrial concern. Again, flexibility proved to be a major asset for the HRP and, after some bargaining regarding the financial contribution, on 17 July 1964 Siemens sent a letter of intent on behalf of the three firms asking for participation to the Project with a contribution set at $225,000.[38]

In spite of legal difficulties connected with the German patents law, the companies began to send personnel in 1965. The German industrial group became full member (Signatory) of the HRP in agreement with the Federal Ministry for Scientific Research (which financed two thirds of the contribution), so taking part to the governing bodies. A man from Siemens sat in the Halden Programme Group, while a representative of the Ministry (in the case together with people of the three industrial concerns) was in the Board of Management. As far as the patents issue was concerned, ENEA was called once again to mediate between the opposing British and German inflexibilities with the usual business-like approach. Eventually, the Germans and the Project agreed that if patents problems had really occurred, the two parties would have looked sympathetically to the other's demands.[39]

Ultimately, still in 1965, also the Italian CISE (Centro Informazioni Studi Esperienze, an industry-sponsored research establishment) and the Comitato Nazionale per l'Energia Nucleare expressed interest in performing a number of irradiations at Halden. After six months of negotiations, on 5 October 1965, the Italians signed a deal that provided for the irradiation of two experimental fuel elements and a financial contribution of $200,000. CISE observers could attend the meetings of the governing bodies and Italian personnel were allowed to go to work with

---

[38] HAEU, HAL 1: Randers to the Bundesministerium für wissenschaftliche Forschung, 25 October 1963. HAEU, HAL 13: Schulte-Meermann to Randers, 18 December 1963; Randers to Schulte-Meermann, 7 January 1964; extract from minutes of the 1st Halden Board of Management held on 28 February 1964, n.d.; Randers to Schulte-Meermann, 23 April 1964; Jansen to Weinstein, 8 June 1964; Vik to Weinstein, 20 July 1964.

[39] HAEU, HAL 13: Randers to Siemens, 6 January 19.65; Weinstein to Saeland, 7 January 1965; Jansen to Weinstein, 25 January 1965; Weinstein to Fry, 2 March 1965; Hart-Jones to Weinstein, 17 March 1965; Jansen to Weinstein, 30 April 1965; Siemens to IFA, 6 May 1965; extract from minutes of the 3rd Halden Board of Management held on 21 May 1965, n.d.

HRP staff during the most sensitive phases of the tests. It is worth noting that The Netherlands welcomed the fact that half of the Euratom members had joined back the Project independently.[40]

With hindsight, the most remarkable example of success is the relationship developed with Japan. In the summer of 1964, the head of the instrumentation and control laboratory at Tokai Mura Atomic Energy Research Institute, Junichi Miida, enquired with ENEA about the possibility of seconding personnel to the HRP in-core instrumentation programme in view of the works on the boiling water JPDR II (Japan Power Demonstration Reactor) plant, aimed at high power density studies. Further contacts culminated in a seven-day visit to Japan – in April 1966 – by the Project Manager, Emil Jansen, and ENEA officials.[41] Thanks again to the imaginative legal approach of ENEA, Japan eventually took part to the programme for 1967-1969 with a financial contribution of $400,000 – progressively becoming an active part of ENEA up to its full membership on 20 April 1972 and the most important bilateral user of the Halden reactor.[42]

The programme for 1967-1969 saw the Austrian and Italian associations being turned to Signatory status and employed a third charge from August 1967. This core included thorium oxide assemblies in order to obtain information on the physics and fuel behaviour of such material. Anyway, physics experiments were rather limited, being the main focus the determination of test fuel parameters. Indeed, the programme envisioned tests on 37 fuel elements provided by seven different countries, with special attention to long-term prototype fuels. Always in 1967, computer control was inaugurated as a new research topic, drawing on earlier work on data handling for reactor dynamics and fuel research. However, the programme included also further in-core instrumentation development, water chemistry experiences and high fuel heat rating studies. After ten years of existence, not only had the HRP survived the global declining interest for atomic power followed to the heydays of 1950s thanks to its flexibility and limited cost (just $12,500,000 over

---

[40] HAEU, HAL 15: CISE to Jansen, 12 March 1965; Weinstein to Hart-Jones, 25 March 1965; HP-51, Italian participation in the HRP, 9 April 1965; Jansen to Perdretti, 12 April 1965; Jansen to Salvetti, 25 May 1965; extract from minutes of the 3rd Halden Management Board held on 21 May 1965, n.d.; Randers to Salvetti, 7 September 1965.

[41] HAEU, HAL 14: Miida to Smets, 7 July 1964; Smets to Saeland, 16 July 1964; Saeland to Jansen, 30 March 1965; Yagishita to Randers, 18 October 1965; Randers to Yagishita, 3 November 1965; visit to Japan in the period 6 through 13 April 1966, 18 April 1966.

[42] HAEU, HAL 14: extract from minutes of the 7th meeting of the Halden Management Board held on 31 May 1967, n.d.; Aas to Saeland, 7 March 1967; Japan joins OECD's Halden reactor research programme, 22 May 1967.

ten years), but it also did succeed in becoming a valuable applied research laboratory renowned worldwide.[43]

In conclusion, one might wonder whether HRP's flexibility was in a way detrimental to its basic consistency. Could an organisation, which grouped together governments, public research bodies and private concerns, and which planned its activities by consensus, remain on the hedge? The best guess points to the positive. Indeed, the HRP reorientation was timely with regard to the consolidation of nuclear engineering efforts in Europe, when it became apparent that atomic energy was not yet ready for economically viable commercial application on industrial scale. The HRP can proudly claim a substantial record of innovation at the service of the nuclear industry during the last 50 years, especially in advanced fuel elements development, in-core instrumentation, data processing, computer control and man-technology organisation[44]. Finally, in spite of the light legal framework and the strong Norwegian presence, the Project developed its own, peculiar identity thanks to its relatively small dimension and its international composition. Putting together people of different origins and backgrounds in a cosy environment and making them work in a stimulating, democratic organisation represented the immaterial basis for success and embody the somewhat elusive, but very real, Halden identity.

---

[43] HAEU, HAL 11: "Tenth Anniversary of the Halden Reactor Project", in *The OECD Observer*, No. 35 (August 1968), p. 10-11. IFE, *OECD Halden Reactor Project*, cit., p. 5, 7, 22.

[44] Cf. IFE, *50 Years of Safety-related Research. The Halden Project 1958-2008*, available at http://www.ife.no/files/hrp/hrp50years/fss_download/Attachmentfile, especially p. 6-10, 14-15.

L'industrie électrique européenne depuis la Seconde Guerre mondiale
Des technologies nationales aux marchés européens

Yves BOUVIER

Université de Savoie

La naissance de l'industrie électrique, à la fin du XIXe siècle, a été un phénomène mondial tant au plan des technologies que des acteurs. Ce processus a été étudié à de multiples reprises par les historiens qui ont bien montré que si quelques pays s'affirmèrent comme les leaders de l'électrification, ce dynamisme reposait en grande partie sur leurs entreprises : États-Unis (Edison, General Electric, Westinghouse), Allemagne (Siemens,[1] AEG), Suisse (Brown Boveri).[2] Plusieurs facteurs contribuèrent à structurer l'industrie électrique directement à l'échelle européenne : la circulation des ingénieurs, l'exportation des capitaux, l'innovation technologique. Cette constitution d'une industrie dans la plupart des pays d'Europe a été étudiée, souvent en détail, dans le cadre de vastes monographies nationales.[3] De même, les réalisations transfrontalières que sont les interconnexions électriques, parfois édifiées

---

[1] Siemens est certainement le groupe électrique européen qui a bénéficié du plus de recherches et de publications, citons simplement Feldenkirchen, W., *Siemens, 1918-1945*, Columbus, The Ohio State University, 1999, et Homburg, H., *Rationalisierung und Industriearbeit. Das Beispiel des Siemens-Konzerns. Berlin 1900-1939*, Berlin, Haude und Spener, 1991.

[2] Les rapides succès internationaux de ce groupe, fondé en 1891 par Charles Brown et Walter Boveri, montrent bien comment une entreprise pouvait s'imposer malgré l'étroitesse de son marché national. Paquier, S., *Histoire de l'électricité en Suisse : la dynamique d'un petit pays européen, 1875-1939*, Genève, Éditions Passé-Présent, 1998.

[3] Pour la France *Histoire générale de l'électricité en France*, 3 vol., Paris, Fayard, 1991-1996 ; pour l'Italie, *Storia dell'industria elettrica in Italia*, 5 vol., Bari-Roma, Laterza, 1992-1994 et *Storia dell'Ansaldo*, 9 vol., Bari-Roma, Laterza ; pour l'Espagne : Gomez Mendoza, A. (dir.), *Electra y el Estado. La intervención pública en la industria eléctrica bajo el franquismo*, 2 vol., Madrid, Editorial Civitas, 2007, et Alayo i Manubens, J.C., *L'electricitat a Catalunya*, Lleida, Pagès Editors, 2007.

dans une perspective européenne, ont constitué un champ privilégié pour les études de ces dernières années.[4]

Toutefois, plusieurs lacunes sont notables dans cette approche de l'industrie électrique européenne. La période de l'après-Seconde Guerre mondiale a été considérablement négligée en regard de la période antérieure. Ceci peut s'expliquer par l'attention portée avant tout aux secteurs industriels phares de la construction européenne : charbon, sidérurgie, espace, télécommunications... L'industrie électrique se prêtait moins à une étude liée à l'institution européenne mais l'échelle européenne n'avait pour autant rien perdu de sa pertinence. Par ailleurs, lorsque les historiens ont traité de cette période, leur attention s'est focalisée sur les opérateurs, le plus souvent sous statut de sociétés nationalisées.[5] Alors que la fin du XIXe siècle et la première moitié du XXe ont permis de multiplier les approches (entreprises, technologies, consommateurs et représentations tant pour la production et la distribution de l'énergie électrique mais également dans l'industrie), l'histoire des manufacturiers des soixante dernières années reste largement à écrire alors que ceux-ci ont pourtant connu des évolutions importantes, tant pour les structures (fusions) que pour les technologies (nucléaire, contrôle-commande).

L'ambition de ce texte ne saurait être de présenter une synthèse répondant à toutes les interrogations sur le sujet. Les lignes qui suivent visent plus modestement à poser quelques jalons pour une approche historique de l'industrie électrique européenne depuis 1945.

1. L'éclatement de l'industrie électrique européenne sous la pression des entreprises nationalisées (années 1950)

A. Européenne avant d'être nationale, l'industrie électrique avant la Seconde Guerre mondiale

Le caractère résolument international de l'industrie électrique peut s'expliquer par un éventail très large de causes. Le premier élément est le passage d'une communauté de recherche scientifique à une commu-

---

[4] Bouneau, Ch., *Entre David et Goliath. La dynamique des réseaux régionaux*, Pessac, MSHA, 2008, p. 303-322 ; Lagendijk, V., *Electrifying Europe : The Power of Europe in the Construction of Electricity Networks*, Amsterdam, Aksant, 2008.

[5] Picard, J.-F., Beltran, A., Bungener, M., *Histoire(s) de l'EDF. Comment se sont prises les décisions de 1946 à nos jours*, Paris, Dunod, 1985 ; et pour la Grande-Bretagne : Hannah, L., *Engineers, managers and politicians. The First Fifteen Years of Nationalised Electricity Supply in Britain*, London-Basingstoke, MacMillan, 1982.

nauté de pratiques techniciennes.⁶ Nées dans l'Europe des Lumières, les recherches scientifiques sur l'électricité firent l'objet de nombreuses publications mais surtout d'une correspondance intense entre les principaux savants. C'est ainsi que se constitua une communauté savante qui, avec l'apparition des premières applications, passa le relais à une communauté technicienne chargée de mettre en œuvre les premiers réseaux électriques. L'industrie naissante de l'électricité, avec ses deux applications principales qu'étaient le télégraphe et l'électricité médicale, se prêtait aux voyages d'études, à l'observation des pratiques étrangères, voire au transfert rapide de technologies. L'exposition internationale de l'électricité de 1881 à Paris et toutes les grandes expositions qui suivirent jusqu'à la Première Guerre mondiale, furent l'occasion de réitérer ces échanges. La réunion d'un Congrès international des électriciens en 1881 ne saurait masquer les rivalités entre les nations mais ne laissait rien auguer des concurrences très vives qui allaient apparaître entre les entreprises.

Ces entreprises furent loin d'être des obstacles à la dynamique internationale qui leur préexistait et elles jouèrent également un puissant rôle dans la circulation des techniques électriques et dans la construction d'une cohérence technique européenne. À son actif, rappelons que l'industrie électrique avait été marquée, depuis la fin du XIXe siècle, par la proximité entre les fonctions de fabrication d'équipements et la commercialisation d'électricité. Que ce soit pour les centrales de production (turbines, alternateurs) ou pour le transport (disjoncteurs, câbles, sectionneurs…), les sociétés fabriquant ces équipements étaient habituellement liées à l'activité aval, à savoir la production-distribution. Cette stratégie, appelée généralement *Unternehmergeschäft*⁷ et menée par les sociétés électrotechniques, consistait à fournir les capitaux nécessaires, avec l'appui de groupes bancaires, à des sociétés de production-distribution d'électricité et de tramways. Les sociétés électrotechniques fournissaient tout l'équipement nécessaire, se créant ainsi elles-mêmes, leurs marchés captifs. Ce modèle intégré permit en particulier à l'industrie allemande de rayonner dans toute l'Europe (Barcelone, Gênes⁸) voire au-delà (Buenos Aires). En France, la Compagnie fran-

---

⁶ Bouvier, Y., « Les revues d'électricité et la construction d'une communauté internationale de pratique technologique à la fin du XIXe siècle », in *Le Temps des médias*, n° 11, automne 2008.

⁷ Voir Lanthier, P., « Logique électrique et logique électrotechnique : la cohabitation des électriciens et des électrotechniciens dans la direction des constructions électriques françaises : une comparaison internationale », in Barjot, D., Morsel, H., Coeuré, S. (dir.), *Stratégies, Gestion, management. Les compagnies électriques et leurs patrons, 1895-1945*, Paris, Fondation EDF, 2001, p. 35-53.

⁸ Doria, M., Hertner, P., « Urban Growth and the Creation of Integrated Electricity Systems : The Cases of Genoa and Barcelona (1894-1914) », in Giuntini, A., Hert-

çaise pour l'exploitation des procédés Thomson-Houston utilisa la même stratégie pour s'implanter durablement dans le secteur de la production-distribution d'électricité et dans celui des tramways électriques. Ces stratégies ont été étudiées très précisément dans le cas des intérêts internationaux de l'industrie électrique française.[9] Sous l'influence des sociétés américaines, et plus particulièrement d'Edison,[10] des sociétés manufacturières furent créées dans la plupart des pays : Allemagne, France, Italie, Grande-Bretagne... Parallèlement, les industriels suisses opérèrent une reconversion rapide de leurs compétences en hydraulique vers l'hydroélectricité. Les industriels rhénans furent, à ce titre, plus novateurs que les industriels lémaniques.[11]

L'*Unternehmergeschäft* qui avait structuré l'industrie électrique européenne perdit son rôle déterminant dans les années 1930 du fait de la dégradation des conditions financières et de l'achèvement de la première électrification. Les liens entre manufacturiers et opérateurs ne disparurent pas pour autant mais se réorientèrent au profit du petit matériel électrique (installateurs) et de l'équipement des ménages (appareils électroménagers). La période de l'entre-deux-guerres fut également marquée par un mouvement d'affirmation nationale et les prémices de politiques industrielles nationales. Mais les échanges ne cessèrent pas pour autant et les groupes multinationaux ne furent pas démantelés. Créés à cette époque, les organismes internationaux de concertation et de coopération technique (UNIPEDE, CIGRE) prolongèrent leurs actions bien au-delà de la Seconde Guerre mondiale et portèrent durablement « l'esprit européen » de cette communauté technicienne.

---

ner, P., Nuñez, G. (eds.), *Urban growth on two continents in the 19th and 20th centuries. Technology, networks, finances and public regulation*, Granada, Editorial Comares, 2004, p. 217-248.

[9] Broder, A., « La multinationalisation de l'industrie électrique française (1880-1931). Causes et pratiques d'une dépendance », in *Annales ESC*, vol. 39, n° 5, septembre-octobre 1984, p. 1020-1043 ; Lanthier, P., *Les constructions électriques en France : financement et stratégies de six groupes industriels internationaux (1880-1940)*, thèse de doctorat sous la direction de Maurice Lévy-Leboyer, Université Paris X-Nanterre, 1988.

[10] Hughes, T.P., *Networks of Power. Electrification in Western Society (1880-1930)*, Baltimore, The Johns Hopkins University Press, 1983.

[11] Paquier, S., « D'une vision industrielle de type saint-simonien à sa concrétisation : entre Rhône, Limmat et Rhin de 1858 à la Seconde Guerre mondiale », in *Annales historiques de l'électricité*, n° 6, 2008, p. 41-55.

B. *L'affirmation des opérateurs nationaux au centre de la filière électrique*

La nationalisation de la production-distribution d'électricité dans la plupart des pays européens (France en 1946, Grande-Bretagne en 1947, Italie en 1963, systèmes régionaux en Allemagne), mit partiellement fin au système antérieur fondé sur les conglomérats globaux de la filière électrique. En effet, alors que les manufacturiers de l'électricité étaient de puissantes sociétés, liées aux plus grandes banques, solidement ancrées dans des réseaux commerciaux et d'influence, le déplacement du pouvoir vers les sociétés de production-distribution, et en particulier celles sous tutelle publique, obligea l'ensemble de la filière électrique à se redéfinir. En outre, en évinçant les grands groupes financiers étrangers, les nationalisations privaient les industriels étrangers de relais dans les conseils d'administration des sociétés de production. En France, les indemnisations perçues par les groupes belges (Sofina) et suisses (Elektrobank) ne prirent évidemment pas en compte les débouchés pour l'industrie des deux pays voisins.

Mais, en dissociant l'opérateur du manufacturier, les nationalisations bouleversèrent le leadership des industriels sur la filière. Surtout, elles firent éclater le cadre européen qui était celui d'exercice de ces entreprises en instaurant la primauté de l'échelle nationale. Dans cette transformation, ne sous-estimons pas le facteur politique car c'est bien par leurs appuis politiques que les sociétés nationalisées purent s'imposer à leurs fournisseurs. Bien entendu, le monopole de la production-distribution créait un monopsone pour les équipements et les manufacturiers se trouvèrent face à un acheteur unique incontournable. Mais le pouvoir des opérateurs alla bien au-delà du déséquilibre d'un rapport marchand. En France en particulier, l'opérateur EDF prit en charge la définition des standards techniques (notamment pour les tensions des lignes), organisa la recherche, construisit les laboratoires qui étaient ensuite mis à la disposition des industriels pour faire leurs essais.[12] En quelques années, les industriels devinrent des sous-traitants ayant perdu leurs capacités de définition des matériels, s'étant fait en quelque sorte confisquer l'innovation. Ce déplacement du centre de gravité de la filière vers les opérateurs s'inscrivait dans le double mouvement de maîtrise des très hautes tensions et de promotion des usages domestiques. En effet, les coûts de développement des matériels pour les tensions de 380 ou 750 kV freinaient les manufacturiers. De même, les grands équipements de production (barrages et centrales hydroélectriques en France, Espagne, Italie, super-centrales thermiques au char-

---

[12] Picard, J.-F., *Recherche et Industrie. Témoignages sur 40 ans d'études et de recherches à Électricité de France*, Paris, Eyrolles, 1987.

bon puis au fuel) étaient définis par les opérateurs qui formulaient le cahier des charges que devait ensuite satisfaire le manufacturier. Ce n'est pas le propos de ce texte de rappeler les effets positifs de la standardisation des matériels mais le « modèle EDF » a réussi tout à la fois ses objectifs d'équipement, d'uniformisation des matériels et d'achèvement de l'électrification au bénéfice des usagers. La création d'ENEL en 1963 répondait aux mêmes objectifs d'uniformisation et de standardisation.[13] Notons simplement qu'étant entreprises nationales, les opérateurs ne se soucièrent que tardivement des dimensions internationales des manufacturiers qu'ils plaçaient dans leur sillage.

Du côté des usages domestiques, l'harmonisation des tensions (et parfois également des tarifs) se fit également à l'initiative des opérateurs. En France, le passage du 110 V au 220 V (avec les accords entre EDF et les fabricants d'appareils électroménagers dont Moulinex) et la campagne commerciale du « compteur bleu » restent les deux événements les plus marquants. Mais en Italie et en Finlande également, le gouvernement soutint les fabricants nationaux de petits matériels électriques et électroménagers en définissant les standards et en menant une politique volontariste d'achèvement de l'électrification.

2. Les redéfinitions hésitantes (années 1960-années 1980)

A. Les concentrations dans le cadre national

Pilotée par les entreprises nationales de production-distribution d'électricité, la filière électrique se réorganisa sous l'égide des autorités publiques des différents pays. Le mouvement de concentration s'échelonna sur plusieurs décennies. Cette élimination progressive des multinationales étrangères[14] avait été entamée dans les années 1930 mais devint le maître mot dans tous les pays européens entre la fin de la Seconde Guerre mondiale et le milieu des années 1980.

En France, les trois grands groupes (Creusot-Loire, Alsthom, Compagnie électromécanique) se réorganisèrent dans la deuxième moitié des années 1960. Alsthom intégra le groupe de la Compagnie générale d'électricité en 1969 mais le processus de rapprochement avait été initié dès 1956 avec la mise en commun des moyens de recherche. En 1965,

---

[13] Zanetti, G. (dir.), *Storia dell'industria elettrica in Italia, t. 5: Gli sviluppi dell'Enel. 1963-1990*, Bari-Rome, Laterza, 1994, p. 304-316.

[14] Voir le chapitre 6 « Summary of the Domestication Pattern to 1978 » qui présente un bon résumé des voies différentes empruntées par les pays européens mais également du reste du monde en faveur d'une « nationalisation » de l'industrie électrique : Hausman, W.J., Hertner, P., Wilkins, M., *Global Electrification. Multinational Enterprise and International Finance in the History of Light and Power (1878-2007)*, New York, Cambridge University Press, 2008, p. 233-261.

trois filiales communes avaient même été créées (Alsthom-Savoisienne pour les transformateurs, Delle-Alsthom pour les disjoncteurs, Unelec pour le petit matériel). Quelques années plus tard, en 1976, et à l'inverse de l'attitude de la plupart de ses rivaux européens, Alsthom sortit de son métier de base pour s'allier aux Chantiers de l'Atlantique. En Italie, par exemple, l'Ansaldo, passé sous le contrôle de la Finmeccanica en 1948, céda un certain nombre d'activités dont les Chantiers navals en 1966 pour se concentrer sur les équipements énergétiques et ferroviaires.[15] Si Alsthom s'affirma rapidement comme le principal groupe français pour le gros matériel électrique, son concurrent national, Schneider, ne fut pas en reste puisqu'il racheta Merlin Gerin en 1975 et la Télémécanique en 1988.[16]

En Allemagne, la concentration fut encore plus poussée avec la création de KWU (Kraftwerk Union) en 1969 par regroupement des fabrications des gros équipements électriques des deux géants Siemens et AEG. Ce géant qui possédait une gamme complète pour la construction des unités de production, y compris nucléaire, passa intégralement sous le contrôle de Siemens en 1977 et devint également une entreprise commerciale dix ans plus tard. Avec des réalisations grandioses (Itaipu à la frontière du Brésil et du Paraguay) KWU obtint rapidement une renommée internationale.

B. L'industrie nucléaire émergente : une nouvelle donne ratée

Le système technique de l'électricité était parvenu à maturité avec des technologies de production maîtrisées (hydroélectricité, thermique à flammes), des réseaux de transport à haute tension bien établis et une consommation croissant au rythme régulier d'un doublement par décennie. Bien entendu, l'apparition de l'énergie nucléaire comme nouvelle source pour la production contribua à redistribuer les cartes entre les manufacturiers [...] mais non le rapport de force au sein des filières nationales. En effet, non seulement les dépenses de R&D étaient considérables mais les questions de sûreté inhérentes aux activités nucléaires (définition des Installations nucléaires de base en 1963 en France) requéraient une tutelle publique pour la mise en exploitation des centrales.

En Suède, ASEA (Allmänna Svenska Elektriska Aktiebogalet, fondée en 1890) fabriqua les neuf réacteurs à eau bouillante du pays entre 1965 et 1976 (ils ont été mis en service entre 1971 et 1985) sur les sites de Ringhals, Oskarshamm, Barbeseck et Forsmark. La spécificité

---

[15] Castronovo, V. (dir.), *Storia dell'Ansaldo, t. 8: Una grande industria elettromecanica (1963-1980)*, Bari-Roma, Laterza, 2001.

[16] Torrès, F., *Une histoire pour l'avenir. Merlin Gerin (1920-1992)*, Paris, Public Histoire/Albin Michel, 1992.

d'ASEA est d'avoir développé sa propre technologie à eau bouillante, indépendante de General Electric contrairement à l'Allemagne et au Japon.[17] Mais le groupe présidé par Curt Nicolin ne put obtenir ces contrats sans fusionner ses activités dans le nucléaire avec l'entreprise publique Atom-Energi en 1968. La nouvelle entité, baptisée ASEA Atom, fut le maître d'œuvre des centrales suédoises et construisit également les deux tranches de la centrale d'Olkiluoto chez le voisin finlandais.[18] En 1982, alors que l'avenir du nucléaire suédois s'était assombri suite au référendum du 23 mars 1980 (limitation à 12 du nombre de réacteurs jusqu'en 2010) ASEA reprit la part de l'État dans ASEA Atom.

En France, la concurrence entre deux groupes recouvrait deux choix technologiques : Creusot-Loire affiliée à l'américain Westinghouse pour la filière à eau pressurisée face à la Compagnie générale d'électricité avec Alsthom pour la filière eau bouillante de General Electric. Les appels d'offre lancés par EDF pour la construction des réacteurs à eau légère se soldèrent par la victoire de Creusot-Loire. Alsthom qui avait finalement obtenu en 1974 la commande de huit réacteurs en s'alignant sur les prix de son concurrent dut y renoncer en août 1975.[19] Il est à noter que l'un des arguments de la CGE en faveur de la solution à eau bouillante était la fabrication de la cuve par la firme italienne Breda Termomeccanica ce qui permettait de prétendre à la création d'un vrai groupe européen pour les réacteurs à eau bouillante. Au final, à partir du milieu des années 1970, EDF se fournit donc auprès de deux monopoles nationaux : l'un pour les réacteurs (Framatome), l'autre pour les groupes turbo-alternateurs (Alsthom) qui reprit la Compagnie électromécanique à son fondateur suisse Brown Boveri. Non seulement le programme nucléaire n'avait pas favorisé l'émergence de groupes européens, ni même de collaborations, mais il s'était même traduit par la concentration des activités au profit des entreprises nationales.

Plus encore que la France avec EDF, la République fédérale allemande se retrouva avec un industriel unique pour la construction des centrales nucléaires puisque KWU construisit aussi bien les deux réacteurs à eau lourde que les centrales à eau bouillante et les centrales à eau sous pression. Pour les centrales à eau bouillante, AEG avait d'abord

---

[17] Leclercq, J., L'ére *nucléaire. Le monde des centrales nucléaires*, Paris, Sodel, 1986, p. 92, 377 et 381. La Suède possède aussi trois réacteurs à eau pressurisée.

[18] Les deux tranches, de 660 MW chacune (puissance portée ultérieurement à 840 et 860 MW), furent mises en service en 1979 et 1982.

[19] Bouvier, Y., « Qui perd gagne : la stratégie industrielle de la Compagnie générale d'électricité dans le nucléaire, des années 1960 à la fin des années 1980 », in Beltran, A., Bouvier, Y., Bouneau, Ch., Varaschin, D., Williot, J.-P. (dir.), *État et énergie, XIXe-XXe siècles*, Paris, CHEFF, 2009, p. 393-406.

travaillé avec General Electric au début des années 1960 mais le nouvel ensemble KWU développa sa propre technologie dès la construction du réacteur de Brunsbüttel (chantier débuté en 1969 et mise en service du réacteur en 1976). Pour les réacteurs à eau pressurisée, la « germanisation » de la licence Westinghouse s'effectua au début des années 1970, parallèlement à ce qui se passait en France avec Framatome. KWU et Framatome purent alors se présenter sur les marchés internationaux en mettant en avant le caractère national de leurs technologies. Loin d'avoir rebattu les cartes, le passage du nucléaire à une phase industrielle renforça au contraire les logiques nationales. Les groupes électriques européens présents au début des années 1980 pouvaient s'appuyer sur les opérateurs de leurs pays respectifs et se faisaient concurrence pour l'obtention des contrats à l'exportation. Une nuance mérite d'être apportée à ce constat : les réacteurs de recherche, notamment les surgénérateurs, firent l'objet d'une coopération poussée impliquant aussi bien les organismes publics (Commissariat à l'énergie atomique), que les opérateurs et les industriels de divers pays (France, Italie, Allemagne).

3. La déréglementation du secteur de l'énergie et l'affaiblissement des opérateurs : la nouvelle européanisation de l'industrie électrique

A. La Commission européenne et l'industrie électrique

Depuis la création de la CECA, en 1951, l'énergie a été l'un des sujets européens par excellence. Si la CECA possédait en son sein d'une direction de l'électricité et des gaz manufacturés, le traité Euratom de 1957, en instituant une Communauté européenne de l'énergie atomique, allait plus loin en engageant les différents pays dans la voie de la coopération dans le domaine du nucléaire civil tant pour la recherche que pour les questions de sûreté et de sécurité. La Commission européenne ne délaissa pas le secteur de l'électricité. Les tentatives pour mener une politique industrielle, au début des années 1970, échouèrent pour la plupart. Plus encore que d'autres, le secteur de l'énergie semblait une chasse gardée des prérogatives nationales.[20] S'il y avait bien, dès 1958, au sein de la direction générale des affaires économiques et financières, une division de l'économie énergétique, dirigée par le français Georges Brondel entre 1958 et 1966, il faut attendre le Mémorandum de 1962

---

[20] Cailleau, J., « Énergies : des synergies à la fusion », in Dumoulin, M. (dir.), *La Commission européenne (1958-1972). Histoire et mémoire d'une institution*, Luxembourg, Office officiel des publications des communautés européennes, 2007, p. 481-482.

sur la politique de l'énergie pour la formulation d'objectifs politiques (ouverture du marché en 1970). La création de la Direction générale XVII (DG de l'énergie) en 1967, dont Fernand Spaak fut le directeur général de 1967 à 1975, se traduisit par une première orientation sur l'énergie officialisée en décembre 1968 avec le souhait d'un « marché commun de l'énergie ». Mais c'est principalement le règlement de la commission sur la communication des projets d'investissements d'intérêt communautaire dans le secteur de l'énergie, en date du 17 décembre 1969, qui manifesta l'échelon communautaire aux différents acteurs. Dans le domaine de l'énergie, force est de reconnaître que l'intérêt de la Commission se porta d'abord sur le charbon et le pétrole et que l'industrie électrique et le secteur de la production-distribution ne furent pas des priorités avant le début des années 1990.

Si l'on quitte le champ de l'énergie pour celui de la politique industrielle, le constat concernant l'industrie électrique n'est guère différent. La Commission ne s'engagea dans une politique industrielle qu'à partir de 1977 et privilégia des interventions soit dans les secteurs innovants (télécommunications, informatique), soit dans les secteurs en crise (sidérurgie)[21] et encore le fit-elle avec prudence et doigté de façon à ne s'imposer par la force aux politiques industrielles nationales. Au cours des années 1980, la « stratégie industrielle » (terme finalement préféré à celui de « politique industrielle ») de la commission resta dans une veine interventionniste tout en ayant pour objectif l'achèvement du Marché commun. L'industrie électrique européenne n'était donc, ni plus ni moins que les autres industries, concernée par les institutions européennes c'est-à-dire que le Marché commun et les législations sur la concurrence et les marchés publics[22] s'appliquaient bien en théorie à l'industrie électrique. Mais le poids des opérateurs publics était tel et les caractéristiques techniques si contraignantes que les années 1980 restèrent dans la lignée des trois décennies précédentes, à savoir des marchés nationaux fermés aux industriels étrangers.

Ce n'est que le vaste mouvement de dérégulation du secteur électrique, initié aux États-Unis avec le PURPA (Public Utility Regulatory Policies Act) de 1978 qui permit l'entrée sur le marché américain de

---

[21] Van Laer, A., « Quelle politique industrielle pour l'Europe ? Les projets des commissions Jenkins et Thorn (1977-1984) », in Bussière, É., Dumoulin, M., Schirmann, S. (dir.), *Milieux économiques et intégration européenne au XXe siècle. La relance des années 1980 (1979-1992)*, Paris, CHEFF, 2007, p. 7-52.

[22] Le secteur de la construction électrique français manifesta son intérêt pour les possibilités de coopération européenne en matière de R&D. Warlouzet, L., « Quelle Europe économique pour la France ? La France et le Marche commun industrie, 1956-1969 », thèse de doctorat sous la direction du Pr. Éric Bussière, Université Paris-Sorbonne (Paris IV), 2007, p. 869-870.

nouveaux producteurs d'électricité,[23] qui modifia la donne en Europe en affaiblissant les opérateurs. La Grande-Bretagne avec l'Electricity Act de 1989, puis la Norvège, bientôt suivie par la Suède,[24] ouvrirent leurs marchés de l'électricité. La directive 96/92/CE de décembre 1996 officialisa le mouvement vers un marché de la commercialisation de l'électricité. La Commission s'était engagée dès 1992 dans cette voie avec notamment le débat de 1993 au Parlement européen. Les principes généraux retenus sont bien éloignés de la stratégie industrielle interventionniste des années 1980 puisque ce sont les principes libéraux qui sont avancés : ouverture à la concurrence des différents segments de marchés, création d'un régulateur indépendant, création d'un gestionnaire de réseau indépendant... Avec plus ou moins de réticences et de résistances,[25] les États membres transposèrent cette première directive qui, si elle ne s'en prenait pas aux groupes intégrés de production-distribution, les affaiblissait tout de même en créant les conditions de leur mise en concurrence. Par ailleurs, avec le Marché unique, les opérateurs n'avaient plus la même facilité pour passer leurs commandes auprès des fournisseurs nationaux. La logique d'arsenal – ce terme quelque peu excessif symbolise bien le tournant libéral des années 1990 – avait été remplacée par celle de la concurrence et des appels d'offre européens.

B. *Les fusions transnationales*

Parallèlement à la contestation des monopoles publics, d'abord dans les télécommunications puis dans l'énergie, ces deux secteurs connurent un lent mouvement de concentration à l'échelle européenne du milieu des années 1980 à la fin des années 1990. Dans l'industrie électrique, les premiers rapprochements entre champions nationaux concernèrent le suédois ASEA et le suisse Brown Boveri en 1988 puis le britannique

---

[23] L'analyse historique de ce processus, à travers notamment les mouvements écologistes et la nécessité politique de réagir à la crise de l'énergie, a été remarquablement analysée par Hirsh, R.F., *Power Loss. The Origins of Deregulation and Restructuring in the American Electric Utility System*, Cambridge (Mass.), The MIT Press, 1999.

[24] La loi norvégienne date de juin 1990 tandis que les décisions suédoises furent prises en juin 1992. voir Midttun, A., « (Mis)Understanding Change. Electricity Liberalization Policies in Norway and Suede », in Kaijser, A., Hedin, M. (ed.), *Nordic Energy Systems. Historical Perspectives and Current Issues*, Canton (Mass.), Watson Publishing International / Science History Publications, 1995, p. 141-168.

[25] Beltran, A., « Entreprises du secteur électrique et nouvelle donne institutionnelle européenne (début des années 1980 à 1996) », in Bussière, E., Dumoulin, M., Schirmann, S. (dir.), *Milieux économiques et intégration européenne au XXe siècle*. op. cit., p. 365-375.

GEC et le français Alsthom l'année suivante.[26] Autrefois concurrents dans le domaine du gros appareillage électrique et de la production d'énergie, ASEA et BBC annoncèrent en août 1987 leur rapprochement afin de créer la société ABB, basée en Suisse et détenue pour moitié par les deux apporteurs. Les deux groupes avaient l'habitude d'exporter puisque leurs marchés nationaux respectifs étaient modestes. Présent dans les centrales thermiques et nucléaires comme dans l'hydroélectricité et le matériel de transport du courant, le groupe ABB s'affirma comme le premier groupe européen complet et comptait alors près de 170 000 salariés. En 1989, le rapprochement de GEC et d'Alsthom se présente différemment. Les deux partenaires ont, depuis les lendemains de la Seconde Guerre mondiale, regroupé et absorbé la quasi-totalité des firmes de construction électrique avec des stratégies relativement similaires. GEC avait pris le contrôle de l'Associated Electrical Industries (qui avait déjà regroupé les filiales anglaises de la Thomson-Houston et de Westinghouse) en 1967, d'English Electric en 1968, et des chantiers navals Yarrow en 1984. Alsthom, de son côté, avait repris Neyrpic en 1967, Rateau en 1970 et absorbé progressivement les Ateliers de constructions électriques de Delle et la Société Savoisienne de Constructions Électriques puis Brissonneau et Lotz en 1972 et la Compagnie électromécanique en 1985 tout en ayant également une importante activité dans les chantiers navals depuis 1976 avec les Chantiers de l'Atlantique. GEC-Alsthom, né en 1989, rassemble 80 000 personnes, et offre des complémentarités techniques (turbines à gaz) mais surtout géographiques et commerciales. Lord Weinstock, dirigeant emblématique de GEC de 1963 à 1996, avait construit le leader britannique incontesté du matériel électrique. L'accord de 1989 permet à Alsthom d'atteindre une taille critique et des implantations mondiales avant que les deux sociétés ne séparent partiellement leurs activités en 1998. En novembre 1999, GEC prit le nom de Marconi et recentra ses activités sur l'électronique militaire et les télécommunications tandis qu'Alsthom fit l'acquisition, en 2000, d'ABB Power, la filiale d'ABB Group pour les équipements de production d'énergie.

Dans cette recomposition de l'industrie européenne les industriels allemands ne furent pas absents et la fusion de MAN (Machinenfabrik Augsburg-Nürnberg) et de GHH (Gutehoffnunshütte Actienvereins für Bergbau und Hüttenbetrieb)[27] en 1986 permit la création d'un groupe solide qui se rapprocha ensuite du suisse Sulzer en 2001. Les éven-

---

[26] Coulountjios, N., *La stratégie de croissance de trois groupes européens : Asea Brown Boveri, Siemens, Alcatel-Alsthom*, mémoire de DEA, Université Panthéon-Sorbonne (Paris I), 1993.

[27] Bähr, J., Banken, R., Flemming, T., *Die MAN : eine deutsche Industriegeschichte*, Munich, C.H. Beck Verlag, 2008.

tuelles inquiétudes liées à l'unité allemande sont, comme l'a montré Harm Schröter, à reléguer au rang des fantasmes.[28] En effet, l'américanisation des modes de management des grandes entreprises allemandes et la conscience, désormais solidement ancrée chez les dirigeants, du marché commun européen ne confèrent aux groupes industriels allemands, et notamment à ceux de l'industrie électrique,[29] aucune spécificité par rapport aux autres groupes européens.

Il convient également de remarquer que certaines firmes électriques perdirent leur indépendance en rejoignant des groupes plus vastes comme ce fut le cas en 1986 pour le principal industriel finlandais, Sähköliikkeiden Oy, acheté par Nokia avant d'être revendu à la compagnie néerlandaise Otra en 1993.

Si la dérégulation a bien précédé la privatisation des opérateurs dans la plupart des cas,[30] le changement de paradigme repose à la fois sur une vision économique favorable à la concurrence (et dont l'efficacité n'est pas prouvée par la pratique pour les réseaux électriques) et sur l'utilisation des technologies de l'information qui permettent en particulier une bien meilleure gestion des réseaux. Tout en étant plutôt suiveurs dans ce mouvement, les manufacturiers comprirent rapidement la nécessité des alliances à l'échelle européenne qui leur permet ainsi, de proposer désormais des équipements complets clés en main aux opérateurs comme c'est le cas pour le réacteur EPR construit en Finlande.

4. Conclusion

Depuis un siècle et demi, l'industrie électrique européenne a vu se succéder trois schémas d'organisation. Le premier, naît à la fin du XIXe siècle, lorsque l'électrification de l'Europe fut l'affaire d'entreprises multinationales qui cherchaient, par un véritable « prosélytisme électrique », à s'implanter durablement dans les pays industrialisés. La meilleure façon de le faire fut de lier opérateurs et manufacturiers pour édifier un système technique complet au cours de la première moitié du XXe siècle. Le second schéma fut marqué par la prééminence absolue des opérateurs, la plupart du temps sous tutelle des États, qui prirent en

---

[28] Schröter, H.G., « The German Question, the Unification of Europe, and the European market Strategies of Germanys Chemical and Electrical Industries (1900-1992) », in *Business history review*, 1993-3, p. 369-405.

[29] Feldenkirchen, W., « The Americanization of the German electrical industry after 1945: Siemens as a case study », in Kipping, M., Kudo, A., Schröter, H.G. (eds.), *German and Japanese Business in the Boom Years : Transforming American Management and Technology Models*, New York, Routledge, 2003, p. 116-137.

[30] Millward, R., *Private and Public Enterprise in Europe. Energy, Telecommunications and Transport (1830-1990)*, Cambridge, Cambridge University Press, 2008, p. 296-298.

charge pendant environ quatre décennies la définition technique des matériels et imposèrent leur rythme aux manufacturiers. L'énergie nucléaire ne fit que renforcer ce schéma en accélérant les regroupements des différents industriels nationaux. Ce n'est qu'à partir du milieu des années 1980 que les opérateurs perdirent de leur puissance ce qui contribua à donner un nouveau rôle aux manufacturiers, encouragés en cela par les initiatives dérégulatrices de la Commission européenne. Par ailleurs, aujourd'hui, d'autres questions sont soulevées avec les forts investissements en faveur des énergies renouvelables qui font émerger des nouveaux industriels. Sans remettre fondamentalement en cause les équilibres de la filière électrique, les économies d'énergie jouent également un rôle non négligeable dans le déplacement du centre de gravité vers les consommateurs. Il est à noter, enfin, que les fusions ne vont pas jusqu'à des alliances nippo-européennes ou américano-européennes. Le début du XXIe siècle reste en cela bien différent du début du XXe, l'industrie électrique européenne étant plus « européenne » (ou moins « multinationalisée » si l'expression est plus parlante) tout en étant autant internationale.

Les trajectoires de l'innovation et la construction de l'espace européen électrique depuis les années 1950

Christophe BOUNEAU

Maison des Sciences de l'Homme d'Aquitaine

L'histoire de l'interconnexion des réseaux électriques européens depuis le second conflit mondial constitue un excellent prisme de l'étude des dynamiques d'innovation confrontées au nouveau paradigme européen.[1] Ces trajectoires recouvrent les cinq configurations classiques de l'innovation schumpétérienne, au-delà de la seule sphère technologique qui reste au demeurant essentielle, et se déploient dans un espace électrique européen combinant trois dimensions :[2] d'abord historiquement celle des échanges intermittents de courant, puis celle d'un fonctionnement territorial synchrone, enfin celle d'un marché unique contrôlé par un régulateur européen, dans un horizon prospectif de la seconde décennie du XXIe siècle. Le développement des réseaux électriques à très haute tension (à partir de 220 kV) en Europe occidentale après 1950 montre bien que ces trajectoires de l'innovation ont indéniablement constitué des voies de structuration durable de l'espace européen, au cœur donc de l'enquête transversale précise de ce colloque[3] et plus largement de notre programme international de recherches. Pour autant elles ont dû surmonter de nombreux conflits géopolitiques mais aussi tout simplement commerciaux et entrepreneuriaux, qu'ont bien mis à jour les dernières menaces de black-out dans le berceau de l'Europe électrique (France, Suisse, Italie, Allemagne) en septembre 2003 et novembre 2006.[4]

---

[1] Voir Bouneau, Ch., Derdevet, M., Percebois, J., *Les réseaux électriques au cœur de la civilisation industrielle*, Paris, Timée Éditions, 2007, préface de A. Piebalgs, Commissaire européen à l'énergie.

[2] Voir Bouneau, Ch., Griset, P. (dir.), *Innovations et territoires*, numéro spécial de *Flux, Cahiers scientifiques internationaux Réseaux et territoires*, n° 63/64, juin 2006.

[3] Nous nous inscrivons pleinement dans la perspective du titre du Colloque et son questionnement majeur : *Les trajectoires de l'innovation technologique et le processus de construction européenne : des voies de structuration durable ?*

[4] Voir Bouneau, Ch., Lung, Y. (dir.), *Les territoires de l'innovation, espaces de conflits*, Bordeaux, éditions de la MSHA, 2006.

1. De l'innovation technologique à l'innovation organisationnelle : la genèse de l'Europe électrique jusqu'à la fin des années 1980

Dans cette trajectoire électrique, qui a posteriori a tous les traits d'une *success story*, trois leviers d'innovation technologique, sous forme de grappes, ont porté la genèse de l'Europe électrique : la mise au point du réglage fréquence/puissance, l'escalade des tensions de transport à grande distance et le perfectionnement des dispositifs d'interconnexion utilisant le courant continu et les câbles sous-marins de transport d'énergie. Cette innovation technologique n'a pu cependant se déployer efficacement que grâce au nouveau contexte géopolitique de l'Europe occidentale, insérée dans la Guerre froide, et à la conjoncture économique de haute croissance des années 1950 et 1960.

A. La première mystique européenne de l'interconnexion : l'innovation du transport à haute tension comme apprentissage de la solidarité économique

Le développement du réseau électrique en Europe, marqué depuis les années 1890 par une croissance continue des échelles du local à l'international, qui paraît faussement irréversible dans une perspective d'analyse des cycles d'innovation aussi bien technologique qu'organisationnelle, a été nourri par une véritable « mystique » de l'interconnexion.[5]

L'histoire de l'interconnexion répond à deux principes classiques des systèmes techniques à grande échelle : une extension géographique permanente des échanges par élévation des tensions, d'une centaine de kilomètres par des lignes à 60 kV à la veille de la Grande Guerre à plus de 2 000 kilomètres aujourd'hui par des artères à 400 KV et au-delà ; une complexité croissante des dispositifs de gestion. Sa logique spécifique réside cependant dans une complémentarité multiforme géographique, technique et temporelle.

Jusqu'à la Seconde Guerre mondiale, les échanges transnationaux d'électricité en Europe restèrent statistiquement assez limités. S'ils recouvraient surtout, outre l'alimentation locale de « poches » de consommation jouxtant la frontière, des échanges interrégionaux, ils n'en jouaient pas moins dès les années 1930 un rôle intéressant de régulation à la marge des systèmes. Les deux milliards de kWh qui traversaient les frontières en Europe occidentale en 1938 contribuaient assurément à

---

[5] Voir Bouneau, Ch., *Entre David et Goliath. La dynamique des réseaux régionaux en France du milieu du XIXe au milieu du XXe siècles*, Bordeaux, éditions de la MSHA, 2008, p. 300-322.

l'équilibre des charges, à la sécurité de l'exploitation et évitaient la mise en marche de centrales thermiques trop vétustes.

La révolution technologique de l'interconnexion internationale ne put véritablement s'accomplir qu'après la Seconde Guerre mondiale, grâce à la combinaison de trois facteurs favorables : la logique d'unification et de rationalisation des entreprises d'Europe occidentale, en premier lieu l'entreprise publique EDF, la conjoncture de croissance des « Trente Glorieuses » et la volonté de coopération technique des États de l'Europe de l'Ouest. En fait la construction d'un système électrique européen peut être considérée à la fois comme une anticipation et une métaphore de la construction politique de l'Europe.[6]

Dans ce processus territorial d'innovation globale les communautés professionnelles et les institutions internationales jouèrent un rôle moteur. Dès l'entre-deux-guerres, elles avaient multiplié les recherches théoriques et les projets économiques sur l'aménagement d'un réseau européen à très haute tension.[7]

Les rapports aux congrès de la Conférence Internationale des Grands Réseaux Électriques (CIGRE),[8] de la Conférence Mondiale de l'Énergie et de l'Union Internationale des Producteurs et Distributeurs d'Électricité (UNIPEDE)[9] en fournissent la preuve directe. Ce dernier organisme créé en 1925 intégra rapidement la quasi-totalité des pays européens, y compris ceux de la partie orientale : il constituait une union d'exploitants qui voulaient confronter leurs expériences de construction et de gestion de réseaux. Après la guerre à l'est, seules la Yougoslavie, la Hongrie et la Pologne continuèrent à participer aux travaux de l'UNIPEDE.

À la fin des années 1940 il existait déjà en Europe une cinquantaine de connexions transnationales de tension comprise entre 70 et 220 kV, permettant d'échanger 2 % de l'énergie totale alors consommée, soit

---

[6] Voir Van der Vleuten, E., Kaijser, A. (eds.), *Networking Europe. Transnational Infrastructures and the Shaping of Europe, 1850-2000*, Sagamore Beach, Ma., Science History Publications, 2007.

[7] Voir Barrere, J., « La genèse de l'Europe électrique : les logiques de l'interconnexion transnationale (début des années 1920-fin des années 1950) », Mémoire de maîtrise, dir. Christophe Bouneau, Université Bordeaux III, 2002, 2 vol., 552 p. et la récente excellente thèse de Vincent Lagendijk, dir. Johan Schot, « Electrifying Europe : The Power of Europe in the Construction of Electricity Networks », Eindhoven, University of Technology, 2008, 247 p.

[8] Nous sommes en train de reconstituer l'histoire de la CIGRE, devenue le CIGRE en 2000, en substituant le terme de Conseil à celui de Conférence, pour bien insister sur le caractère permanent de cette organisation internationale majeure qui dépasse largement le cadre européen.

[9] Devenue aujourd'hui Eurelectric.

trois milliards de kWh. Mais l'interconnexion internationale demeurait toujours à un stade d'ébauche technique car, d'une part, les réseaux restaient cloisonnés en systèmes nationaux qui différaient par la vitesse de marche de leurs alternateurs, et d'autre part, les liaisons ne concernaient que certains ensembles régionaux sans aboutir à un bouclage général. La coordination nécessaire des systèmes interconnectés trouva son promoteur naturel dans l'UNIPEDE, qui créa en 1949 un Comité d'Étude des Interconnexions Internationales. Elle s'appuya également sur un nouvel organisme, l'Union pour la Coordination de la Production et du Transport de l'Électricité : mise en place en 1951 suivant les recommandations de l'OECE, l'UCPTE devait développer la solidarité des exploitants de réseaux, en s'inspirant du modèle organisationnel et technique américain. Aux huit membres fondateurs (France, Italie, RFA, Autriche, Suisse, Belgique, Pays-Bas, Luxembourg) s'ajoutèrent dans les années 1960 l'Espagne, le Portugal, la Yougoslavie et la Grèce, preuve de la capacité d'attraction de ce pool.

B. Le bouclage d'une Europe de l'Ouest électrique : du "small" event à l'irréversibilité d'un processus d'expansion du réseau européen ?

Grâce à ces progrès de la coopération internationale, les années 1950 virent la genèse industrielle, et non plus seulement théorique, d'un réseau ouest-européen. Les échanges intermittents, de secours, changeaient profondément de régime pour devenir permanents. La révolution technologique du réglage fréquence – puissance, question très ardue, permit de relever ce défi en assurant non seulement la stabilité statique mais aussi la stabilité dynamique d'un système interconnecté de plus en plus vaste. Ce dispositif de régulation toujours en vigueur ajuste en effet la fréquence des réseaux nationaux à 50 Hz et s'assure automatiquement que les échanges réalisés sont bien conformes aux programmes définis à l'avance.

Après une phase classique d'essais et de tâtonnements, la synchronisation des infrastructures électriques des huit pays fondateurs de l'UCPTE fut réalisée définitivement en 1958, autour du noyau constitué par les systèmes français, suisse et allemand. À partir de « l'étoile de Laufenbourg », devenue célèbre dans la communauté internationale des électriciens, ce bouclage général de l'Europe occidentale représentait une victoire décisive en effaçant les inquiétudes des experts eux-mêmes. Dès le début des années 1960 l'UNIPEDE et l'UCPTE, travaillant sur les limites de l'étendue d'un complexe synchronisé, montrèrent que celles-ci étaient plus organisationnelles et économiques que techniques. À la même époque, les deux organismes abandonnèrent d'ailleurs les projets de connexions à des tensions supérieures à 400 kV (750 kV voire 1 100 kV) car elles s'avéraient inutiles pour des espaces de fortes densités de consommation : elles ne s'imposaient que pour la traversée de « déserts électriques » sur d'autres continents.

Ce développement en surface s'accompagna naturellement d'un développement en profondeur du réseau ouest-européen durant le trend 1959-1979, séquence majeure d'accélération de la construction de l'Europe électrique. Les méthodes de calcul sur grand ordinateur élaborées dans les années 1970 montrent bien que les électriciens européens ont toujours eu pour mission la recherche d'un optimum technologique, situé par définition à un niveau d'interconnexion supérieur, tandis que la conduite quotidienne du système s'affirme comme un arbitrage permanent entre coût et sécurité.

La construction d'un ensemble assez dense de liaisons et la mise au point de la régulation fréquence-puissance permirent une croissance considérable des flux d'échanges internationaux : dans l'espace des douze pays de l'UCPTE, ils atteignaient déjà en 1991 140 milliards de kWh, représentant 9 % de la consommation totale. Le réseau de l'UCPTE constituait alors le plus important système synchronisé du monde, disposant d'une puissance de pointe de 250 000 MW et assurant la desserte de 280 millions d'habitants au pouvoir d'achat élevé.

L'effondrement de l'empire soviétique en 1989 a fait de l'interconnexion avec l'Europe de l'Est un nouveau défi technologique et économique majeur. Au début des années 1980 seulement, donc avec un très net retard sur l'UCPTE, tous les pays de l'ex-bloc communiste furent synchronisés dans le cadre de l'UPS-IPS (United Power System and Interconnected Power System) : celui-ci disposait d'une puissance de pointe également de 250.000 MW. Mais le synchronisme étant différant de celui de l'ouest, aucune connexion à très haute tension en alternatif ne reliait directement les deux systèmes au début des années 1990.[10]

Ainsi les projets de l'entre-deux-guerres qualifiés d'utopiques apparaissent en réalité comme de simples anticipations de réalisations techniques effectives, avec un décalage chronologique de l'ordre d'un demi-siècle. La croissance continue de la taille des systèmes interconnectés et la complexification des mécanismes régulateurs en sont la vivante preuve. L'instauration d'une solidarité électrique européenne constitue

---

[10] Voir Lagendijk, V., « High Voltage, Lower Tensions. The interconnections of Eastern and Western European electricity networks in the 1970s and 1980s », in Bussière, É., Dumoulin, M., Schirmann, S. (dir.), *Milieux économiques et intégrations européennes au XXe siècle. La crise des années 1970 de la conférence de La Haye à la veille de la relance des années 1980*, Bruxelles, P.I.E.-Peter Lang, 2006, p. 137-165.

bien une révolution énergétique au sens plein du terme, marquée par deux accélérations dans les années 1950 et depuis les années 1990.

2. Les nouvelles trajectoires de l'interconnexion transnationale et la construction difficile d'une politique électrique européenne depuis les années 1990

A. Le sillage de la déréglementation ou une innovation organisationnelle radicale

La contribution majeure des réseaux électriques à la construction d'un marché européen de l'électricité a bénéficié d'une impulsion décisive avec la première directive européenne de l'électricité du 19 décembre 1996.[11] Dans notre perspective elle représente un véritable texte fondateur dans tous les sens du terme, en assignant trois objectifs essentiels aux États membres :

– une ouverture progressive des marchés électriques par l'accès libre aux réseaux de clients éligibles, avec un degré minimum d'ouverture fixé à 35 % de la consommation nationale en 2003 ;

– une séparation au moins comptable des activités de production et de transport, dans le cas des entreprises électriques intégrées ;

– la mise en place de gestionnaires de réseaux de transport (GRT), chargés dans chaque pays ou dans chaque région d'assurer, en toute indépendance vis-à-vis des producteurs, le bon fonctionnement du système électrique et l'acheminement de l'énergie dans des conditions non discriminatoires.

Une deuxième directive européenne de l'électricité du 26 juin 2003 a approfondi ces objectifs en renforçant l'indépendance des GRT vis-à-vis des autres acteurs du marché de l'électricité : il s'agit désormais d'arriver à une véritable séparation juridique des activités de transport par rapport aux autres secteurs des entreprises autrefois intégrées.[12] Siégeant à Bruxelles les deux associations européennes des gestionnaires de réseaux de transport coordonnent l'animation du marché de

---

[11] Voir Isidiro, C., *L'ouverture du marché de l'électricité à la concurrence communautaire et sa mise en œuvre (Allemagne, France, Italie, Royaume-Uni)*, LGDJ, 2006.

[12] Voir *L'Europe de l'électricité entre concurrence et service public*, n° spécial de la *Revue politique et parlementaire*, septembre-décembre 2003, en particulier les contributions de Monicault, F. de, « L'Europe de l'énergie : photographie d'une révolution », p. 5-10 ; Syrota, J., « La régulation de l'électricité en France et dans l'Union Européenne », p. 18-22 et Merlin, A., « Le marché européen de l'électricité et son développement : le rôle des gestionnaires de réseaux de transport », p. 39-43.

l'électricité.[13] Au rôle historique de l'UCTE, dont la mission reste de définir les standards techniques de l'interconnexion, est venu s'ajouter celui d'ETSO (Association of European Transmission System Operators), qui vise à harmoniser en Europe les règles d'accès au réseau et à réaliser un véritable marché intérieur de l'électricité. L'UCPTE a perdu logiquement son P de production en 1999 pour devenir Union pour la coordination du transport de l'électricité. Son périmètre, qui comprend aujourd'hui 210 000 km de lignes HT et THT, 34 GRT dans 23 pays européens desservant une population de près de 500 millions d'habitants, s'étend jusqu'aux frontières de l'ex-URSS. ETSO quant à elle a été créée en juillet 1999 à la fois par l'UCTE, les GRT britanniques et NORDEL (association des GRT scandinaves). Sa mission première consiste à élaborer les modalités économiques et juridiques des transits internationaux d'électricité.

En définitive, malgré les vertiges de la complexité, les limites de l'interconnexion ne sont fixées que par les facteurs économiques liés au coût du transport. À la différence d'autres types de réseaux techniques où la complexité se marie aussi bien avec le maintien de petites tailles,[14] l'accroissement de l'échelle spatiale des systèmes interconnectés semble toujours relever d'une logique irréversible.

Au-delà de l'intégration très progressive des réseaux de l'ancien bloc soviétique,[15] qui est en réalité très loin d'être achevée à cause des conditions très difficiles de recherche du synchronisme, l'horizon de l'interconnexion européenne franchit aujourd'hui les frontières continentales pour s'intéresser au Moyen-Orient et surtout au Maghreb. L'UCTE, l'UNIPEDE et ETSO, chacune dans leur registre organisationnel et dans leur champ de compétences, ont ainsi établi au début des années 2000 plusieurs scénarios de développement du réseau européen, largement orientés vers les autres rives de la Méditerranée.

---

[13] Voir Bornard, P., « Les gestionnaires de réseaux de transport dans le monde : leur organisation », in *L'Europe de l'électricité entre concurrence et service public*, op. cit., p. 61-71.

[14] Voir Offner, J.M., « Are there such things as small networks ? », in Coutard, O. (ed.), *The Governance of Large Technical Systems*, London / New York, Routledge, 1999, p. 217-238.

[15] Ce système est toujours structuré par de grandes pénétrantes à 750 000 V de l'Ukraine vers les pays d'Europe de l'Est, qui leur permettaient de bénéficier d'importations massives d'électricité. L'interconnexion de l'UCTE avec les réseaux de l'Ukraine, de la Biélorussie et de la Russie n'est pas prévue avant 2011.

B. La dilatation européenne de l'espace électrique : la quête du réseau européen infini ?

À une échelle transnationale, qui ne devint donc que très progressivement européenne, le discours sur le développement du transport d'électricité a mis en avant tous les bénéfices de la croissance du réseau dans un cadre continental, et même désormais partiellement intercontinental par les nouvelles liaisons avec l'Afrique du Nord et la Turquie.[16] Avec cette nouvelle ère des transcontinentaux électriques, les gestionnaires de réseaux et les autorités politiques projettent bien à moyen terme un *Mare Nostrum* de l'électricité, en tissant la toile d'un nouveau système électrique international où les régions d'exploitation englobent désormais plusieurs pays.

Va-t-on ainsi poursuivre, à l'avenir, la constitution d'un vaste système électrique synchrone paneuropéen, couvrant demain une Europe étendue de Marrakech à Vladivostok, en faisant le tour de la Méditerranée ? S'il est une donnée remarquable dans l'histoire des réseaux électriques européens, c'est bien que la construction de l'Europe de l'électricité a toujours précédé l'Union économique et politique. Les relations électriques entre pays européens se sont ainsi établies sur la base à la fois d'un projet technique maîtrisé et de la volonté de quelques-uns, portés par la mystique de la modernisation, de construire un espace économique pacifié.

Aujourd'hui ce sont donc 23 pays, allant de la France à la frontière ukrainienne et du Maghreb à la Scandinavie, qui sont directement interconnectés. Si un moyen de production subit une panne dans l'un de ces pays, tous les autres augmentent en quelques secondes leur production pour rééquilibrer le système et éviter toute perturbation majeure. Le système électrique européen représente ainsi un des plus grands systèmes « mutualisés » au monde, avec une puissance électrique installée de plus de 600 000 MW et une consommation annuelle de 2 300 TWh.

En soixante ans, depuis la fin du second conflit mondial, la solidarité et les échanges mutuels entre pays européens se seront ainsi généralisés, alors que comparativement les États-Unis, il est vrai moins densément peuplés, en sont restés à trois systèmes électriques non-interconnectés.

À l'avenir, les travaux de l'UCTE prévoient que la « boucle méditerranéenne » sera effective à l'horizon 2010, et qu'à cette date, les pays de l'Union européenne seront interconnectés avec la Turquie, les pays du Proche-Orient et l'Afrique du Nord. Très prochainement la Libye,

---

[16] Voir Derdevet, M., « Les réseaux de transport d'électricité au cœur de la construction de l'Europe électrique », in *Revue du Marché Commun et de l'Union Européenne*, n° 471, septembre 2003, p. 519-525.

l'Égypte, la Jordanie, la Syrie et le Liban devraient déjà s'arrimer au réseau européen, à la faveur de l'interconnexion Tunisie-Libye et *in fine* à l'extrême Est de cette « boucle » la Turquie pourra être interconnectée au réseau européen via la Grèce et la Bulgarie.

Ainsi, trois zones aujourd'hui non synchronisées, juxtaposées autour du pourtour méditerranéen, seront, demain, réunies dans un espace homogène de libre circulation de l'électricité. L'établissement de ce vaste réseau méditerranéen aidera à faire face à l'accroissement rapide (de quelque 8 % par an) de la demande d'électricité dans les pays concernés et améliorera la sûreté de fonctionnement des systèmes électriques locaux. Soulignons que des besoins croissants se développent inéluctablement dans ces pays dits intermédiaires alors qu'en France la politique de communication du gestionnaire de réseau RTE est désormais fondée sur la baisse de la consommation. 650 millions de personnes doivent vivre ainsi au début des années 2010 au même rythme électrique, toute défaillance chez l'un étant instantanément compensée par les autres : tel est du moins le scénario programmé, en excluant l'irruption d'une crise historique majeure, limite même de toute démarche prospective [...].

Cette consolidation d'une grande Europe électrique, par intégration et modernisation des différents systèmes, constitue sans aucun doute en cette fin des années 2000 l'enjeu majeur de la communauté internationale des opérateurs électriciens.

C. Le spectre du black-out européen ou la régression des trajectoires de l'innovation électrique

Depuis la grève des électriciens parisiens de 1907 le black-out représente à la fois la menace de la paralysie de toutes les activités économiques et sociales vitales, avec à terme l'effondrement de la civilisation industrielle et urbaine, et un levier majeur de communication stratégique, dans le cadre des guerres et des révolutions ; il est aussi enjeu de communication politique et idéologique, dans le cadre des conflits du travail et de la dénonciation des conséquences de la dérégulation et de l'ouverture du marché de l'électricité sur la sécurité d'approvisionnement énergétique.

La représentation du mouvement d'interconnexion européenne reste objectivement profondément ambivalente comme processus à la fois technologique et géopolitique. En effet les gains de mutualisation d'une extension européenne des capacités de production par le jeu de l'interconnexion, et donc le discours sur l'organisation d'un nouvel équilibre énergétique continental, peuvent être largement contrebalancés par les risques de congestion des échanges internationaux d'électricité. Immédiatement surgit alors le spectre de l'effondrement du réseau européen comme un château de cartes conduisant au black-out. Ce spectre est en effet loin d'être lié uniquement au risque nucléaire majeur, du type du scénario de Tchernobyl, il peut malheureusement arriver par les seules défaillances du réseau d'interconnexion lui-même, en l'occurrence l'insuffisance de surcapacité des artères de transport pour répondre à tous les scénarios de crise et de congestion. Une première approximation de ce « grand soir » a d'ailleurs été expérimentée en septembre 2003, avec l'effondrement du réseau italien, dû à l'insuffisance des liaisons entre la France, la Suisse et l'Italie, chaque pays se rejetant naturellement les responsabilités, en particulier la Suisse qui a du mal à assumer ses responsabilités internationales de régulateur électrique de l'Europe alpine.

Le scénario de crise et de propagation en cascade du 28 septembre 2003 peut être considéré aujourd'hui comme un archétype des failles de la coordination et de la régulation européennes, sinon comme le premier avertissement sans frais majeurs, avant le « grand soir » électrique de l'Europe. Après le déclenchement de la ligne suisse Mettlen-Lavorgno dû à un amorçage avec un arbre, une surcharge intervint sur la ligne voisine Sils-Scazza provoquant des déclenchements en cascade sur le réseau italien. Son effondrement a affecté 57 millions de personnes et son rétablissement a demandé plus de 13 heures. À l'heure de la panne, 3 heures du matin, la demande italienne représentait seulement 45 % de la demande de pointe : le parc de production était donc loin de la saturation. Mais la production appelée à ce moment était à 28 % d'origine étrangère, pour des raisons de coût comparatif. Sur les 6 950 MW étrangers sollicités, 3 610 venaient de Suisse et 2 210 de France ; les capacités d'échange avec la Suisse étaient donc largement saturées, la surcharge d'une ligne helvétique et l'absence d'élagage sous cette ligne ayant suffi à provoquer un amorçage avec la végétation. C'est bien la mauvaise coordination entre le GRT (Gestionnaire de réseau de transport) suisse Etrans, regroupant les six opérateurs helvétiques de réseau, et le GRT italien GRTN, qui a empêché de réagir à temps, provoquant en quelques minutes l'effondrement de tout le réseau transalpin et transformant en particulier la fête de la Nuit Blanche à Rome, organisée justement les 27-28 septembre 2003, en nuit noire... La perte de synchronisme a accentué le black-out et l'Italie a dû se couper provisoirement du réseau européen UCTE.

Le retour d'expérience de cette crise majeure a souligné que GRTN n'était pas propriétaire du réseau de transport, détenu alors par Terna, ce qui rendait délicate la programmation des investissements. Depuis les deux entreprises ont fusionné et surtout une amélioration de l'information et de la coordination des procédures entre les GRT européens fut mise en œuvre. Celle-ci peut sembler encore bien insuffisante puisque une nouvelle grave alerte nous a rapprochés du spectre du black-out généralisé le 4 novembre 2006, avec une panne plongeant dans le noir 15 millions de foyers en l'Europe de l'Ouest, pendant plusieurs heures pour certaines régions, en particulier en Allemagne et dans l'Est de la France. L'origine de l'incident est à chercher outre-Rhin à la suite d'une défaillance sur le réseau allemand d'E.ON, après la coupure volontaire d'une ligne à 400 kV surplombant la rivière Ems et interconnectant le nord et le sud de l'Allemagne : il s'agissait précisément de permettre l'accès d'un gros navire à la mer. Cette coupure a été avancée à une heure de plus forte consommation que prévue, alors qu'initialement elle avait été raisonnablement programmée en pleine nuit. Le pire, c'est-à-dire l'effondrement complet du réseau européen UCTE, a pu quand même être évité grâce aux mécanismes préexistants de solidarité électrique européenne, avec principalement le secours important apporté par RTE.

En tout cas les pannes majeures des systèmes électriques depuis l'été 2003, par un jeu de réactions en chaîne ou phénomène « d'écroulement de château de cartes » aux États-Unis et en Europe occidentale,[17] ont montré la place stratégique des réseaux de transport d'électricité dans le monde occidental et ses choix de politique industrielle. Elles inscrivent dans une nouvelle urgence la recherche d'une politique énergétique européenne digne de ce nom.

D. *Les défis de l'interconnexion face aux exigences du développement durable : à la recherche d'une nouvelle grappe d'innovations*

L'interconnexion en Europe comme aux États-Unis est clairement devenue une question de communication politique, dans toutes les acceptions du terme, incarnant les enjeux et les ambiguïtés de la démocratie participative. Dans un domaine où l'innovation technologique proprement dite n'a pas fait de saut décisif depuis trois décennies, avec une grappe complète d'innovations, contrairement par exemple aux télécommunications, un enjeu fondamental réside dans les articulations spatiales à la fois les plus pertinentes et considérées comme prioritaires, au nom d'un intérêt général de plus en plus fragile.

Dans le choc des échelles énergétiques et de leurs territoires, souvent considérés comme des champs clos, la complexité de l'interconnexion,

---

[17] Voir Merlin, A., « Les grandes pannes des réseaux électriques (Europe, États-Unis) sont-elles dues à l'ouverture du marché de l'électricité ? », in *Revue de l'électricité et de l'électronique*, mars 2004, p. 78-85, et le dossier « L'ombre des black-out », in *RTEmag, magazine interne du gestionnaire du Réseau de Transport d'Électricité*, n° 11, automne 2003, p. 16-21.

nimbée par le halo du développement durable, est confrontée en permanence à des logiques spatiales concurrentes :

– le marquage du territoire de proximité et des réseaux d'acteurs locaux, nourris par les deux syndromes « NIMBY » (« Not in my back yard ») et « BANANA » (« Build absolutely nothing anywhere near anything (or anyone) ») ;[18]

– la prégnance de l'espace national et de l'État-Nation, avec la communication croisée de la puissance régalienne et des entreprises, opérateurs et gestionnaires, de réseaux, sur les enjeux et défis de l'interconnexion ;

– l'affirmation croissante de l'échelle supranationale, celle à la fois des organismes internationaux (UCTE, CIGRE) et de la Communauté Européenne, avec la question centrale de la création d'un régulateur européen ou du moins de la coordination européenne des gestionnaires nationaux de réseaux.

Les difficultés techniques que les opérateurs doivent résoudre au fur et à mesure (en priorité, comme nous l'avons vu, risque de défaillance en cascade) pour étendre ce grand réseau européen ne sont donc pas insurmontables. Les obstacles géopolitiques semblent en revanche bien plus problématiques. Ne serait-il pas imprudent pour l'Europe de s'engager vis-à-vis de la Russie dans une ouverture de ses infrastructures électriques ou gazières sans une approche partagée en matière de politique énergétique (standards en matière de sûreté nucléaire, sécurité d'approvisionnement, etc.), et sans un minimum de réciprocité ? La tentation de la part de la Russie de faire de l'énergie un levier au service de sa puissance est très claire, alors que les règles du jeu européennes exigent clairement l'indépendance des infrastructures, au bénéfice de tous. Dans le domaine gazier, Gazprom est-il prêt à s'y soumettre ? Et quelle sera l'attitude des électriciens russes ? Plus que jamais, chaque nation est soucieuse de sa sécurité d'approvisionnement sur le long terme.

L'ouverture à la concurrence et la création du marché unique de l'énergie rendent plus nécessaires encore les interconnexions transfrontalières pour améliorer la sûreté des systèmes nationaux mais aussi pour accroître les échanges commerciaux d'électricité entre les pays et harmoniser les conditions d'accès à l'énergie de tous les Européens.

---

[18] Voir pour les conséquences de ces deux syndromes NIMBY et BANANA sur l'interconnexion transpyrénéenne, véritable goulot d'étranglement dans la construction de l'Europe électrique Viguie, R., « Histoire des échanges électriques entre la France et l'Espagne de l'entre-deux-guerres à nos jours », mémoire de Master 2 d'histoire contemporaine dir. Ch. Bouneau, Université Michel de Montaigne-Bordeaux 3, 2007, 2 vol, 502 p.

L'objectif de l'Union n'est pas de juxtaposer 25 marchés électriques concurrentiels mais de créer un marché européen unifié, ce qui passe par une intensification des échanges, pour éviter en priorité les congestions majeures.

Or seuls 7 % de l'électricité consommée en Europe traversent au moins une frontière. L'électricité est d'abord produite là où elle est consommée et rares sont les pays qui importent plus de 10 % de leurs besoins. Ainsi, sur les 582 TWh injectés sur le réseau français en 2005, 6 % venaient de l'étranger et 16 % étaient destinés à l'exportation. L'Italie, avec plus de 15 % d'importations, fait figure d'exception et cette dépendance inquiète ses pouvoirs publics : l'électricité est un produit stratégique qui se ne stocke pas et la vulnérabilité à l'égard de l'étranger est très sensible.

Le Conseil Européen des chefs d'état et de gouvernement a pourtant décidé à son sommet de Barcelone en 2002 que le niveau d'interconnexion des réseaux électriques entre pays membres de l'Union devait atteindre au moins 10 % de la capacité de production de chaque pays. Ce taux dépasse déjà 20 % dans des pays comme la Suède, les Pays-Bas, la Belgique ou l'Autriche et il avoisine les 10 % en France et en Allemagne. Certains pays font toutefois figure de « péninsules électriques » : l'Italie avec 7 %, le Portugal avec 6 %, l'Espagne et le Royaume-Uni avec 3 %. L'insuffisance des interconnexions accroît les risques de congestions aux frontières en cas de forte demande et empêche la convergence des prix de l'électricité sur les marchés de gros en limitant les possibilités d'arbitrage.

Dans le cas de la France et de son GRT, RTE, la capacité d'interconnexion a été accrue en 2002 avec l'Allemagne et fin 2005 avec la Belgique (où elle a été portée de 2 200 à 2 900 MW), mais avec l'Espagne (1 400 à 1 600 MW) elle reste notoirement insuffisante car elle devrait atteindre 4 000 MW pour respecter la règle posée à Barcelone. Ce renforcement serait d'autant plus intéressant que la pointe de la demande ne se situe pas aux mêmes heures dans les deux pays : les systèmes électriques français et espagnol pourraient être exploités de façon très complémentaire. Faute de lignes d'interconnexion suffisantes, l'Espagne, en particulier la Catalogne, ne bénéficie pas pleinement des avantages de son intégration dans l'espace électrique européen.

Actuellement deux lignes de 400 000 V traversent les Pyrénées, de Cantegrit à Hernani à l'ouest et de Baixas à Vic à l'est. Il existe aussi 2 lignes de 225 000 V au centre et à l'ouest. Le renforcement de la ligne Baixas-La Gaudière, dans le Sud de la France et la construction d'une nouvelle ligne de 400 000 V entre Baixas et Bescanos (en Catalogne) sont des projets prioritaires. Mais, après le débat public de 2003, le projet a été suspendu par les pouvoirs publics français et le nouveau projet à l'étude se heurte à une multitude d'obstacles, renforcés chaque jour par les mouvements de l'opinion publique.

Si la population accepte assez bien le renforcement des lignes existantes, elle manifeste généralement, suivant le syndrome « NIMBY », son opposition à tout nouveau projet, surtout pour des motifs environnementaux. Mais l'enfouissement des lignes THT est très coûteux et impossible sur longue distance (au-delà de 10 km) avec les technologies actuelles...

3. Conclusion

Au-delà d'une approche constructiviste politique classique, l'histoire de l'interconnexion transnationale, considérée comme vecteur majeur de la construction de l'Europe électrique, révèle pleinement le rôle « caché » des réseaux électriques, macro-système technologique par excellence, dans le développement conceptuel mais aussi, et peut-être surtout, dans le développement pratique et quotidien de l'espace européen.[19] Elle s'inscrit pleinement dans un nouveau courant historiographique, largement anglo-saxon, d'études européennes où la dimension globale de la technologie dans notre civilisation industrielle et post-industrielle est pleinement prise en compte, investie par les sciences humaines et sociales, dans un dialogue entre histoire, économie, sociologie et science politique.[20] Les organismes internationaux et européens (UNIPEDE, CIGRE, UCPTE devenue UCTE), dans une ambiguïté permanente entre les deux échelles transnationales, ont en tout cas construit progressivement une gouvernance de l'Europe électrique par la coordination de ses réseaux de transport et d'interconnexion, en liaison étroite avec les entreprises exploitantes, les autorités étatiques et les communautés scientifiques et techniques.

Cette trajectoire de la construction de l'Europe électrique ne forme évidemment pas un tout uniforme et des crises la secouent périodiquement ; celles-ci permettent l'affirmation de solidarités transfrontalières de grande ampleur pour s'opposer à des projets jugés inadaptés par des communautés régionales d'intérêts. L'Europe électrique se trouve alors régulièrement au cœur d'enjeux compétitifs où les acteurs locaux, nationaux et européens dépassent largement la classe politique et les gestionnaires de réseau, avec la montée d'expertises de plus en plus

---

[19] Voir Misa, T.J., Schot, J., « Introduction : Inventing Europe : Technology and the Hidden Integration of Europe », in *History and Technology*, vol. 21, n° 1, March 2005, p. 1-19.

[20] Voir globalement Bouneau, Ch., Lanthier, P. (dir.), *Networks of Power, L'électricité en réseaux*, Paris, Victoires Éditions, 2004.

diversifiées et celle du pouvoir, sinon du lobbying, des associations de citoyens.

En croisant en permanence technologie, milieux innovateurs et gouvernance des réseaux, la construction de l'Europe électrique depuis le second conflit mondial se situe ainsi au cœur du questionnement contemporain des logiques de la construction européenne.[21]

---

[21] Voir Bouneau, Derdevet, Percebois, *Les réseaux électriques au cœur de la civilisation industrielle, op. cit.*, p. 150-159.

**ESPACE, AÉRONAUTIQUE ET AUTOMOBILES :
LES NOUVELLES FRONTIÈRES DE L'EUROPE**

**SPACE, AVIATION AND CARS:
EUROPE'S NEW FRONTIERS**

Automobile Standardisation in Europe

Between Technological Choices and Neo-protectionism

Sigfrido RAMÍREZ PÉREZ

Università commerciale Luigi Bocconi

1. Introduction: Automotive Standardisation between States and Multinational Companies

The 21St century is witnessing for the first time a serious attempt by states to reach inter-governmental agreements for global standards in the automobile industry. It was precisely on 25 August 2000 when entered into force the World Agreement[1] signed in 1998 under the common leadership of the European Economic Community, the USA and Japan. This agreement aimed to create a double-track procedure open to all countries to jointly elaborate technical standards related to safety, environmental protection, energy efficiency and anti-theft protection of wheeled vehicles, equipments or parts of them: through harmonisation of existing national standards and by the setting up of single standards applied worldwide. The institution in charge of it is the World Forum for Harmonisation of Vehicle Regulations, also known as Working Party 29 of the United Nations Economic Commission for Europe (UN-ECE), based in Geneva.[2]

The transformation of this European forum into an institution with global ambitions is a direct consequence of the importance of the EEC/EU in this path towards reaching public objectives through the political regulation of an industry dominated by giant corporations. The creation of international institutions to govern technical standardisation

---

[1] Global agreement concerning the establishing of global technical regulations or wheeled vehicles, equipment and parts, which can be fitted and/or be used on wheeled vehicles.

[2] Nations Unies-Commission Économique pour l'Europe, *Forum Mondial de l'harmonisation des règlements concernant les véhicules (WP.29) comment il fonctionne, comment y adhérer*, Genève, 2000.

in a prominent industrial sector was a mid-way between national standards negotiated in a bilateral basis between nation-states and the attempts by multinational corporations to universalise their own standards, derived from their technological choices. Even nowadays, the increasingly saliency of common public problems could not put aside the fact that there are structural divergent interests between the major nations which signed the 1998 World Agreement, as they are the home-countries of giant multinationals whose competitive edge has increasingly shifted towards divergent technological answers to the common challenges of safer and more sustainable automobiles.

This paper considers the progressive emergence of European integration in a process where nation-states have oscillated between international cooperation and national solutions to the international competitiveness of automobile companies. The paper starts dealing with the first attempt to create a European regulation through inter-governmental cooperation in the works of the direct antecedent of the 1998 Forum, the WP 29 of the UN-ECE and its 1958 Agreement. The second part describes the attempts made by the EEC since its foundation for an autonomous convergence of technical standards which saw the day with the approval of the Council directive 1970/156, setting up the framework for an EEC type-approval procedure for motor vehicles. The last part of this paper investigates the political reasons by which after 1970 national type approval systems were not replaced by a Community type-approval until 1992, in spite of the increasing pressure for more stringent safety and environmental standards.

2. The Early Attempts for an European Regulation: the UN-ECE Working Party 29

The first European forum aiming at the elaboration of common technical requirements for vehicles, known as Working Party 29 (WP 29), was created on 6 June 1952. Formally, the forum of experts directly emanated from Resolution 45, adopted during 9th session of the Sub-committee on Road Transport of the Inland Transport Committee, created within the Economic Commission for Europe of United Nations (ECE-UN).

This new WP 29 had been set up at the request of the Sub-Committee's Working Party 20 on the Prevention of Road Traffic Accidents, after concluding that vehicle characteristics were a major cause of road traffic accidents. More broadly, the WP 29 was in charge to specify the general technical provisions of the International Convention on Road Traffic adopted in Geneva on 9 September 1949 by the UN, which actualised the 1926 Conventions relating to Road and Motor

Traffic agreed by the League of Nations, and the 1943 Convention of the Regulation of Inter-American Automotive Traffic. Despite this European paternity of WP 29, it seems that the inspiration was to a certain extent American. In fact, the creation of such an institution coincided with the Mission of Technical Assistance 92 organised between May and June of 1952 by the OECE in collaboration with the American economic and military assistance organisation, the Mutual Security Agency (MSA). Attended by some important leaders of the European automobile industry such as the vice-CEO of Simca (R. Budin) and Volvo (E.G. Larson), the Commercial Director of Fiat (Enrico Minola), and the Technical directors of Ford Germany (A. Streit), Berliet (A. Bardin), Panhard (A.P. Tranié), Renault (H. Barat) and SAAB (E.S. Simonson), one of the major conclusions of this trip was to endeavour the standardisation of automobile parts not only within their own countries, but also at an international level in order to create a large market favourable to the diffusion of mass-manufacturing.[3]

The WP 29 hold its first session in February 1953 under the Presidency of the Dutch director of the Minister of Transportation, von Remert, and was exclusively attended by Western European countries (The Netherlands, Belgium, France, Italy, the UK, Sweden and Switzerland) and the US as invited party, also on behalf of occupied Germany, represented by the Transport Adviser of the MSA. Like in other UN working-groups other incipient trans-national actors were invited to attend such as the World Touring and Automobile Organisation (OTA) the International Road Federation, the International Union for Road Transportation, the International Organisation for Standardisation, and the automobile lobby, represented by the Permanent International Bureau of Motor Manufacturers (BPICA). This business organisation, founded in 1919, has as its members the major national associations of automobile manufacturers and importers from all-over the world, and in this occasion was headed by the French R. de Mercy and the technical director of the German VDA, U. Schmidt, accompanied by a representative of French truck makers (Saurer) and of German automobile suppliers (Bosch).

From the very beginning European countries, particularly Belgium and the Netherlands, took the leadership of the works. They explained to the other states the way they had agreed to a common homologation of maximum weight for commercial vehicles, by distributing the homologation work geographically between both countries, accepting each other the certificates delivered by the neighbouring country after a prior

---

[3] CHAN, CAC, Ministère de l'Industrie (MIN. IND.) 771523 (72), OEEC, *Aspects de l'industrie automobile aux États-Unis*, Paris, 1953, p. 55-56.

accord upon the technical features under control. In direct line with their political tradition of small countries relying on international institutions to balance large countries, they suggested the creation of a supranational institution to oversee and arbitrate upon this task of international standard-setting. Some countries argued that it would be problematic for them to create a new organisation, which might not approve their national regulations, acknowledging that the issue at stake was obviously to issue standards more stringent than those officially declared by automobile companies to national administrations.

Not strangely, it was from a great power like Great Britain, at the time the largest European automobile producer thanks to the presence of American multinationals in its soil, which came the opposition to any attempt to give birth to a supranational institution capable of fixing a common standard for make and type of vehicle, on the basis that this depended on the usage given to each vehicle. Putting a brake to the temptation of going further from the WP 29 mandate, the UK representative from the Ministry of Transport, W. Hocking, recalled that evaluating the usage of a vehicle was entering into commercial considerations, something which was outside of the scope of a WP whose aim was to consider just road safety as such. If this was not enough, Britain vetoed the Dutch and Belgium method by stating that it "could not take any formal commitment to approve and deliver any guarantee on bodies or full vehicles exported from the United Kingdom to third countries".[4]

The clash between Britain and the Benelux countries crystallised one year later, during the second meeting of WP 29, around the permissible maximum weight for commercial vehicles. Britain had reinforced its position by asking its automobile lobby to take place in the meeting as part of the BPICA, which this time included representatives from the Society of Motors Manufacturers and Traders together with men from the Nuffield holding and Albion Motors. They punctually agreed with their government that any theoretical calculation of maximum weight without considering usage was without any value for them. They argued that it was enough with the automatic acceptance of the declaration made by the manufacturer, something that Belgium fiercely opposed. In this way, Britain, supported by other countries torpedoed the enthusiastic attempt of the two small countries to set up a central office for automobile standardisation.[5]

---

[4] ACOM, CEAB (13), 543-547, Transport Commission (TRANS) United Nations-Economic Commission for Europe (UN-ECE) WP29/4, Première session, 10-13 février 1953, 18 février 1953, p. 2-3.

[5] *Ibidem*, TRANS/WP29/12, Deuxième session 22-25 février 1954, 2 mars 1954, p. 6.

The issue of the maximum weight for commercial vehicles was just the *casus belli* of this larger discussion about whether there had to be any kind of supranational regulation of standards above that of states and multinational companies. This was also the case of the discussion about other items in the agenda of this WP 29 such as lighting. But this time, Britain, an opponent to standardisation had to confront not just the small Benelux countries but also the other major automobile manufacturers from the continent, the Federal Republic of Germany, France, Italy and Sweden. The reason was particularly urgent as the 1949 Conference had wished to reach a world agreement in this issue after having asked the ISO to draft a proposal for a standardisation. The ISO prepared such a report in the 1951 Bern meeting with the International Commission for Illumination [Commission International de l'Éclairage (CGE)]. Under the impulsion of the Netherlands, the Europeans had reached in that occasion a principle of agreement that could serve as starting point, even when the British argued that it was necessary to wait until the US had carried out a series of tests about this issue.[6] In this case the Germans were extremely interested to close a deal which specified the validity of the tests made in the country of origin of the headlights and bulbs. It was not a coincidence that for this issue, both the Netherlands and Germany had called to participate in the meeting their two suppliers directly concerned by such a regulation, Philips and Bosch. If all the other countries accepted this principle, and they were even ready, excepting France, to accept the Dutch proposal for a common regulation, the central question again was whether it was necessary the creation of an international bureau for European standardisation in charge to implement this agreement. In any case, the Secretariat of Working Party 29 rejected to become a permanent technical body, officially, by the lack of funding. In reality, it was again British opposition the reason for the difficulty to set up a supranational institution for European standard-setting in the automobile sector.[7]

But if it was very easy for Britain to block the creation of a new international institution, it was much less capable to prevent that the rest of Europeans reached a bilateral agreement between them to progress in the path of mutual recognition as it happened in two particular technical standards. On the one hand, the Benelux countries succeeded on having the Sub-Committee from Internal Transportation asking the WP 29 Secretariat to "consider as its first priority to quickly proceed, and achieve a study about the unification of the maximum authorised weight

---

[6] *Ibidem*, TRANS/WP29/4, Première session, 10-13 février 1953, 18 février 1953, p. 6-7.

[7] *Ibidem*, TRANS/WP29/12, Deuxième session 22-25 février 1954, 2 mars 1954, p. 5.

for the same kind of vehicles", in particular for commercial vehicles.[8] The reason was quite simply the complaint of producing countries which saw that more stringent, and safe, regulation in their country only damaged their own economic actors, which contemplated as the same vehicles coming from other countries with less severe regulation could circulate in their domestic roads with more charge than they were authorised to do.

On the other hand, the Continental European countries, met in a separate private meeting to put the basis for the adoption of uniform and harmonised conditions concerning the approval of motor vehicle headlamps emitting an asymmetrical passing beam, building on the discussions carried out within WP 29.[9] What mattered the most in this difficult path towards the emergence of European standards for automobiles was nothing else that the creation of a first precedent which could serve to open the way forward for creating a method for the uniform conditions of approval and reciprocal recognition of approval for motor vehicles and parts. It is for this reason that the agreement reached in Rome in January 1957 in the form of an exchange of letters between the governments of the FRG, France, Italy and the Netherlands for common headlamps on the basis of the work of the "Groupe de Travail de Bruxelles 1952" (GTB) created by the ISO and the CIE, was an important step forward for the creation of an European framework agreement on technical standardisation for automobiles.[10]

Such a framework materialised on 20 March 1958, when at the request of Germany, France, Belgium and Sweden decided upon a common text concerning the adoption of uniform conditions of approval and reciprocal recognition of approval for motor vehicle equipment and parts. According to the 1958 Agreement any new Regulation would come into force after two countries at least have officially deposited the text with the Secretary General of the UN at New York, leaving the rest of countries free to accede when they wish to do so, knowing that they could retire from it with one year in advance and that unanimity was requested for any modification of the Regulations approved. Not strangely, as soon as the 1958 Agreement entered into force on 20 June 1959, the headlamps agreement, previously discussed between Continental countries, became its Regulation One, of the twelve which were

---

[8] *Ibidem*, TRANS/WP29/17, Note du Secrétariat, Questions à l'ordre du tour de la Troisième Session du Groupe de Travail, p. 1.

[9] *Ibidem*, TRANS/WP29/13, Réunion privée (Éclairage des véhicules), 9 avril 1954.

[10] ECE, *Working Party on the construction of vehicles. Its role in the international perspective*, New York/Geneva, 1994, p. 7.

approved until November 1967, when the 1958 Agreement was amended.

In spite of this first apparent success, only France, Belgium and Sweden became the pioneers, whereas the other three members of the new European Economic Community, The Netherlands, Italy and Germany adhered in 1960, 1963 and 1966 respectively, when Eastern European countries like Hungary and the Czech Republic had already adhered (1960) and also Spain (1961), Yugoslavia (1962) and the United Kingdom (1963). However, this intergovernmental attempt for standardisation slowed down afterwards given the simultaneous creation of the EEC which divided Western European members between those out and the member states, which would have been expected to use the EEC-standardisation as an engine for the international creation of standards within the WP 29. But this was not the case as we will see in the following section.

3. The Long Path towards the Creation of Community-type Automobile Norms: 1958-1970

The perspectives for reaching automobile standards at the EEC level were not in principle very different from those of reaching the same agreements within the UN-EEC because according to article 100 of the Treaty all attempts to harmonise national laws and regulations having an influence on the Common Market, such as technical norms, required unanimous approval by the Council, granting governments the last word upon their removal. Therefore, national sovereignty was completely preserved in both cases.

Despite the creation by the Council in 1961 of a working party three (WP 3) for the harmonisation of technical regulations of automobiles at the Directorate General of Industrial Affairs (DG III), there was not major progress at the EEC-level, with France, Italy and Germany choosing, instead to sign bilateral agreements under the UN-ECE rules. These, however, were unsatisfactory as national experts held yearly meetings in Brussels without major progress in the drafting of directives towards the total harmonisation and mutual recognition of safety controls. By 1966 they had reached consensus in on only three minor questions (blinkers, radio-electrical parasites, and brakes).

For the man in charge for several years of this working group within DG III, Robert Toulemon, the WP 3 had failed to go further than a synthesis of the work carried out in WP 29, which was outside the EC system. Drafted with all the members of the national chambers of automobile producers and covering the whole of Europe, WP 29 issued non-binding recommendations for adoption by UN member-states in an extremely drawn-out process. Under the pressure of public opinion for safety or other reasons, national governments thus began taking unilateral action on technical standards, which effectively erected new non-tariff barriers to trade, complicating the exports of automobile products within the EC market and increasing the prices for cars everywhere.[11]

For example, in one of the meetings of WP 3 in Brussels, the French delegation complained that this was the case of the German Regulation against atmospheric pollution already approved, which would negatively affect French automobiles as a new technical barrier to trade because it clearly disadvantaged less-powerful engines than the Germans, getting closer to the American regulation. On their side, the French had succeeded to reach an agreement to control air pollution and gas emissions within the WP 29 of the UN-ECE with the ambition of having the European Commission adopting it as the official position of the EEC. Not strangely the part which had signed the agreement had been Spain, a country where most of the foreign cars circulating were French. For all delegations, the question was political and not technical about which would be the first automobile environmental standard adopted by the EEC.[12]

Thus, for nearly a decade the European Commission repeatedly fought the opposition to national delegations in a sector with many technological changes.[13] The solution to this problem might have consisted in the delegation of powers to the Commission but this seemed quite difficult in the context of a period increasingly dominated by the opposition of France to major transfers of power to European institutions. The Economic and Social Committee of the EEC had proposed in 1966 the use of a two-tier system to solve this puzzle: on the one hand that those national regulations are kept for harmonisation, whereas the new regulations for new problems would be Europeans.[14] In this way, the EEC had been little by little abandoning the principle of total harmonisation by that of just partial harmonisation, as the request of unanimity in the Council made impossible the type-approval of the whole vehicle.

---

[11] AR, Relations extérieures (henceforth Rel. ext.), dossier (henceforth d.) 973, Lettre de Y. Georges adressée aux Membres du Groupe X. Rapport de M. Ouin sur ses entretiens avec les membres de la Commission de Bruxelles, 27 décembre 1971.

[12] CHAN, CAC, MIN.IND 771521(60), Réunions 29 et 30 du groupe de travail n° 3, 3 mai 1969, 2 juillet 1969.

[13] *Ibidem*, Note de la DIMEE au Président de la Comité Syndicale des Constructeurs Automobiles (CSCA), 18 avril 1967.

[14] CHAN, CAC, MIN. IND. 771521 (58), Project de Rapport de la section spécialisée pour les transports du Comité Économique et Social, 19 septembre 1966.

Apart from the opposition between governments, the European solution for automobile standardisation had not materialised because of the historical opposition between French and German automobile producers, which were the largest car manufactures in the EC. While the German manufacturers had important exports to the US, this did not apply to French and other EC producers like Fiat. This difference was extremely important because the Germans were keen on achieving a convergence with American standards. However things started changing progressively in favour of a European convergence given the severe environmental standards arranged in the debates towards the approval of the US Clean Air Act of 1970.

Thus, after a Geneva meeting in 1969, the CEOs of the European automobile industry issued a public statement expressing their common objective to obtain from the EC common technical regulations for their sector. These business leaders had instructed the existing European organisation, the Liaison Committee of the European Producers of the Common Market (CLMC), to lobby for this goal, but it had not been successful. Against this background, the most important European carmakers including Renault, Peugeot, Fiat, Volkswagen (VW), Daimler-Benz and British Leyland Motors Corporation, formed an informal technical network called X Group, which brought together the technical directors in charge of research and development within these companies.[15] It was in this group that the first contacts were established with a view to creating a new lobby, the Committee of Common Market Automobiles Constructors (CCMC) with the explicit aim of elaborating common technical standards at the EEC level. The formation of the CCMC was initiated by Renault's president, Pierre Dreyfus, and Marc Ouin, his secretary-general, following in part the instructions of Robert Toulemon, the French director-general of industrial affairs in the European Commission, who had often assisted Renault informally in all EEC affairs.[16]

It was during the spring of 1969, concretely to 28 May, when the Council of Ministers gave a shift in this direction by approving the Commission's *General Programme for the Removal of Obstacles to Trade*, which eliminated the structural political barrier to progress in this field. In this programme figured two directives, which opened the way for the emergence of European standards. On the one hand, the

---

[15] AR, Rel. ext., d. 973, Réunion du "Groupe X" du 10 Septembre 1970.
[16] Ramírez Pérez, S., "Transnational Business Networks Propagating EC Industrial Policy: The role of the Committee of Common Market Automobiles Constructors", in Kaiser, W., Leucht, B., Rasmussen, M. (eds.), *The history of the European Union: origins of a Trans- and Supranational Polity 1950-1972*, London/New York, 2008, p. 74-93.

Community type-approval procedure, Council Directive 70/156, and on the other hand, a first application of this new framework system of approximation of European laws in to a regulation relating to the permissible sound level and the exhaust system of motor vehicles, Directive 70/157.

They were approved on 16 February by the Council with a partial opposition by France, which asked that imported automobiles into the EEC would be exempted from the directive on harmonisation unless the non-EEC country of origin of imports did not compensate with commercial concessions this new advantage of adjusting to just one harmonised national standard, instead to six different systems.[17] This was a vain request as the other Five recalled France how difficult was to do this and that if any benefit resulted to third countries, this was a moral value that would be used just in case of serious difficulty derived from an important increase of imports from abroad.

From the moment of the approval of Directive 70/156, the European Commission, guided by the Belgium liberal, Jean Rey, suggested to the Council, presided by Belgium, a first round of approximation of technical standards with the approval of six new directives which specified the harmonised technical requirements applicable to individual parts. The first Directive 70/220 was expected to approximate the laws of the member states relating to measures against air pollution by gases, whereas the other two, concerned liquid fuel tanks and rear protective devices (70/221), and rear registration plates (70/222). Before the end of the summer, followed suit on 8 June Directive 70/311 about the steering equipment of automobiles and one month later, on 27 July, Directives 70/387 and 70/388 related to doors and audible warning devices respectively.

The alliance between the European Commission and European multinationals went even further than just the approval of these directives. Thus, Toulemon suggested to Pierre Dreyfus that the most appropriate strategy to follow was to create a stable new transnational business network of automobile multinationals requesting common European regulations on vehicle safety. In view of the continued resistance by some member-states to giving more powers to the Commission in common market issues, Toulemon believed that the initiative had to come either from a member-state or from the automobile producers themselves. With regard to a member-state initiative, he suggested that the French government make a declaration asking for the quick development of a new EC regulation on vehicle safety. The French were best

---

[17] BAC 3/1978, 1101, p. 114-115, Note du Secrétaire Général adjoint K. Meyer pour les membres de la Commission, objet 539ᵉ Réunion du Coreper, 7 janvier 1970.

suited for such a proposal given that they had already initiated a Commission on Safety Affairs, whose objectives included the elaboration of a European strategy. The X Group members would have to lobby their own governments to support any French proposal. Alternatively, the automobile producers from the X Group would issue a public statement signed by all CEOs. In fact, he believed that it would be best for both strategies to be followed simultaneously, so that it would not look as if the Commission was proposing to create a new supranational policy. Ouin drafted two alternative institutional blueprints: one for the creation of a European institute or agency for safety inspired by the ECSC experience, the other for an expert group with consultative status *vis-à-vis* the Commission. The institute should fulfil the ambitious task of preparing texts to be approved by the Council of Ministers

Eventually, the two state-owned companies Renault and VW decided to utilize close Franco-German co-operation in the Council for advancing Toulemon's suggestions. Renault was in direct touch with the French President Georges Pompidou through his adviser Bernard Esambert, and with the French Minister of Industry, François-Xavier Ortoli. It was during the high level Franco-German meeting of February 1972 that Pompidou suggested to Chancellor Willy Brandt, lobbied by VW via Julius Leber, the social democratic transport minister, to issue a Franco-German initiative for the creation of a European Office for Safety.[18] VW convinced the German government that the safety standards developed by the US would be very different from those to be agreed at the European level. The Americans were about to change their already demanding norms to upgrade their safety requirements, something that would not benefit European carmakers, which had lower demands on safety.[19]

Crucial to the change in the German strategy was Daimler-Benz's decision to support the drafting of European rather than transatlantic safety standards. Until 1970, the German automobile lobby, the VDA, had complained that the proposals for harmonisation of the EEC were extremely divergent from the WP 29 agreements already adopted, creating a conflict between both forums that would not benefit the world automobile industry.[20] At the time, Daimler-Benz had agreed an alliance with VW and BMW, which was, somewhat prematurely, interpreted as the draft constitution of a large German automobile holding. According

---

[18] AR, Rel. ext., d. 973, Projet de Note de Ouin pour Ernst Fiala et Fr.H. Van Winsen, 17 février 1972.
[19] Réunion du "Groupe X" du 10 septembre 1970, cit.
[20] BAC 3/1978, 1101, p. 128-132, Lettre du VDA à Jean Rey, Président de la Commission sur l'élimination des entraves techniques aux échanges dans le secteur des véhicules automobiles, 27 janvier 1970.

to Dreyfus, he informed the Chairman of Daimler Benz, Joachim Zahn, that "we are tempted to favour the creation of a European organisation in Brussels. Zahn has agreed with great satisfaction (!!)".[21] This shift in Daimler-Benz's position seems to have occurred during the second conference on experimental safety vehicles held in Sindelfingen in October 1971. At that moment, Daimler-Benz stated very clearly that the *"competent American authorities still adhere to their rigid, and partly utopian, conceptions"*.[22] Eventually, Zahn publicly voiced at the Geneva Auto show of March 1972 his new position that the EC and the member-states should declare their support for the unification of safety regulations.

In conclusion, just before the Oil Schock, which would so strongly affect the European automobile industry, the progress to elaborate EEC-standards had been extremely important due to the common convergence of interest between the largest European producers, the French and the Germans, to confront the American challenge of stringent environmental standards. In case that the EEC had not re-activated the issue of EEC standardisation, American standards would be imposed throughout the world thanks to their multinationals, seriously damaging the competitive edge of European companies which would need to adapt to them, with the enormous investments that this implied to catch up with a technological path that most of them had not experienced.

4. The Fall and Rise of a Community Type-approval Procedure for Whole Vehicles: 1970-1992

Despite these partial successes the way forward became much longer than expected even when by the beginning of 1976 the EEC had already adopted a total of some fifteen Community directives about the automobile. The greater problem, according to Renault's CEO, Pierre Dreyfus, was that despite of having a Committee on the Adaptation to the Technical Progress of the Directives on the Removal of Technical Barriers to Trade in the Automobile Sector, the application of the Community type approval directives by the Member-States was not the same in each of the Nine countries which now composed the enlarged EEC. The solution for him was not to hurry up to approve new directives about different aspects of vehicles not yet covered by EEC legislation according to the future stages set up within the General Programme. As President of the CCMC, in his December 1975 speech at the European Symposium for the evolution of automobile standards, he publicly preferred rather to

---

[21] AR, Rel. ext., d. 973, Note de M. Ouin 6.419, 16 février 1972.
[22] *Ibidem, Handelsblatt*, "Daimler-Benz demande l'unification des règlements de sécurité", 10 mars 1972.

go further qualitatively with a test period of experimental mutual recognition of whole vehicle type approvals in order to eliminate discriminations. The second idea that he developed at this forum was that the EEC did not restrain its effort of standardisation to its territory, but that it extended it to not EEC-members, pointing out in this way to a coordinated action within the WP 29 of the UN-ECE.

In his reply the Commissioner in charge of the issue, the Danish Finn Olav Gundelach, former director general of GATT, not only agreed with Dreyfus, but went even further. At first, he remembered to all automobile producers that the harmonisation method followed until that moment was optional and not yet compulsory, because the Directive 70/156 allowed the survival of national legislations in parallel with the approved European standards. In this concern, the automobile industry had been an exception to the principle of free circulation of goods, which would have required the substitution of national legislations by a global EEC system of type-approval. Gundelach acknowledged to have wrongly believed that reaping economies of scales would have naturally brought all European producers to choose an EEC harmonisation rather than the survival of the national systems, whose strength for member states was that they preserved their influence upon the transposition of the directives. In reality, this duality had served to permit nation states to delay the transposition of the directive sometimes for so long time that the technical change had requested to modify them before their transposition. In the meantime, the faulty governments kept applying their national standards. For this reason Gundelach was ready to go into a global approach following Dreyfus' suggestion to stop the current "continuous" approach to create EEC standards, and chose, instead, performance-based method with mid-term objectives.[23]

The scapegoat of this debate was not other than Italy, directly quoted by Gundelach as the country which had delayed the most the transposition of directives, an extent confirmed by Fiat representative in that meeting, Oscar Montabone, who fiercely opposed Dreyfus' proposal of a provisional period of mutual whole vehicle type approval between EEC countries, and not just of those vehicle parts which were regulated by an European directive, given the economic costs that it could entail, for example on windscreens, for the Italian company.[24] On their side, the Germans were favourable for a stand-still into the process of the elabo-

---

[23] European Commission, *Actes du Symposium automobile européen et du séminaire sur les statistiques des accidents à Bruxelles 9-12 décembre 1975*, Bruxelles, 1975; Nota dell'Ing. O. Montabone, 11 gennaio 1976.
[24] ASF, Nota dell'Ing. O. Montabone, 11 gennaio 1976; *Idem* per il Sig. Avv. Agnelli, 6 ottobre 1975.

ration of European Directives in order to open a larger general discussion about the economic aspects and impacts of technical standards.[25] The future prospect of an stagnation in the legislative rhythm of European Directives for harmonisation was evident to the Secretary General of the CCMC, Marc Ouin, for whom the urgency for European government to set up safety, environmental and noise-reduction standards had been somehow reduced in the framework of the impact on the automobile industry of the first Oil Shock, shifting the public attention towards the restructuring of the sector. Moreover a discussion was still open on whether the future automobile standards would be more efficiently discussed within the EEC or in the UN-ECE, as advocated by some EEC countries and European civil servants. In Ouin's view, if the framework of the UN-ECE was larger, WP 29 only issued recommendations which were not as effective legally as the EEC directives, without considering that the EEC was planning to put some public funding at the disposal of industry in the field of safety research, something that the UN-ECE could not match at all.[26]

In this first part of 1977, under the British Presidency of the Council, the EEC stepped up the rhythm to follow the suggestion of Dreyfus by setting up the whole vehicle type approval for cars with the idea to approve it in July with a transitory period of two years. This meant that for example a Fiat model would need to obtain the approval of just Italy to be freely exported without any further technical checking by the other 8 members of the EEC, with Italy guaranteeing the conformity of the model with a sufficient quality in its manufacturing through inspections in the company producing the car. However, a first question already rose by the French in the drafting of the directive 1970/156, made these tasks an impossible mission: the extension of this elimination of technical barriers to non-EEC companies. The Chairman of the CCMC, François Gautier from Peugeot, suggested to all other CEO's of top EEC companies to limit this modified directive to the automobiles manufactured within the EEC, whereas imports would still need to comply with national standards, that is, including the EEC directives already approved for some car aspects, on the basis that the quality of the products could not be checked in non-EEC factories by EEC member states. Moreover, such an advantage of a real common market would be extended to non-EEC countries only through bilateral agreements in order to obtain commercial concessions for European companies in

---

[25] *Ibidem*, CCMC, Conseil d'Administration, Réunion du 7 Février 1975 à Rome, 12 mars 1975.
[26] *Ibidem*, Politique du CCMC, Notes pour un exposé du Secrétariat, 21 mai 1976.

those countries.²⁷ The question became even more complicated as the CCMC requested the Director General in charge of the dossier, Braun, to include within the modified directive the automobiles manufactured by EEC companies in non-EEC countries.²⁸

The Germans were also hostile to any concession to be made to non-EEC multinationals, but preferred that the modification of the framework directive would not go as far as covering the whole vehicle but rather to maintain the current partial system but making compulsory the application of these European standards by member states together with a commitment that no new directive or national regulation would be introduced before the setting up of a second set of measures to be introduced only in the early 1980s.²⁹ This was ultimately the position which won the match within the CCMC, not only because British Leyland, Fiat, and the French companies saw it with sympathy, but more importantly because France formally blocked the British modifications in the Council meeting of the Ministers of Transports which took place in Luxembourg the 29-29 June 1977. Moreover, European multinationals could count with the strong support of the Commissioner in charge of the dossier, Étienne Davignon, who acknowledged the difficulty of finding a discriminatory solution, which would be acceptable under the GATT.³⁰ More decisively, he was ready to take a public position in front of the Council Presidency arguing that without reciprocity measures introduced in the directive, the objectives which had brought the Commission to build a true internal market "would not be accomplished and the elimination of technical barriers to trade would stop being one of the essential elements of the industrial policy of the Community".³¹ In few words, for the European Commission the elimination of technical barriers to trade was a means to the industrial expansion and competitiveness of European industry, and not an end by itself which had to be defended at any cost if it created more harm than good to European industry.

This was the rise and fall of the first serious attempt to establish a community system of whole vehicle type approval for passenger cars, as the new Belgium Presidency followed the German path that the CCMC had supported with a modification carried out on 21 December through

---

²⁷ Ibidem, CCMC, Lettre de F. Gautier aux présidents des membres du CCMC, 26 janvier 1977.
²⁸ Ibidem, CCMC, Lettre de M. Ouin à F. Braun, 11 mai 1977.
²⁹ Ibidem, CCMC, Conseil d'administration et AG du CCMC, 21 juin 1977, p. 17.
³⁰ Ibidem, Lettre de Étienne Davignon à M. Ouin, 12 août 1977.
³¹ Ibidem, CCMC, Lettre de M. Bissell aux membres du CA et M. Ouin, 19 juillet 1977.

the approval of Directive 78/315 which only concerned Community type-approval for separate technical units, and not components and whole vehicles, which had to respectively wait until 1987 (Directive 87/358) and 1992 (Directive 92/53). It was not that the European Commission did not try to find a solution to overcome GATT limitation in cooperation with a car-consumer country like Denmark, but the French maintained their veto to any solution, with a strong support of the other producers, excepting Britain, in the ad-hoc group created for this purpose in the Coreper.[32]

This was the end of the story for many years and the return of the centrality of the WP 29 as forum for the discussion of European standards. This shift of forum from the EEC to the UN-ECE was confirmed in several important areas such as in air pollution, where

> the EEC had not developed any autonomous position in the last years excepting the organisation of some coordination meetings between governments in order to coordinate the discussions in Geneva. Two out of three of these coordination meetings take place in Geneva even during the GRPA (Groupe de Rapporteurs Pollution de l'Air) meetings within WP 29. [...] It is necessary to underline that the basic norms for noise pollution had been, until now, elaborated in Geneva.[33]

This centrality had been progressively reinforced during the 1970s as a new set of European countries joined the 1958 agreement of mutual recognition (Austria, Luxembourg, Switzerland, Norway, Finland, Denmark, Rumania, Poland and Portugal) without any new incorporation until 1991 if we except Gorbachev's USSR in 1987. In this way, protectionism against foreign imports, particularly Japanese cars, ruined the possibility to quickly orientate all European industry into the same direction of European standards, taking a delay of more than a decade.

5. Conclusion: from EEC to Global Standards

It was only in 1989 when the Delors Commission launched its Communication "A Single Community Motor-vehicle Market" where Community-wide type approval was a central part for the completion of the internal market. The objective was not other than going from the optional approach which subsisted since 1970 to a modification of this Regulation that would make EC standards mandatory, substituting

---

[32] *Ibidem*, Note du Président du Groupe ad hoc "Problèmes des pays tiers dans le domaine des entraves techniques aux échanges" 19-20 juillet 1958.

[33] *Ibidem*, ANFIAA (Associazione Nazionale Fra Industrie Automobilistiche), Note de Bardini (ANFIAA) sur l'activité du CLCA dans le domaine technique, 30 novembre 1979.

national standards.[34] However, such a success was still directly linked to finding a bilateral commercial concession to those imports, particularly Japanese, whose presence has been limited by the fact that national technical barriers had permitted to monitor and put a brake in the entrance of Japanese cars either manufactured in an EEC-country like Britain, or imported, in spite of their right to free circulation. Again France blocked in the Council the three remaining directives on parts, which prevented the final creation of EEC-type standards for cars. They only gave up when they learnt that the EEC had reached a gentleman agreement for a Voluntary Export Restriction with the Japanese.[35]

With the existence of European type standards for vehicles, the next step for the EEC was to fulfil the earlier request of automobile companies of extending them towards other countries through the WP 29. To this purpose, the EEC member states pushed for the amendment of the ECE agreement to make possible for non-European countries and regional economic integration organisations to accede to it. Few years later, in 1998, the EEC became a party to the Revised Agreement of 1958, together with Japan, becoming the driver for the negotiation of the Parallel Agreement which gave way to the transformation of WP 29 from European into a World Forum. In order to include the USA, where only manufacturers delivered certifications of compliance with technical standards, within this agreement, the EEC and Japan, accepted that contrarily to the 1958 agreement the adoption of harmonised standards could only be adopted unanimously and mutual recognition of certificates and licences is not compulsory. In this way, the EEC became an intermediary between the parties of the two agreements searching for a possible harmonisation between European and world standards, placing itself as the major contributor to a politically-driven globalisation.[36]

---

[34] Commission Communication, 10971/899.
[35] Ramírez Pérez, S., "The European Search for a New Industrial Policy (1970-1992)", in Baroncelli, S., Spagnolo, C., Talani, L. (eds.), *Back to Maastricht. Obstacles to Constitutional reform in the EU Treaty (1991-2007)*, Newcastle, Cambridge Scholar Press, 2008, p. 322.
[36] European Parliament, Committee on Industry, External Trade, Research and Energy, *Recommendation on the Parallel Agreement*, 25 November 1999.

Space: another Field of European Integration?

Filippo PIGLIACELLI

Università di Bologna

1. Introduction

In the aftermath of the Second World War international cooperation in science and technology (S&T) was one of the most significant axis of international and intra-European intergovernmental collaboration. Among the fields of this cooperation, space often has played the role of "stone guest" (*convitato di pietra*). Despite it represented one of the main and more strategic fields of technological cooperation, it was left apart from any initiative for a deeper political partnership different from the intergovernmental one, while being, during the 1960s, at the centre of key episodes, regarding the development of the most remarkable effort of political cooperation in the European contemporary history.

This situation dramatically changed at the end of the Cold War, when space has begun to shyly appearing – also thanks to the requests raised in many political circles – from the beginnings in the working documents of some European institutions – mainly the Commission and the European Parliament – and, then, in the EU political agenda.

The efforts made, in the last years, to come to a better definition of a new architecture for the cooperation in space has shown how many critical situations of the past are still "in force", once again conditioning the definition of a common ground for the future European space policy.

2. Space, Technological Gap and European Integration

In order to understand the relationship between the development of EU space cooperation and the European integration process one has to look at the context in which it appeared.

The idea of launching a European cooperation in space was first conceived, in 1959, by two veterans of the European scientific cooperation, the Italian physicist Edoardo Amaldi and his French colleague Pierre Auger; that is among the promoters, some years before, of an undoubtedly successful example of this collaboration: the Conseil – and later Organisation – européen pour la Recherche Nucléaire (CERN).[1]

These two initiatives shared the same rationale: only by putting together its scarce human, financial and know-how resources, Europe could develop new sectors of scientific and technological research, like space and nuclear.

In the same period, during the negotiations for the creation of the European Space Research Organisation (ESRO), the British government launched a proposal aimed to combine it with another one, whose goal was to build up a launcher for putting in orbit experiments elaborated by the group of scientists working under the ESRO umbrella.[2]

Quoting the British government's proposal,

> [the] UK should take the lead in forming an intergovernmental European space research organisation to launch upper atmosphere rockets and orbital satellites, organized along the lines of CERN. [...] The development of Blue Streak as a space research rocket, irrespective of its military applications, will be essential if Europe [is] not to depend on American launching vehicles. Member countries of the projected organisation should be invited to share costs.[3]

The outcome of this proposal was the creation, in 1964, of the European Launcher Development Organisation (ELDO), for the building up of which the British government offered, as first stage, the Medium-Range Ballistic Missile project Blue Streak, cancelled in April 1960, after the decision to replace it with the US air-launched ballistic missile Skybolt and then, after the Nassau Conference (December 1962), with the Submarine-Launched Ballistic Missile Polaris, as backbone of the British nuclear force.

---

[1] On the relationship between CERN and European space cooperation, see Krige, J., Russo, A., *A History of the European Space Agency, 1958-1987*, Vol. I, *The Story of ESRO and ELDO, 1958-1973*, Noordwjik, ESA SP1235, 2000.

[2] On the birth of ESRO see Auger, P., *The prehistory of ESRO. A personal Memoir*, AAVV, *Europe: two decades in space. Recollections by some of the principle pioneers*, Noordwijk, ESA, 1984. On the role of Edoardo Amaldi see De Maria, M., *Europe in space: Edoardo Amaldi and the inception of ESRO*, HSR-5, Noordwijk, ESA, 1993.

[3] TNA, DEFE 7/702, "International co-operation in space research. Draft prepared by the Foreign Office for consideration by the Steering Group on Space Research, Annex (secret), 15 February 1960", quoted in Sebesta, L., "Choosing its own way: European cooperation in space. Europe as a third way between science's universalism and US hegemony?", *Journal of European Integration History*, Vol. 12, No. 3, 2006, p. 27-55.

The birth of these two separated organisations marked the official entry of European countries in the space race, opened some years before, by the launch of the first artificial satellite: the Soviet Sputnik.

Like the two main competitors – USA and Soviet Union – also the European participation in the *space race* was full of political meanings connected not so much to its propagandist and military aspects, as for the increasing role of science and technology at that time.

The importance of science and technology as political tools was a consequence of the part they had during – and mainly at the end of – the Second World War, later increased by the development of the civil and military nuclear sector and of the strictly connected missile one, at least in terms – as means – of the nuclear contraposition between the two superpowers.

Even Europe in the 1960s was not exempt from the depth change in the role of science, so as to become, in this phase, a tool in the European integration process and, in general, for the conduct of foreign policy of some of these countries.

Furthermore, in a general context characterized by the increasing political weight of science, the European situation acquired some typical features. The use of scientific cooperation as tool for European integration and political cooperation had already occurred during the 1950s, as proven by the birth of Euratom, in 1957, as well as by a whole series of scientific cooperation initiatives launched by US government towards European allies and within the NATO, also in order to guarantee a constantly higher cohesion of Western bloc.

The opportunity to use the scientific cooperation as a means to strengthen the Atlantic Alliance was theorized in 1950 by the Special Assistant to the Secretary of State for the Military Assistance Program, Lloyd V. Berkner.

In his report, titled *Science and Foreign Relations*, mainly focused on the relationship between science and foreign policy, Berkner, after affirming the international and peaceful nature of science, described the possible role of this kind of cooperation in the new international context of Cold War.

Once recognized the undisputed role of science as guarantor of the economic wellness of nations (and therefore of their political security and stability), it was rational to affirm its usefulness in "counter the occurrence of economic depression and thus offset the threat of Communist infiltration".[4]

For this reason, Berkner suggested to add to the usual economic and military aids towards European allies, the scientific and technological ones. In that way, United States could have given a bigger contribution to the economic development of these countries and so, indirectly, to their domestic political stability.[5]

Another instance of the practical use of science as a means of foreign policy was the creation, within NATO, of the Advisory Group for Aeronautical Research and Development (AGARD) to encourage cooperation among member countries in the field of aeronautical technologies, chaired by one of the pioneers of modern aeronautics and astronautics, Theodore von Kármán.[6]

Furthermore, a similar example was the role played by American scientific community, with the undoubted support of the government, in launching the first project of European scientific cooperation: the CERN.[7]

The role of science in international relations deeply changed, in Europe, following the attempt, made by General de Gaulle, during the 1960s, to put forward both his strictly intergovernmental view of the European projects, and the attempt to reshape the roles within the Atlantic Alliance.[8] How? Also with the help of S&T.

---

[4] International Science Policy Survey Group, *Science and Foreign Relations. International Flow of Scientific and Technological Information*, Department of State Publication 3860, USGPO, Washington DC, 1950, p. 20-21.

[5] For a deeper analysis of the Berkner Report see Sebesta, L., *Alleati competitivi. Origini e sviluppo della cooperazione spaziale tra Europa e Stati Uniti 1957-1973*, Rome-Bari, Laterza, 2003, p. 10-13.

[6] See Van der Bielk, J. (ed.), *AGARD. The History, 1952-1997*, Ilford, SPS Communications, 1999; and Burigana, D., "Des 'valeurs' en action? L'AGARD ou la Communauté Atlantique des "savants" hommes d'entreprise de l'aéronautique européenne (1952-69)", in Aubourg, V., Bossuat, G., Scott-Smith, G. (eds.), *European Community, Atlantic Community?*, Paris, Soleb, 2008, p. 366-389. See also Krige, J., "NATO and the Strengthening of Western Science in the Post-Sputnik Era", *Minerva*, Vol. 38, No. 1, March 2000, p. 81-108.

[7] On the role of the American scientific community, and particularly the Nobel prize Isidor I. Rabi, see Vedi Belloni, L., "The Italian scenario", in Hermann, A., Krige, J., Mersits, U., Pestre, D. (eds.), *History of CERN*, Vol. 1, *Launching the European Organisation for Nuclear Research*, Amsterdam, 1987, p. 353-382.

[8] On the centrality of S&T in the redefinition of French national identity after Second World War was studied see Gilping, R., *France in the age of scientific state*, Princeton, Princeton University Press, 1968; and Hecht, G., *The Radiance of France: Nuclear Power and National Identity after World War II*, Cambridge, MIT Press, 1998.

A first suggestion in support of an instrumental use of S&T came from an unsuspected promoter, the OECD, which sponsored, in this decade, several studies aimed to the definition of methodologies to measure and compare competitiveness and growth among member States.

One of the suggested indicators was the national performance – and investments – in R&D field which, moreover, had been the subject of an innovative research project, carried out in 1963, that brought to the definition of the methodology, still used, for gathering, compare and using statistics on R&D: the Frascati manual.[9]

Thanks to the use of these new instruments it was possible to put in evidence the existence of a significant gap, between USA and Western Europe, regarding the Gross Domestic Expenditures on R&D (GERD), quantified in a ratio of 4 to 1 by a report commissioned by the OECD to Christopher Freeman e Alison Young of the British National Institute for the Economic and Social Research.[10]

Actually, presenting this worrisome result, the authors stressed that "l'existence de différences importantes entre les ressources consacrées à la recherche par deux pays ou deux régions, ne signifie pas nécessairement que la politique doive tendre à réduire la disparité".[11]

Despite this clarification, the report, presented in 1965, let to a large-scale public debate in Europe, often exasperated.[12] Among European countries, France was the first to better value this instrumental use of the so called technological gap debate as a fundamental part of its oppositions to the United States on every front: politics, business and culture.[13]

The first to make use of the highlighted technological gap in this terms was, in 1964, Pierre Cognard, chief of the Service au Plan of the

---

[9] The Frascati Manual, officially known as *The Proposed Standard Practice for Surveys of Research and Experimental Development*, was drew up, at the Villa Falconieri in Frascati (Italy), by a working group made of OECD experts and members of the NESTI group (National Experts on Science and Technology Indicators). In 2002 the OECD published its 6th edition.

[10] Freeman, C., Young, A., *L'effort de recherche et de développement en Europe Occidentale, Amérique du Nord et Union Soviétique. Essai de comparaison internationale des dépenses et des effectifs consacrés à la recherche en 1962*, Paris, OECD, 1965.

[11] *Ibidem*, p. 74.

[12] Sebesta, L., "'Un nuovo strumento politico per gli anni sessanta'. Il *Technological gap* nelle relazioni euro-americane", in *Nuova Civiltà delle Macchine*, XVII, No. 3, 67, 1999, p. 11-23.

[13] Kuisel, R., *Seducing the French: The Dilemma of Americanization*, Berkeley, University of California Press, 1993.

French Direction Générale de la Recherche Scientifique et Technique (DGRST) who was also the first one to define this gap as a "défi" posed by the United States to European countries.[14]

Thank also to the large involvement increased among the French – and European – public opinion following the publication of the French journalist Jean-Jacques Servan-Schreiber's best-seller *Le défi Américain*, the French government launched, in March 1965, a proposal within the EEC, to elaborate a plan for a better coordination of national research policies among member States.[15]

This brought to the creation, within the already existing Comité pour la Politique Économique à Moyen Terme (1964), of the working group Politique de la Recherche Scientifique et Technique (PREST), better known as Groupe Maréchal,[16] in charge of "étudier les problèmes que poserait l'élaboration d'une politique coordonnée ou commune de la recherche scientifique et technique, et de proposer les mesures permettant d'amorcer une telle politique".[17]

Despite space was on the most discussed topics in the technological gap debate, this issue was not one of the sectors of a possible community scientific cooperation proposed by the Groupe Maréchal in its first report released in July 1967.[18] The reason for that was explained by Servan-Schreiber in his book, where he argued the limits of European cooperation in space sector were to be found in the inability of those countries to get over the still strong *nationalistic nostalgia* for a clearer statement on common aims.[19]

---

[14] See Bouchard, J., "Le retard, un refrain français", *Futuribles*, No. 335, novembre 2007, p. 48-72.

[15] CHAN, côte 1977/321, art. 280, "Délégation française CEE, Note du Gouvernement française sur l'élaboration d'une politique commune de la recherche scientifique et technique, Bruxelles, le 4 mars 1965".

[16] André Maréchal (1916-2007) was an optical engineer who served as *Délégué Général à la recherche scientifique et technique*, since 1961 to 1968, before becoming the dean of the Supélec (École supérieure d'électricité) (1968-1969) and then Dean of the SupOptique (*Institut d'optique théorique et appliquée et École supérieure d'optique*) (1968-1984).

[17] Commission Européenne, DG Affaires Économiques et Financières, CPEMT, *Mandat pour un groupe de travail Politique de la Recherche Scientifique et Technique*, Bruxelles, le 9 avril 1965, quoted in Filippo Pigliacelli, *Una comunità europea per la scienza: un 'sogno dei saggi'? Alle origini della politica di ricerca e sviluppo delle Comunità europee (1949-1971)*, Ph.D. Thesis, Pavia, 2004.

[18] HAEU, BAC 118/1986, 1398, "Commission des Communautés Européenne, D.G. des Affaires Économiques et Financières, CPEMT, Rapport du Groupe de Travail Politique de la Recherche Scientifique et Technique, *Pour une politique de recherche et d'innovation dans la Communauté*, juillet 1967".

[19] Servan-Schreiber, J.-J., *Le défi américain*, Paris, Denoël, 1967.

3. The ELDO Falling Parabola and the British Proposal

The deeply pessimistic terms used by Servan-Schreiber in relation to the most ambitious part of European space effort – the one regarding the development of a European launcher – were, in fact, anything but groundless.

After their foundation, the two European space organisations came to follow two different paths. ESRO began implementing its scientific program mainly in the phase of scientific experiments throughout sounding rockets launching campaigns, launched from several shooting range (one in Italy, the Salto di Quirra range in Sardinia). A few years later, in May 1968, it also launched, by means of a US Scout launcher (Scout), its first scientific satellite – ESRO 2B – designed to study cosmic rays and solar X-rays.

The history of ELDO was very different, since it experienced political and technical difficulties from its very foundation. On the political side of the problem, the main impediment was the lack of a common ground, mainly between France and United Kingdom, on the political purposes of the organisation; on the other side, the main reason of the technical problems experienced by the so-called Europa – this was the name given to the launcher – was due to its design and conception process: three different stages (the first one was the British Blue Streak, the second was the French Coralie and the third one the German Astris) conceived and built up by three autonomous groups in three different laboratories, plus a "satellite test vehicle" made by a fourth country (Italy). A real nightmare from a managerial and also technological standpoint!

It was during ELDO's falling parabola that European space cooperation and European integration came into contact for the first time. The year is 1966 and the UK government led by Harold Wilson framed its proposal to join the EEC (officially presented in May 1967) based on a *quid pro quo* principle: the creation of a European Technological Community, in order to make it acceptable, first of all to general de Gaulle.

In fact, during a speech pronounced, the 14 November of that year at the Guildhall, Wilson proposed the creation of

[...] a technological community to pool within Europe the enormous technological inventiveness of Britain and the European countries so that we can able Britain on a competitive basis – not a protectionist basis, a competitive basis, to become more self reliant and neither dependent on imports nor dominated for outside, but basing itself on the creation of competitive indigenous European technology industry.[20]

As revealed, some years later, by the Minister of Technology Tony Benn, Wilson's aim was to raise some interest towards his proposal, both at a national and international level.[21] An aim which proved to be, in the light of facts, fully reached, even though it didn't get a real approval in most cases.[22]

The reasons encouraging Wilson's government to submit a new request for joining the Community are still nowadays object of debate and inquiry, primarily within the British historiographic circles.[23]

But, regarding Wilson's decision to play the "technology card", these are much more evident and understandable. The first one is that, at that time, UK was still clearly superior in the R&D sector to the most of European countries. This was an advantage not only in terms of know-how, but also in financial ones.[24]

The second reason was connected to the essential contribution of the country, not only to the existing organisations for scientific cooperation, like ELDO and ESRO, but also to the development of some of the most advanced projects, like the Anglo-French Concorde.

As for the link between these cooperation programs and the application for joining the Community, it laid on the fact that, in both cases, although the maintenance of British participation to them had been put in doubt, mainly from the second half of 1966 on, it was probably guaranteed right by the almost contemporary application to join the EEC.

---

[20] TNA, CAB 164/97, "The Prime Minister's speech at the Lord Mayor's Banquet, Guildhall, on Monday November 14, 1966".

[21] Considering the substantial vagueness of Wilson's proposal, Tony Benn explained how it was part "Harold's [Wilson] way of keeping the pressure on Europe". Benn, T., *Out of the Wilderness: Diaries 1963-67*, London, Hutchchinson, 1987, p. 481 (16 November 1966).

[22] The *Sunday Telegraph* primly commented: "Techno-Europe, as some call it, is still no more than a glint in Mr. Wilson's eyes". TNA, HF2/20, Walker, I., "New fields to conquer for Minister of Technology", *Sunday Telegraph*, 20 November 1966.

[23] Among the most recent publications are: Daddow, O.J. (ed.), *Harold Wilson and European Integration. Britain's Second Application to Join the EEC*, London and Portland, Frank Cass, 2003; Parr, H., *Britain's Policy Towards the European Community. Harold Wilson and Britain's World Role (1964-1967)*, Abingdon, Routledge, 2005.

[24] In 1967 the gross R&D expenditures as percent of GNP was in UK 2.4. In the EEC members countries it was: 0.98% in Belgium; 2.2% in France; 1.7% in Germany; 0.64% in Italy and 2.2% in Netherlands. For a deeper analysis and comparison see Nau, H.R., "Responses to R&D Problems in Western Europe: 1955-1958 and 1968-1973", in *International Organization*, Vol. 29, No. 3, Summer 1975, p. 617-653.

With regard to the Concorde program, this hypothesis is effectively confirmed by the available documentations. In particular, in a note to the Prime Minister, the Cabinet Secretary, Burke Trend, warned Wilson on the detrimental effects connected to a unilateral withdrawal from the program.

> The political arguments against withdrawing are without doubt very strong, particularly after we have already tried once to withdraw from the project and have been persuaded to stay in. [...] Moreover, we genuinely need European cooperation in technical development in this and allied fields. Indeed, we want it on a wider basis than merely with the French. It may be that cooperation between national firms will prove to be technically less satisfactory than the creation of international firms. But our reputation for reliability will be damaged if we now withdraw from Concord (however good the reasons); and our chances of developing international cooperation on any basis will be less if we allow this damage to happen.[25]

Even if actual evidences are still to be found, it could be argued that the Wilson's Cabinet had in mind the same political consideration when defining the conduct to be taken during the crisis blew up within ELDO in the late 1960s.

This second, and resolutive, crisis began in June 1965 after the French government presented a proposal intended to abandon the Europa project and start the building up of a new launcher – Europa II – capable of putting in orbit also telecommunication satellites.

The UK government was contrary to this change of program, first of all because of the consequent rise of the budget, so it was considering whether to opt out or, potentially, to withdraw from the organisation. Nonetheless, after the presentation of the ETC proposal, Wilson's Cabinet Office probably suggested him to concede to the French.

As is common knowledge, Wilson was not rewarded for his decision to stay, and de Gaulle's veto was one the conditions for ELDO's second and final crisis in 1969. The other one was the stark disinclination of the Italian government towards the new project after an element of the launcher to be built by a group of Italian firms was cancelled.[26]

---

[25] TNA, PREM 13/1308, "Pre-Cabinet brief from Sir Burke Trend, Cabinet Secretary, to the Prime Minister (Harold Wilson), The Concord Project, 29 June 1966" (C(66)88, 89 and 90).

[26] On the Italian role in the second ELDO crisis see Pigliacelli, F., "Italy, ESRO and ELDO", in De Maria, M., Orlando, L. *Italy in Space. In search of a strategy 1957-1975*, Paris, Beauchesne, 2008, p. 107-158; and p. 127-133.

4. The Beginning of a New Phase

After Wilson's second attempt to join the EEC, space intersected again the European process a few years later, in the early 1970s, when Altiero Spinelli, the newly appointed Commissioner for Research and Industrial Policy, proposed the launch of a common research policy. Spinelli did not explicitly propose the space as a field of action of the new policy, since he knew it would have been impossible to win over the majority of states opposition. On the contrary, he used the cooperation in space as a clear example of the detrimental results of a limited intergovernmental cooperation.

Actually Spinelli's argumentations were not a novelty, since they were brought forward, some year before, by some commentators during the technological gap debate.

The first one was Servan-Schreiber who proposed, in his famed book, the launch of a European "common effort" in space field, what he called the "minimum fédéral" in order to assure a European presence in space.

A similar auspice was presented by the British economist, and great expert in the field of S&T, Christopher Layton, who explained the situation of space cooperation in this way:

> A gardener who decides to plant a tree, leaves it lying about unplanted for three years, and when at last it is in the ground digs it up each year to shake it, prune it and generally knock it about, should not be surprised to find that the tree ails, and shows little sign of comparing in health, let alone size with the mighty oaks which tower beside it. Certainly he has no right to declare indignantly that this kind of tree won't grow. Yet this is an exact analogy with the treatment European politicians have given to the frail plant of a common European space endeavor.[27]

Layton's role, also in this debate, significantly changed in 1972, when Spinelli appointed him as his *Chef de Cabinet*. Thanks to this new responsibility he could take part, as central character, to the definition of the Commission proposals for a new architecture of European S&T cooperation, envisaging also the direct involvement of the Community in the space sector, at least as its financial supporter.[28]

---

[27] Layton, Ch., *European advanced technology. A programme for integration*, London, Allen & Unwin, 1969, p. 162.

[28] Commissione europea, "Obiettivi e mezzi per una politica della ricerca scientifica e dello sviluppo tecnologica", COM(72)700, 14 giugno 1972, in *Bollettino delle Comunità europee*, Supplemento 6/72.

In actual fact, this and others initiatives launched by the Commission, also in other fields,[29] were part of the strategy defined by the Commission in order to catch up and possibly increase its role of "political engine" of the Community. This detail can be helpful to understand why, despite its clear importance – at least economically – the involvement of the Community in space affairs was refused, choosing the member states to remain in the field of a strictly intergovernmental cooperation.

As for space, the definitive failure of ELDO, led, in 1975, to the establishment of a unique organisation, the European Space Agency (ESA). The essence of its intergovernmental nature was the distinction between a compulsory program (mainly including the former ESRO scientific program) and an optional program, including all the operative – and more expensive – operative/industrial projects, such as the Ariane[30] and the Spacelab.[31]

Furthermore, it was decided to keep in the text of the ESA Convention, the so-called "fair return" principle, previously affirmed in the ESRO one.[32] If it rationale was right – that is "defending" the European (or better to say national) rising aerospace industry – its application had brought, in the previous 15 years of space cooperation, to several unconstructive situations, permitting that many contracts being let on political and partisan grounds rather than to the lowest or most qualified bidder.

The establishment of a more stable institutional framework, which satisfied the wide diversity of national politics logics, made possible the fulfillment of crucial aims, as the successful maiden launch, the night of 24 December 1979, of the first European launcher: Ariane 1.

The context in which the European space sectors developed in the 25 years following the foundation of ESA changed at the end of the

---

[29] One of this was, for example the external relation.

[30] The Ariane 1 was a three-stage launcher with lift-off mass of 210 000 kg able to put in geostationary orbit one satellite or two smaller of a maximal weight of 1 850 kg. This launcher was used until 1986, when it was finally replaced by the improved version Ariane 4.

[31] In September 1973 ESRO and NASA agreed to build a modular science package for use on Space Shuttle flights: the Spacelab. The construction started in 1974 and the first module was given to NASA in exchange for flight opportunities for European astronauts. Spacelab was used on 25 shuttle flights between 1983 and 1998. See Lord, D.R., *Spacelab: An international success story*, NASA, 1987.

[32] Governed by Annex V to the ESA convention, it stated that the ratio between the share of a country in the weighted value of contracts, and its share in the contribution paid to the Agency, must be of X per cent (e.g. 0.98%) by the end of a given period. This ratio is called the industrial return coefficient.

1980s, mainly for three reasons. Firstly, during the 1980s space showed its economic, as result of the emergence of a space applications market, particularly in communication and telecommunication fields.[33]

The second reason was more related to the transformation of the international system. The outbreak of several conflicts in the 1990s – first of all the I Gulf War – showed to the participating European countries how the use of satellite applications (communications, observation and navigation) in support of conventional war operations could make their positive outcome more sure, but also less expensive in terms of casualties.

Finally, during the 1990s, despite its increasing economic and political value, European space registered a drastic reduction of national budgets, caused, in some cases, by the cost related the end of the Cold War (i.e. German reunification), but also by the coming out of a negative trend in European economies.

Probably, the mix of these different reasons brought to a new convergence in the trajectories of the European space cooperation and that of integration process.

From a strictly political point of view, the decision taken in 1999, by the European Ministers to call on the European Commission and the Executive of the European Space Agency to elaborate a coherent European Strategy for Space represented a cornerstone.[34]

A year later, on 16 November 2000, these two trajectories finally came together, when, for the very first time the Councils of ESA and EU met on the same date and in the same place (Brussels) to adopt two resolutions that would have constituted the common framework for the definition of a "European strategy for space".[35]

As stated in this occasion by the then ESA's Director General, Antonio Rodotà: "Through these resolutions, European space policy takes a first step into a new phase in which space systems become an integral part of the overall political and economic efforts of European states – whether members of ESA or the EU – to promote the interests of European citizens".[36]

---

[33] See Brunt, P., Naylor, A.I., *Telecommunications and space*, Schwarz, M., Stares, P. (eds.), *The Exploitation of Space. Policy trends in the military and commercial uses of outer space*, Butterworths, London 1985, p. 77-94.

[34] ESA Council at Ministerial level Resolution, Brussels, 11 and 12 May 1999 and 2112th EU Council meeting-Research, Brussels, 2 December 1999.

[35] "ESA and the European Union adopt a common strategy for space", *ESA Press Release*, No. 74/2000.

[36] *Ibidem*.

As a matter of fact, the political decisions taken between 1999 and 2000 were the consequence of the evolution already under way in the European space sector and other related fields.

The launch, since 1998, of the European navigation satellite system Galileo[37] and the decision to convert the WEU satellite centre, located in Torrejón de Ardoz (Madrid)[38] into an EU agency – formalized in the Nice Treaty – made no more extendable the definition, at the political level, of the future relationship between European integration and space.

Notwithstanding, the debate on the future of European space cooperation had again to deal with objective difficulties related to the definition of a cooperation architecture able both to manage in agreement – encompassing all its political, economic, legal and military matters – the development taking place and conciliate it with the pre-existing structures.

Born as a collection of national interests, the European Space Agency could not be the sole instrument to support and possibly increase the presence of Europe – and European firms – in space, let alone to compete with the US.

Furthermore, tightly involved was the issue of military applications, which instead formed an integral part, and at least supposable finality of the EU participation in space related activities. The ESA peaceful purposes (affirmed in article II of its Convention) and its membership (with two neutral countries: Norway and Switzerland) pinned down, both legally and politically, its possibility to take part in programs with both military and civil purposes.

The legal – but also political – solution to the ESA and EU development of defence-related programs was found, first of all, in the adoption of a broad definition of security, based on the concept of "security of citizens", dealing with both military and civil (i.e. natural disasters). But also basing the future programs on the development and use of dual-use technologies, to be employed for both civil and military aims.

Galileo is a clear example of this solution. In fact, it is a purely civilian-managed program with also security application (first of all the so-

---

[37] On the development of the Galileo program see Pigliacelli, F., *Una nuova frontiera per l'Europa. Storia della cooperazione spaziale europea (1957-2005)*, Bologna, Clueb, 2007.
[38] The Torrejón satellite in order to provide WEU of a facility able to receive and examine images and data yielded by national observation satellite systems for military and civilian purposes. For more details on the satellite work and task see http://www.eusc.europa.eu.

called public regulated service).[39] The other, and probably less known, program is the GMES (Global Monitoring for Environment and Security).[40] Like Galileo, it is mainly a civilian program with security-oriented capabilities, since it will offer Europe a global observation system.

The second step was to provide the Community/EU with the legal base to act in this field. This happened with the Constitutional Treaty, particularly, article III-254 (now article 189 of the new Lisbon Treaty), which affirms:

> 1. To promote scientific and technical progress, industrial competitiveness and the implementation of its policies, the Union shall draw up a European space policy. To this end, it may promote joint initiatives, support research and technological development and coordinate the efforts needed for the exploration and exploitation of space.
>
> 2. To contribute to attaining the objectives referred to in paragraph 1, European laws or framework laws shall establish the necessary measures, which may take the form of a European space programme.
>
> 3. The Union shall establish any appropriate relations with the European Space Agency.

Once established the legal framework, time was came for the definition of a suitable political architecture before the entering into force of the new Treaty. This process was started in 2003 by the Commission, in cooperation with the ESA Executive, through the launch of public consultation on a Space Green Paper[41] and then with the publication, in November, of a White Paper.[42]

As stated by the Commission, this document was not intended to define the future policy, as the thorny question was still to find a common ground among the three main actors: ESA, EU and members states nation space agency.

---

[39] The public regulated service is one of the signals provided by Galileo with a higher level of protection against jamming attacks and will be used mainly for security purposes. The objective of the PRS is to improve the probability of continuous availability of the signal in space, in the presence of interfering threats, to those users with such a need.

[40] The now called Kopernikus program is the European initiative to combine satellite and other observation data to provide value-added information services. For more information see http://ec.europa.eu/kopernikus.

[41] European Commission, *Green Paper. European Space Policy*, 2003.

[42] European Commission, *White Paper. Space: a new European Frontier for an expanding union. An action plan for implementing the European Space Policy*, November 2003.

For this reason the signature, in that month (November 2003), of a Framework Agreement between ESA and EU for "the coherent and progressive development of an overall European Space Policy"[43] appeared to be a proof of the will to point to a deeper intermingling between ESA and the EU. This was further confirmed, in November 2004, by the meeting of the first European Space Council. In that occasion, ministers representing the EU and ESA members states began drawing up a common European space program, conceived as a common, inclusive and flexible platform encompassing all activities and measures to be undertaken by the EC, ESA and other stakeholders (e.g. national organisations) in order to achieve the objectives set in the broader European space policy.

This program was jointly drafted by the European Commission and ESA's Director General and then approved in May 2007 by the fourth Space Council.[44] The main achievements can be summarized as follows:

– the role of the European Space Policy in support of the EU's external relations, "insofar as the EU, ESA and their Member States will put in place a coordination mechanism to develop a joint strategy for international relations regarding space activities".

– an increased synergy between civil and defence space programmes and technologies.

Regarding to the future governance of European space activities as whole, the resolution was slightly more vague, just inviting the "to draw on the management and technical expertise of ESA for managing the European Community-funded R&D space infrastructure programmes with ESA coordinating the relevant agencies and entities in Europe", so reaffirming the role of the EC-ESA Framework program as the legal context for this cooperation and the only way to assure a consensual approach to definition of this – still hypothetical – future policy.

5. Conclusion

Nowadays, the further development of the European space sector, after the dramatic evolution, since the beginning of the 21th century, regarding both its contents and its structure, seems to depend on the kind of answer the involved actors will give to the question: how to balance all the interests, and so meeting everybody's needs and expectations? Despite the considerable headways of the 2003-2004 a clear answer is still to be given.

---

[43] ESA-EU, *Framework Agreement between the European Community and the European Space Agency*, Brussels, 25 November 2003. It entered into force in May 2004.

[44] 4th Space Council, *Resolution on the European Space Policy*, Brussels, 22 May 2007.

With regard to the EC, the new art. 189 doesn't solve the key problem of space governance. In fact, it seems to support the implementation of space policy as an ancillary – or crosscutting – policy with respect to other issue-areas. Furthermore, it would be a *déjà-vu* in the history of European and/or common policies, since the same situation characterized and strongly influenced – and still it influences – the story of another policy, that is the European R&D one.

It is a matter of fact that it will be very hard to find a compromise among such different interests – that is the interests of national agencies, ESA and, finally, the Community. One possible solution could be to simplify the landscape, first of all transforming ESA into a Community agency or choosing a minimalist approach characterized by the simple drawing down, as the 2003 Framework Agreement, of guidelines in order to develop common programs.

By doing so, the development of this new policy could be similar to that of the research policy. It will probably ensure it the political and financial conditions needed to act, but at the price of conditioning its further development. And, as someone has said, it "would be even worse than having no policy at all".[45]

---

[45] Madders, K., Thiebaut, W., "Carpe Diem: Europe must make a genuine space policy now", in *Space Policy*, No. 23, 2007, p. 7-12.

'Le jeu de dupes'...
The SNECMA/General Electric Agreement or Survival and Cooperation in Aircraft Cooperation between "Communitarian" Tensions and Atlantic Alliance

David BURIGANA

Università di Padova

> La domination de l'industrie américaine n'est pas liée à une domination de sa technologie en tant que telle, mais à la maîtrise du marché et par là même, du moment de l'introduction de l'innovation et du choix du domaine d'application de la technologie.[1]

1. A Long-term Approach to the "poussée technologique" inside Aircraft "Coordinated" Production in Europe

Marc Giget suggests an answer, or better a trace to follow on the relationship between technological innovation and aircraft cooperation in Europe, and all this in the context of the Euro-American competition in the 1970s that became an Intra-European competition at the eve of the 1980s. In fact, Giget wrote in 1981 when he is Director of SEST in Paris, the Groupe d'Études Sociologies, Économiques et Stratégiques sur la Technologie. Pierre Muller quoted Giget's book in his report on Airbus to the French Commissariat général au Plan, where he treated the theme of "rythme de l'innovation". Muller's hypothesis, that historiography has retained,[2] was that the success of Airbus operation is owed to

---

[1] Giget, M., *Évolution de la position relative des industries aéronautiques civiles de l'Europe et des États-Unis sur le marché mondial (1955-1985)*, Paris, SEST, 1981, p. 43; quoted by Muller, P., *Airbus. L'ambition européenne. Logique d'État, logique de marché*, Paris, L'Harmattan et par le Commissariat Général au Plan, 1989, p. 171.

[2] For instance by the conference on Airbus organised by the Institut français d'histoire de l'industrie : Chadeau, E. (ed.), *Airbus, un succès industriel européen*, Paris, ed. Rive Droite, 1995.

the French choice for the "logique du marché", and not for the traditional attitude in aeronautical cooperation, that was the "logique d'État", represented by the close observance of "juste retour", and of which the most relevant fruit at the time was Concorde. On the contrary, the main objective of Airbus operation was not to produce a technological *exploit*, but above all, a plane "à vendre". The first Airbus model, A300 (launched in June 1969) didn't hold any technological innovation, while the second of the family, A310 (launched in July 1978), presented only a feeble "ouverture technologique". The real "rupture technologique" had to arrive with the third model, A320 (launched in March 1982), which held several *premières*: an advanced electronic two pilots flight deck with six fully integrated Electronic Flight Instrument System colour displays, and side stick controllers in place of traditional electromechanical means and conventional control columns; the fly-by-wire flight control system that is computer controlled, providing flight envelope protection, and including stall protection, which makes it virtually impossible to exceed certain flight parameters such as 'g' limits and the aircraft's maximum operating speed and angle of attack[3]; engines was controlled by Full Authority Digital Engine Control as well as the *détection automatique de panne*, Centralised Fault Display System. This carried into effect a concept widely shared nowadays that is 'tout à l'avant' or Forward Facing Crew Cockpit.[4] Apart from a small weight saving, the main advantage of flight by wire control system is security, where control inputs from the pilot are transmitted to the flying surfaces by electronic signals rather than mechanical means. The launching of such a system within Airbus should be studied through a cross analysis of French facts[5] and British ones,[6] because its origins date back to the contacts and engineers exchanges between Aérospatiale and Hawker Siddeley Aviation, apart from the *poussée* by Airbus engineers in order

---

[3] Wilson, S., *Ariliners of the World. A comprehensive directory of all the world's airliners since 1914 with 3000 entries spanning every stage of civil air transport from fabric and wire biplanes to fly-by-wire widebody jets*, Flyshwick, Aeropsace Publications, 1999, p. 19.

[4] Picq, J., former Financial Director of Airbus, and then adviser of French Prime Minister, *Les ailes de l'Europe. L'aventure de l'Airbus*, Paris, Fayard, 1990, p. 222.

[5] CHAN-CAC, Archives de la Direction Générale de l'Aviation Civile, 53 T 1329, Programme Airbus s.d., Rapport, "Poste de pilotage à deux, proposition, Toulouse, s.d.".

[6] BAeHA, F 1277, R. Cradock and J. Wilson, *The development and use of the British Aerospace Advanced Flight Deck*, on an intervention at Royal Aeronautical Society, January 1982, two mouths before the launch of A320, but above all L.F. Bateman, Assistant Chief Electrodynamics Engineer Commercial Aircraft Division British Aircraft Corporation, *An Evolutionary Approach to the Design of Flight Decks for future Civil Transport Aircraft. A paper presented on 9th September, 1976 to the Guild of Air Pilots and Air Navigators*.

to persuade the decision makers of Airbus Groupement d'Intérêt Économique, and then their respective governments.

Trough this 'pre-eminently' European project, such as Airbus, we are able to perceive the range of a research targeted on technological innovation in aircraft cooperation in Europe, a field characterized by relevant relapses. We could lay on three specific fields of 'innovation': fuselage – the revolution of wide-body – avionics – Forward Facing Crew Cockpit and Flight By Wire system – finally, engines which, apart from the choice of a specific engine for every model of Airbus, and more than the two former research sectors, invite us to debate on Trans-Atlantic and Intra-European cooperation and competition because of the US 'incumbents' rush to an agreement with European 'colleagues': Pratt & Whitney and General Electric negotiating with Rolls-Royce, SNECMA (Société Nationale d'Études et de Construction de Moteurs Aéronautiques), MTU (Motoren und Turbinen) and Fiat Motori Avio too. The SNECMA/GE agreement is the final masterpiece of these complex manœuvres.

While economists have taken interest in the relationship between market and introduction of technological innovation,[7] our long-term analysis starts from a political-institutional approach because we aim above all to map the decision-making process. In other words, on one hand counting exclusively on the higher state authorities, namely Heads of State or Government, Cabinets and Ministers, and on the other hand disregarding the role of other centres of decision making at national level as well as at the transnational one, History of International Relations as well as History of European Integration could risk, in our opinion, to lose a meaningful part of their explanatory capabilities. Such decision-making centres are only apparently peripheric. In my researches, they have acquired more and more relevance, and especially since the second half of the 1960s. Following Tornado project,[8] Airbus

---

[7] In Italy: Bonaccorsi, A., *Cambiamento tecnologico e competizione nell'industria aeronautica civile. Integrazione delle conoscenze e incertezza*, Milan, Guerini, 1996; Prencipe, A., *Competenze tecnologiche, divisione del lavoro e confini d'impresa. Il caso della motoristica aeronautica*, Milan, Franco Angeli, 2000; Giuri, P., *Economia e strategia delle relazioni verticali nell'industria dei motori d'aereo*, Milan, Franco Angeli, 2003.

[8] For Italian case: Burigana, D., "Partenaires plutôt qu'adversaires. Les militaires, un lobby vers l'interopérabilité de la technologie des armements au sein de l'intégration européenne? Le Comité FINABEL et l'avion Tornado vus par le prisme italien", in Dumoulin, M. (ed.), *Socio-Economic Governance and European Identity*, Quadernos de la Fundación Academia Europea de Yuste, No. 1, Yuste, 2005, p. 25-40; and Burigana, D., "L'Italia in volo! Il ruolo dei militari italiani nella cooperazione aeronautica fra politica di difesa e politica estera: il caso del Tornado (1964-1970)", in Romero, F., Varsori, A. (eds.), *Nazione, interdipendenza, integrazione. Le*

has given us the opportunity to deal with the interconnection of different "players" in the context of European construction[9] and to revise our analysis that reinforced its validity anyway. Our research on aircraft cooperation in Europe suggests three points for developping an analysis on technological innovation as an *atout* of Trans-Atlantic and Intra-European competition / cooperation in aircraft production:

1°) first of all, the re-consideration of the role played in Foreign policy making process by governments, by higher state authorities engaged particularly in the "poussée technologique", i.e. in that specific process where only engineers would be able to understand the originality and the technical potentialities of their "inventions" but, anyway, without defining completely all their commercial consequences. An example is the negotiation of the SNECMA/General Electric agreement in 1971 at the origins of the present CFM International, the Franco-American consortium holding today 54% of the civil engine market in the World. This is the test case that we will analyse in this paper thanks to the White House original documentation. In our opinion, it will give some interesting suggestions particularly regarding the historiography on Trans-Atlantic relations and European construction.

2°) The point of view of firms is yet the fundamental one, above all when they are in touch with their governments, and this apart from their nature of private or state-owned enterprises. The participation to Airbus of the Hawker Siddeley Aviation gave to HMG the possibility to stay in contact with Airbus operation, and this when, at the same time, London played on other tables, thanks to the British Aircraft Corporation, the second British *champion national*, and then without leaving completely the context of the eventual advantages of European construction.[10] On the other hand, with regard to the technological innovation, HSA had to develop new wings for Airbus. This work has given HSA the commercial opportunity, and the technological knowledge to re-launch in July 1978 the research for their civil version of V/STOL (Vertical / Short Take Off and Landing), a project started in 1962, re-announced offi-

---

relazioni internazionali dell'Italia (1917-1989), Volume secondo, Rome, Carocci, 2007, p. 167-186.

[9] Burigana, D., "L'Europe, s'envolera-t-elle? Le lancement de Airbus et le sabordage d'une coopération aéronautique 'communautaire' (1965-1978)", in *Journal of European Integration History*, vol. 13, No. (2007), p. 91-109.

[10] Cfr. Burigana, D., Deloge, P., "La cooperazione europea a una svolta? Armamenti e aeronautica fra Alleanza atlantica e Comunità europea (1967-1977)", in Varsori, A. (ed.), *Alle origini del presente. L'Europa occidentale nella crisi degli anni Settanta*, Milan, Franco Angeli, 2007, p. 193-219.

cially in August 1973, and finally carried out in the autumn 1981, that is the present BAe 146, 387s of all models built up today.[11]

3°) At last, relating to the innovative recent book by John Krige,[12] we should like to know, on one hand, the real significance of Intra-European technological exchange, and on the other, if the US approach to control any cooperation in aircraft production was the same particularly in the 1970s, the crisis decade of US "hegemony". The SNECMA/GE agreement is alleged to suggest a negative answer; nevertheless Washington didn't change policy towards technological leadership. The example of Roland missile suggests it yet. Boeing didn't mask the object given by US Government to Seattle's firm: to cooperate with Roland consortium in order "to bring the European technology in the USA".[13] The Aeritalia/Boeing agreement[14] in October 1971 for the "co-production" of B7x7, the future B767, and signed with the consent of their governments, proves very well that, when US enterprises hold the leadership, they fight for it by riveting, *en clouant* any possibility for exportation of technology that could be potentially harmful to their leadership, i.e. any exportation towards possible challengers, and US Government sustained them in this "combat". In fact, in the case of B7x7 agreement any exploitation of technologies applied or developed during the project was forbidden to Italians, except in the framework of other programmes with Boeing.[15] On the other hand, Aeritalia had been bound to future development of B7x7, apart from its commercial success or failure, and Rome received from Seattle only the promise, and

---

[11] BAeHA, F1278, "Europe's Airbus-the world's quietest and most fuel efficient widebodied airliner", in *Engineering*, September 1976, p. 636-640; Donald H. Dykins, Deputy Chief Aerodynamicist, "A wing for the Airbus", in *Physics in Technology*, November 1976; A.J. Jupp, Type Arodynamicist, Airbus, "Wings of Success", in *Touchdown*, 1980/2, but the original work of 1971.

[12] Krige, J., *American Hegemony and the Postwar Reconstruction of Science in Europe*, Cambridge Mass., MIT Press, 2006.

[13] BA, Roland News Releases/Clippings 1979, Boeing Aerospace Company, Public Relations, Donald B. Brannon, *New Roland Contract Furthers Weapons Exchange with NATO Allies*, Seattle, 30 October 1979.

[14] Italian national concentration constituted by Fiat Aviazione, Aerfer and Filotecnica Salmoiraghi (with Fiat-Finmeccanica capital), at Naples, and in activity since January 1972.

[15] BA, 2952/1, History of B767, Participants Status. *Ibid.*, RMG/mlh 12/16/74, Boeing/Aeritalia Program. "Subject: Legally Binding Obligations – Current Assessment. Reference: (1) Memorandum of Understanding dated October 21, 1971, as amended; (2) Letter Agreement dated November 29, 1973, plus Referenced Draft of New Memorandum of Understanding; (3) Official Minutes of Various Joint Board Meetings held from February 1972 to November 1973. The following summarizes the current legal obligations existing between the parties in accordance with the referenced documents".

not a formal engagement, to establish a "research laboratory", and to respect "the goal of the Italian Government", i.e. not to bet on Turin laboratories, but to launch the production in the South of Italy.[16]

2. 1972-1975: The Intergovernmental Framework of a "communautaire" Technological Policy and the Meaning of the 'Torpedoing' of European Aircraft Cooperation[17]

On 15 November 1971, considering the expiration on 31 December 31 of the annual duty exemption of 5% on imported aeronautical materials, the European Commission received a *mémoire* supporting the renewal signed by SABENA, KLM, Lufthansa, Air France, Alitalia, and with a letter by Airbus Industrie too.[18] At the same time, US diplomats knew,[19] that there was no chance for the request sent to the Commission, on 19 October by Henri Ziegler, President of Aérospatiale and of Airbus, on behalf of Union Syndicale de l'Industrie Aéronautique et Spatiale Française, of which he was President too.[20] On 11, in fact, the Commission met the Coreper but neither of them asked for removing the suspension.[21] On 20 July, the Commission sent a communication to the Council concerning the actions of industrial and technological policy for aeronautics.[22] In fact, in Paris summit (19-21 October 1972), the Heads of State or Government of the nine Member States of the enlarged European Community, who meet for the first time, declared that it was "necessary to seek to establish a single industrial base for the

---

[16] During the parliamentary debate on Law 26 May 1975, No.184 on the relaunch of aircraft sector with in attachment the MoU Aeritalia/Boeing signed on 21st October 1971, and revised on 21st May 1974, Communist MP Giuseppe D'Alema denounced that Italy ended by paying research made by Boeing without nothing in retour, not the research laboratory promised for the southern Italy. *Atti Parlamentari. Camera dei Deputati. VI Legislatura. Discussioni, Seduta del 14 maggio 1975*, p. 22121.

[17] Cfr. Burigana, *L'Europe, s'envolera-t-elle?*, op. cit., and Idem, "Per uno 'spazio aereo europeo', o l'impossibile via all'integrazione (1972-1978)", in Di Sarcina, F., Grazi, L., Scichilone, L. (eds.), *Europa vicina e lontana. Idee e percorsi dell'integrazione europea*, Firenze, CET, 2008, p. 165-177.

[18] HAEU, BAC 28/1980 21.

[19] NARA, RG 59 SNF 70-73 Ec 632, Telegram 3471, US Mission EC, Brussels, 22 November 1971.

[20] Dickes, A., "Paris asks for aircraft tariff", *Financial times*, 20 October 1971.

[21] TNA, FCO 14 837, UK Delegation to European communities, to J. Treble, DTI, 21 October 1971.

[22] HAEU, BAC 28/1980 21.

Community as a whole" and that "this involved [...] the promotion on a European scale of competitive firms in the field of high technology".[23]

In January 1973, Baron Jean Van Houtte, President of SABENA, and Minister of State, wrote to the President of the Commission, François-Xavier Ortoli,[24] always about the renewal of the suspension of tax/duty in favour of the USA. Two months later, in the name of Union Syndicale de l'Industrie Aéronautique et Spatiale Française, but following a consultation with his European colleagues, also Ziegler wrote to Ortoli on the same issue. In May,[25] a working group of the European Council met, as a representative of the Commission, Christopher Layton, chief of Cabinet of Altiero Spinelli, Member of the European Commission in charge of Industrial, Technological and Scientific Affairs, and they produced a project for a "guerre tarifaire". Subject to French, German, and Italian reservation anyway, this project aimed to propose mainly that one of the discussion points inside the GATT had to be the mutual abolition of tax/duty on aircrafts, engines and spare parts. On 20 October, *Le Monde* reported the call of 11 firms to the Commission in order to protect their production against the US competition inside the European market.[26] This was the sense of Ziegler's letter to Ortoli : "Political decisions must be taken very promptly if existence and independence of European aeronautical industry is to be assured, for otherwise only solution will be to resign ourselves in more o less near future to modest and limited role of subcontractor for American industry".

At national or communitarian level, nobody acted upon these requests, then which was the real policy of London, Paris, and Bonn? "One thing on which the French and German Governments are agreed is that collaboration on aerospace is essentially a matter for Governments and the role of the European Commission should be limited". This was written by S.W. Treadgold of the British Department of Trade and Industry in July 1972 about the activities inside the Tripartite Group, established by London in cooperation with Bonn and Paris on aircraft

---

[23] UEO, Résolution No. 52, 19 juin 1973, *Sur une politique pour l'aéronautique civile et militaire en Europe.*
[24] HAEU, BAC 28/1980 21, Letter, 12 January 1973.
[25] TNA, CAB 168 163, Telegram No. 2903, UK Representative, Palliser, Brussels, 30 May 1973, Confidential.
[26] BAC, Hawker Siddeley and Westland, Aeritalia, Fokker, Fokker-VFW, Dornier, MBB (Messerschmitt-Bölkow-Blohm), SNIAS and Dassault-Bréguet; NARA, Access to Archival Databases (AAD), Wars/ International Relations: Central Foreign Policy Files in http://aad.archives.gov/aad/series-list.jsp?cat=WR43 [henceforth NARA, files online], Telegram, Amembassy, Irwin, Paris, 24 October 1973.

cooperation.[27] "Maintaining close contact with the European Commission while recognizing that their influence in this field is likely to be limited, and that we do not want at this stage to encourage their pretensions". The way to be followed was only the intergovernmental one, and not the 'communitarian' one. In fact, German representatives inside the Tripartite Group, Engelmann and Schomerus,[28] remarked that it was becoming more and more necessary to progress with the dialogue between London, Paris, and Bonn on a common policy. They thought nevertheless that, at the time, the best tactics were to rely on the necessary approbation of the Commission project by the Council. Engelmann and Schomerus observed that "the exploitation of the Commission document would be a tactical ploy. Their general attitude that this was a matter between Governments rather than for the Commission had not changed". As for the Commission, this could be "a forum for discussion but little else of positive nature", because "they [European Commission] could well have a negative effect by setting up rigid procedures which would limit our freedom of action". The Action Plan for a European aeronautics, which Spinelli was producing, was a good starting-point but on condition that the Plan could rely on existing cooperation programs like the "variable geometry" of Tornado, and Airbus Without a common policy on a military as well as a civil European air space, such a Plan was "utopian". The note of German Cabinet came to this conclusion.

On 6 March 1975, German Ambassadeur in Paris von Braun met French Defense Minister Yvon Bourges who had produced a Declaration on European aircraft industry, and consequently Spinelli proposed his Action Plan to him.[29] The German government agreed with the French Cabinet: it was necessary to combine all forces in common programs in order to "rationalize" production capabilities. European engine firms had another opinion. In February 1974, in front of their colleagues of the production of fuselage, or better of aircraft assembly, engine firms asked for negotiating with US enterprises like Pratt & Whitney and General Electric. The cooperation with US incum-

---

[27] TNA, T 225 3890, draft on Aircraft Industry – European Integration, Air 3, S.W. Treadgold, 18 July 1972. This "club", as defined by Germans, had to be closed on 8th February 1974. The new HMG Wilson announced the nationalisation of aerospace industries in October 1974; Note by the Ministry of Economics, 21 January 1975, quoted in *Akten zur Auswärtigen Politik der Bundesrepublik Deutschland* [henceforth *AAPD*], *1975, Vol. I*, Munich, Oldenbourg, 2006, Doc. 68, Note by Fett, p. 329.

[28] Engelmann was *Ministerial Direktor* (Assistant Secretary) in the Ministry of Economics, in charge of industrial production, and Schomerus was in charge of aircraft affairs.

[29] *AAPD, 1975, Vol. I*, Doc. 68, Note by Fett, cit.

bents was the only way to penetrate the world market, the most important.[30] As regards US firms, at the end of the 1960s, they considered as a real potential danger the possibility that Rolls-Royce and/or SNECMA should be able to supply Airbus.[31] From this context, SNECMA/GE agreement had to be signed.

3. 'The Others'... SNECMA, GE and the Search for a Partner

On 19 May 1970, Fred J. Borch, President and General Director of GE met Georges Pompidou.[32] The French President said to him:

> Vous devez comprendre qu'à terme le but de la France doit être que la SNECMA, avec des liens étrangers sans doute, soit capable de développer et de construire les grands réacteurs. Notre industrie aéronautique est importante, la plus importante du continent européen, et sans doute la plus brillante en dehors des États-Unis. Il est clair qu'elle ne pourra pas vivre sans pouvoir compter sur une industrie viable de moteurs d'avions.

SNECMA was not able to manufacture these engines, "pour des raisons financières et sans doute techniques aussi, sans un arrangement avec un étranger. Quel sera cet étranger ? Pratt & Whitney ? General Electric ? Rolls-Royce ?". Borch thanked Pompidou "de parler aussi clairement". In fact, GE was studying with SNECMA a possible agreement in order to create a completely new engine.

> La plus grande partie de la recherche et du développement se ferait à la SNECMA avec notre aide. Il est trop tôt pour dire ce qu'il en adviendra, mais les possibilités semblent fort intéressantes. D'autre part, nous sommes parfaitement conscients du fait que la France doit disposer d'une capacité technique totale en matière de moteurs d'avions.

In July 1971, GE asked the State Department for an export license, which had to facilitate the preliminary works for the new engine. The application of GE concerned the prototype F101, the engine developped for the new bomber B-1. The idea of GE was to use it for the future series of CF6-50 engine that had to supply Airbus A300B. A month later, French General engineers Guibe, Lachaume and Mesnet on behalf of their Sous-secrétaire d'État à l'Aviation met some representatives of

---

[30] Fiat, Alfa Romeo, Motor und Turbo Union, Rolls-Royce, Volvo, Turbomeca and SNECMA.
[31] NARA, RG 59 CF 67-69 527, Telegram of the Departement of State to Amembassies in Bonn and London, 15 November 1969; and Telegram No. A-6113, Amembassy, Fessenden, Bonn, November 1969.
[32] Esambert, B., "L'Airbus : un projet européen mais non communautaire", in Chadeau (ed.), *Airbus...*, *op. cit.*, p. 71-72.

the American Department of Defense in order to verify the feasibility of an agreement between SNECMA and GE or Pratt & Whitney. US representatives observed that exclusively the technological level of P&W JT9D engine or of CF6-50 by GE would have permitted a very good participation of the US firms to a joint venture with SNECMA, without the necessity to disclose any secret information on the most advanced programs, i.e. strategic bomber B-1, or F-14 or F-15 fighters. At the same time, Pratt & Whitney processed a licence application through the Commerce Department on the premise that JT9D technology was not derived from a military engine but from a commercial one. The JT9D contained same degree of know-how as that in the GE CF6-6.[33] In November, after the examination of GE, P&W and Rolls-Royce proposals, SNECMA suggested to the French government to sign the agreement with GE for the development of a 10-ton engine.[34] On 7 December 1971, the French government announced that GE had been selected by SNECMA. On 13 and 14, at Azores, Pompidou and Nixon agreed on the extension of the export license, limited initially to only CF56, to the technology of the military engine XF101. On 29 December, the industrial agreement was signed by SNECMA and GE in order to develop the future CFM-56 assigned to the civil market, and to military air tankers.

The use of the B-1 engine in the cooperation agreement with SNECMA was quoted for the first time by Gerhard Neumann,[35] Vice President of Aircraft Engine Group of GE in a letter to the Secretary of USAF Robert Seamans[36] in February 1972.[37] On 2 May 1972, GE asked for the export licence of F-101 engine.[38] SNECMA/GE agreement had

---

[33] NARA, Nixon, NSC-CO 680, Memorandum GE/SNECMA Options Group to Ed David, 17 July 1972, Confidential.

[34] Esambert, *op. cit.*, p. 72.

[35] Born in Germany in 1917, engineering student during the Third Reich, he went in China in 1939, and he ended the Second World War as an heroes, as a pilot of Flying Tigers, since 1948 at GE. Among his creations at GE, the development of the variable-stator jet engine, that increased the air flux in its compressor, and in this way it held a more powerful trust. His autobiography: *Herman the German: enemy alien U.S. Army master sergeant*, New York, Morrow, 1984. Last but not least, in 1971 Neumann became *Chevalier de la Légion d'Honneur*.

[36] Former NASA Deputy Administrator and Professor at MIT, Department of Aeronautical Engineering. Seamans was also member of the technical committees of the organisation preceding NASA, i.e. the National Advisory Committee for Aeronautics (1948-1958), as an adviser in the Scientific Advisory Board of USAF (1957-1959), as a member of the Board (1959-1962), and Associate Advisor (1962-1967); National Delegate, AGARD (1966-1969). His biography, *Aiming At Targets*, Washington, NASA, 1996.

[37] Memorandum GE/SNECMA Options Group to Ed David, 17 July 1972, cit.

[38] *Idem.*

to be improved in 1977.³⁹ They foresaw 2 billions of francs for the development, and the French government was supposed to cover 50%. Both firms were expected to gain 35 billions of francs for 6 or 7,000 engines up to 1995.

4. "Having Dangerous Dealings with Europe…": the US Analysis of GE/SNECMA Perspectives

On 15 June, a "SNECMA/GE Committee" presided over by a representative of the Council on International Economic Policy, Executive Office of the President, was established in order to estimate the technological, commercial, economic and political factors of SNECMA/GE agreement. The report was finished on 17 July. As Edward E. David, Science Advisor of President Nixon, and Director of the White House Office of Science and Technology (1970-1973), said the White House had⁴⁰

(1) to assure early development of a 10-ton commercial engine;

(2) to minimize export of high-technology while capturing a substantial part of US overseas jet engine market;

(3) to avoid a major confrontation with the French;

(4) to avoid domestic criticism of Administration policy for handling government-developed technology.

On 21 June, during a conversation with the Deputy Secretary of Defence Ken Rush, Lancelot-Basou of the French Embassy in Washington declared that "he found reluctance in Washington to pursue the GE/SNECMA cooperative effort".⁴¹ Apart from the desire of Defense Department to cooperate with the French colleagues, Rush excluded the possibility to give the most high technologies. Five days later, the French Foreign Minister Maurice Schumann wrote to Henry Kissinger, Assistant to the President for National Security affairs, about the SNECMA/GE license […]. "S'il s'agit seulement de sécurité", there were no more problems.⁴² On 27, a French note on CFM-56 development,⁴³ by Chargé d'Affaires, Emmanuel de Margerie, was sent to Helmut Sonnenfeldt, Senior Staff Member at the National Security Council and confident of Henry Kissinger for Federal Republic of

---

³⁹ NARA, RG 59 SNF 70-73 Ec 632, A-150, Amembassy, Watson, Paris, 15 February 1972.
⁴⁰ NARA, Nixon, NSC-CO 680, Memorandum Edward E. David to Kissinger and Flanigan, 15 June 1972.
⁴¹ Memorandum GE/SNECMA Options Group to Ed David, 17 July 1972, cit.
⁴² NARA, Nixon, NSC-CO 680, L. 801 C. Memorandum.
⁴³ Memorandum GE/SNECMA Options Group to Ed David, 17 July 1972, cit.

Germany, as well as for European and Soviet affairs. This note was a "technical memorandum" where the French government remarked the necessity of the technology of the future engine for B-1. The "level of technology" was "crucial to the export license, not the military or commercial origin of the engine hardware or funding, and this hardware was not classified". This memorandum concluded by emphasizing "a willingness by French authorities to hold to the CF6 performance limitations (i.e. delete the core) and that this use would not have entailed a transfer of technology to SNECMA above that in the CF6".

On 1 July, Pompidou wrote to Nixon and he suggested some specific security measures.

> Je peux difficilement croire, pour ma part qu'un programme aussi exemplaire pour la coopération entre nos deux pays, et qui m'avait semblé recueillir votre accord l'an dernier puisse prendre fin de la sorte. J'ai donné des instructions aux administrations responsables de notre gouvernement afin qu'elles accélèrent l'examen de la demande déposée par GE en vue d'une licence d'exportation du moteur et de la chronologie qui y est liée.

The Ad Hoc Group for GE-SNECMA sent to Edward David a Memorandum for the President on 17 July.[44]

The French Government proposed the establishment of a Groupement d'Intérêt Économique. GE suggested that "there was a trend to overseas manufacturing of commercial engines and that, without significant cooperation with foreign producers, the US world market share could drop from 80% today to 50% or less by 1990". GE remarked "the willingness of the French loan of $225 million" and that it was absolutely impossible for SNECMA to provide money for the whole business by herself. "Should the SNECMA deal be disallowed", GE affirmed that a "European Consortium is ready and willing to replace them, thus leading to the development of an all-European engine, with adverse consequences for US market share and exports". The partner of SNECMA could have been Rolls-Royce. In front of this contingency, likely GE overstated – or so it seemed at the time, because the future had to prove they were right – the capabilities of the agreement with the French firm, putting forward the hypothesis that SNECMA/GE had to turn out more engines than any another 'combinat' in the USA. GE would say any combination of the competing P&W with a European firm.

The US Defence Department maintained that the technology of the core engine of B-1 was superior to any other US or foreign engine at the time: "Release of this technical information would most certainly have

---

[44] *Idem.*

compromised the US lead in turbine engine technology". From the military point of view, the release of B-1 engine "would have provided the Soviets with direct access to US most advanced engine technology and give them a significant advantage in development lead time and effort in reaching equivalent performances".

> The engineer-to-engineer working relationship, which had to occur when the core was married to the completed engine, would undoubtedly have brought about a transfer of technology to French engineers.

As defined by the agreement, SNECMA had to take the leadership of the whole project. The most relevant element was the dispatch French engineers in the USA. As the Ad hoc Committee remarked.

> Engineers who had worked with several different companies agreed that it was difficult to transfer technology by drawings or hardware alone. Technology transfer importantly resulted from learning that accompanied the 'hands on' persistent activity of development, testing, failure, and correction of failures. Even though sample hardware, drawings, manufacturing techniques, process specifications, material specifications and other data could be furnished in abundance, a 'real' transfer took place when joint teams of engineers worked together in solving the problems during the evolution of a working engine.

The second most relevant element regarding technological transfer was the technical management:

> The French are capable in their own individual speciality areas but are not prone to actively pursue another people's technical area in the hope of achieving a more integrated or better design. Their top-level managers are described more as being polite, or gentlemen rather than tough drivers.

The National Aeronautics and Space Council suggested that "in conclusion, the market was potentially a large one, approaching 4,400 engines for a best guess estimate, assuming that the 10-ton engine was successfully developed". But at the White House, Ed David was wondering: "would the US engine technology and manufacturing base have been preserved or diluted by such a venture?". Even if the USA contested the technological transfer, GE observed that:

> [...] a delay would seriously be cut into their development programs and they would have had to lay off additional engineers. Because of the drastic cutback already experienced, GE claimed this additional cut would substantially weaken their ability to remain a viable contractor for the military. The question then became: how many large aircraft manufacturers did US Government need in the US, or the world?

In the end, GE took advantage of the agreement, because the US firm could have used French government financing, and the most important market for the future engine was expected to be Europe, which represented 23% of the world market. Hence, Airbus was supposed to become very useful for the introduction of the engine.

From the French point of view, the goal was to provide themselves with a complete assembly chain of engines that didn't exist in France at that time. They had to strengthen their military sector too. Paris aimed in a middle term perspective to penetrate the US market representing about 52% of the world market of commercial aircraft against 3.5% for France. In the early 1970s, SNECMA was the world's 10th supplier of commercial transport engines, and thanks to the cooperation with GE she could hope to be placed among the top four places.

In conclusion, in July 1972, Ed David told Kissinger that there was no method to solve the question of technological transfer and Trans-Atlantic competition on a long-term perspective:[45]

1. The US still did not have a clearly defined path to acquire a ten-ton engine;

2. Simply denying the F101 license outright would have yielded unacceptable consequences in US relations with the French Government;

3. however, approving the F101 license as proposed by GE would have posed unacceptable risks of technology transfer and the export of management skill, and would eventually have introduced SNECMA as a fourth major competitor in an already-crowded industry;

4. the option of granting a licence at the CF6-50A level was unrealistic, since the engine did not exist in the 10 ton scale and could be developed without about $150 million more of development and two years of work.

The Department of State remarked that 'le meilleur des mondes possibles' was:[46]

[...] maintaining US aerospace leadership through a major role in the development and production of an advanced technology engine in the 10 ton class; ensuring the maximum contribution of such a project to the balance, of payments; minimizing the transfer of technology which could weaken the US leadership role; maximizing the employment of US aerospace industry resources; minimizing the unfavourable impact of any decision on US foreign policy interests.

Then, it was necessary to secure the competition between GE and P&W in Europe but at the same time to link European firms to the US system, as the Department suggested. "Under acceptable conditions, in

---

[45] NARA, Nixon, NSC-CO 680.
[46] NARA, Nixon, NSC-CO 680, Theodor L. Eliot, Executive Secretary, Department of State to Kissinger and Peter Flanigan, White House, Memorandum replying to GE-SNECMA project on 2 August, 9 August 1972.

such a way that there would have been little incentive for a separate European initiative in this field, while at the same time minimizing the transfer of advanced US technology abroad".

The interest showed by the French high officials proved that probation would be very well received "as a significant indication that the United States was willing to export the fruits of high technology for use in multinational commercial projects". On the other hand, a US refusal could be interpreted "as a further example of US failure to pursue international cooperation in the field of high technology". They could quote this refusal "as another instance of US policies which had so far discouraged US cooperation with the enlarging European community in such projects as the aeronautical satellite, post Apollo projects, and the production of enriched uranium". The establishment of a European consortium could be encouraged.

5. The US Decision, and the French *contre-manœuvres*

On 28 August, Nixon approved Kissinger's decision:[47]

> should we limit ourselves to a reasoned explanation of why we have turned down the B-l core licence application, or should we inform the French that while we are disapproving the licence request we would be pleased at some point in the near future to enter into government-to-government discussions on the possible transfer of this technology.

On 4 September, on the Assemblée Nationale's headed paper, the General and MP Paul Stehlin[48] wrote to his friend Henry Kissinger in favour of the SNECMA/GE agreement:[49] "which would be the consequences of a US refusal?". Apart from gathering around Rolls-Royce European firms against the American ones, and although having convinced Flygmotor (Sweden), Fabrique Nationale d'Herstal (Belgium), Motoren Turbinen Union (Federal Republic of Germany) that this agreement might be very advantageous for the future of engines in Europe:

> Firstly, it would have favored the position of those who asked for customs barriers against US planes for Europe, for a united action of European aero-

---

[47] NARA, Nixon, NSC-CO 680, C/S./Eyes only.
[48] Paul Stehlin, a heroes of war, was killed on 22 June 1975 by an accident caused by a bus at Place de l'Opéra in Paris, on the same day when his name appeared in the press, and particularly in the list of European personalities paid by US firms in order to support their aircraft, especially Lockheed and in Stehlin's case Northrop; Marck, B., *Dassault, Boeing, Douglas et les autres... La guerre des monopoles*, Paris, Picollec, 1979, p. 98-103.
[49] NARA, Nixon, NSC-CO 680; and the reply by Kissinger, 1 November, and by Peter M. Flanigan, Assistant to the President, 27 October.

engine constructors to stop American competition, and this at a time when the European market offered the US relatively greater chances of development than at home.

Secondly, it would certainly have started a new anti-American campaign in France, since the matter had been given great publicity, and hindered the French Government in its sincere efforts of closer links, in all fields, with the US.

Finally, it would have pushed back, for a number of years, the introduction in America and Europe of a pollution-free and silent engine.

On 15 September, Kissinger met Pompidou, and in private he confided to him that "while the United States could not grant the licence at this time, they did not rule out that it could be possible for them to take another look at this entire issue during the coming year".[50] On 27, Schumann noticed the regret of Pompidou.[51] On 6 October, the French Minister for Transport, Robert Galley, who was in charge of the SNECMA/GE affair, and also of Airbus, affirmed that, if the negotiations had to be unsuccessful, "il faudrait que les États-Unis revoient leur taxe d'importation de 5% pour les avions tandis que la CEE n'en impose pas".[52]

6. "Go-it-alone"... the European Attitude in Front of the Technological Competition with the USA

On 18 September 1972, the National Security Council Interdepartmental Group for Europe directed by Walter John Stoessel Jr,[53] Assistant Secretary for European Affairs produced a report on Euro-American relations for Kissinger[54] where the GE/SNECMA agreement was just one of many points discussed in the note.

Efforts by Western Europeans to pursue a "go-it-alone" policy with regard to research and development in the area of science and technology could impact upon the operations of the multi-national corporations, including the

---

[50] NARA, Nixon, HSDM H-240, NSC Decision Memorandum, Kissinger, aux Secretaries of State, Defence, Trade, Treasury, 19 septembre 1972.
[51] NARA, RG 59 SNF 70-73 Ec 632, Telegram 3539, US Mission UN, New York, 28 September 1972, Secret.
[52] NARA, Nixon, NSC-CO 680.
[53] Diplomat in Poland (1968-1972), where he established his first contacts with Chinese in order to organise Nixon visit, and then in Soviet Russia (1974-1976), and Federal Republic of Germany (1976-1981).
[54] NARA, Nixon Project, NSSM H 194, NSC Interdepartmental Group for Europe, Walter J. Stoessel Jr, Assistant Secretary for European Affairs, to Kissinger, Study on US Relations with Europe, 18 December 1972.

willingness of American firms to continue investing in the European area. By restricting the export of technology, US could exacerbate European attitudes toward the over $20 billion of US direct investments in Europe, and feed Europe's 'go-it-alone' attitude, which would have impacted upon the political, military and economic areas. Efforts to sell US defense products in Europe while the US continued to 'buy American' were seen as discriminatory by Europeans, and might in the long run lead to a reduction in US defense sales to Europe while the Americans paid more for buying their defense equipment at home.

The report suggested three approaches:

Firstly, to move towards closer, more integrated relations with Western Europe in all spheres, through enhanced cooperation and possibly through new treaty and institutional relationships. As regarding specifically scientific and technological items:

– moving towards a policy of mutually unrestricted access to US and European technology;

– encouraging on the basis of reciprocity mutual participation in each side's governmental-sponsored research and development, including permission freely to use their results;

– providing unrestricted use of government furnished high technology services, e.g., space vehicles, launch assistance, nuclear fuel supply, enrichment technology on concessional terms;

– facilitating on the basis of reciprocity, entry into the US market of products of European high technology, e.g., Concorde.

The second approach: "to attenuate relationships with Western Europe, allowing institutional ties to deteriorate if necessary". Washington ended by having less close relations with Europe, and from a techno-scientific point of view the consequences could be "denying US scientific and technological knowledge [...] and excluding European participation in US research and development [...]; giving priority and preferential treatment to domestic industry in the use of government-provided high technology [...] restricting, where possible, introduction into the US of competitive European high technology products, e.g., Concorde". As third approach: "to pursue the present policy of maintaining security arrangements, as well as giving equal weight and attention to improving the US economic position through reform of the world economic system".

There was another field of confrontation; the US investment's in European industries, which had enjoyed plenty of freedom and ran the risk of being stopped now. Consequently the bases of the US multinationals established in Europe could end up shaken.

Above all, the most relevant element seemed to be "the realization that the European governments identified their access to advanced technology as a crucial element of their economic strategy". In the previous years, Western Europe had started to neglect their commercial or investment policy in favour of techno-scientific development.

> As Western European economic and technological capabilities had improved, efforts were being made to develop a more independent and more competitive position in areas of advanced technology, which were regarded as essential to a prospering economy, as elements of security and as politically attractive status symbols. Meanwhile, as the US had moved from its early position of virtual monopoly in this field, concern was growing over the need to maintain US trade, investment and employment advantages.

If protectionist measures could not be accepted, the report resumed, the "cooperative programs involving the sharing of some US technology served in many cases to promote the long-term competitive position of US high-technology products, to provide expanding opportunities for US investment and often to slow the development of independent European competitive programs and products". Political, economic, and security interests of the USA "affected by the international flow of high technology through industrial and governmental channels were closely interrelated". This meant that "specific policy issues in US/European scientific and technological relations had to be dealt with over the next several years in full appreciation of the complexities and interrelationships of the problems and less than full certainty regarding the broader consequences of the policy adopted".

A question to be discussed was technological transfer at international level. "The emphasis on high technology development in European industrial policy and the determination of some Europeans – particularly the French – to resist reliance on US technology, had to pose challenges for US policy and strategy towards Western Europe". It was necessary to make clear "US overall policy objectives and to refine US institutional arrangements for policy implementation". It was essential to have an exact formulation of the US policy controlling the exportation of technology as a consequence of research programs financed by the USA. It was not possible to neglect Research and Development programs.

Particularly as far as aeronautical technology was concerned, the USA dealt with a very favourable situation following the Second World War, which European allies tried continuously to upset. In order to preserve this privileged situation, "an astutely balanced strategy involving some sharing of US advanced technology" was necessary. The traditional way of bilateral relations could represent the ideal solution, on one hand the UK entry in the EEC, and on the other German Ostpolitik could well attenuate the techno-scientific relations that were traditionally close with the USA.

In February 1973, Pratt & Whitney was organising a group – Turbo Union – constituted by Rolls-Royce, MTU and Fiat for the production of a 10-ton engine in 1976. Like GE/SNECMA *entente* for Airbus, this new 'consortium' aimed to supply an engine to Boeing/Aeritalia 7x7, but to new Airbus too. As a consequence of this parallel rush for an agreement with European firms, the technology counselor of Nixon, William Magruder, remarked that the USA presented two giants of engine production that were competing in Europe in order to reduce to three the engine suppliers in the world.[55] "Not a very healthy posture" considering the critical situation of the market, Magruder underlined. For this reason, the US industries asked Washington to reduce the risks of investment because [...] "Foreign governments backing of their industries puts our manufacturers at a poor bargaining vantage point during joint venture negotiations".

7. A Second US Decision… or why Was not a "Politique Aéronautique Commune" Launched?

Although GE postponed the exportation of their technological innovations up to the end of 1974, they assumed the leadership of the common project with SNECMA while the engine production had to start in both countries. The Foreign Ministry of Federal Republic asked the US Embassy in Bonn for some explanation on the efforts by P&W, GE and Boeing in order to arrange cooperation agreements with FRG and the other EEC members.[56] German future decisions in aircraft field would be "strongly influenced by US views on such arrangements, and whether US firms such as P&W and GE were permitted to export the required technology". On June 6, the State Department declared to be ready for negotiating with German firms in order to exchange technology.[57] The Nixon administration had decided to search in Europe for money to invest in US aeronautical firms. In Reykjavik, on 31 May-1 June 1973, Nixon said to Pompidou that Washington accepted to export the high technologies of B-1's engine, but by including an attachment

---

[55] NARA, Nixon, WHF-BE 36, Memorandum by W.M. Magruder to President, 13 February 1973; and NARA, RG 59 SNF 70-73, Ec 632, Telegram 14724, Amembassy, Irwin, Paris, 25 May 1973.
[56] NARA, RG 59 SNF 70-73 Ec 634, Telegram No. A-4915, Amembassy, Hillenbrand, Bonn, 8 May 1973.
[57] NARA, RG 59 SNF 70-73 Ec 634, Telegram, Department of State, Secretary W.P. Rogers to Bonn, 6 June 1973.

specifying that "the French Government will not seek new tariffs against US aircraft imports into the European Community".[58]

On 22 June, the press announced the GE/SNECMA agreement remarking that "it was the inability of European industrialists to agree among themselves and their divisions which most captured the attention, as well as the originality of such transatlantic agreements in a sector such as the aeronautical industry where, until now, Europe sought to find its identity only by opposing the United States"[59] Yet the Americans had asked French counterparts for another favour: "An undertaking by the French that they would not have imposed the suspended tariff on aircraft and components on US imports into EEC during the life of the license [...] SNECMA officials had previously indicated that such an undertaking should not cause any difficulty for the French government"[60] [...] and in fact Paris would have satisfied Washington, but like other EEC members. By agreeing with London, Bonn, La Haye, Paris disregarded, as we saw, the request of European aircraft suppliers for a "défense tarifaire" as well as the hypothesis of a "Politique Aéronautique Commune". They decided for the intergovernmental way to European cooperation in aircraft production, as represented by Airbus, and not for the "communitarian" one. In the end, all EEC members followed the Italian attitude towards Boeing proposition for B7x7. As Spinelli suggested, Rome ended by doing the right thing: "a relevant cooperation with the USA in order to reinforce herself, and then to be able to proceed alone" towards other cooperation programs.[61]

---

[58] NARA, Nixon, HSDM H-240, National Security Decision Memorandum 220, Henry A. Kissinger to Secretaries of State, Defence, Trade, Treasury, 4 June 1973, Confidential; and Memorandum Flanigan to President, 25 May 1973, Confidential.

[59] NARA, RG 59 SNF 70-73 Ec 632, Telegram 17288, Amembassy, Irwin, Paris, 22 June 1973.

[60] NARA, RG 59 SNF 70-73 Ec 632, Telegram 23072, Department of State, Rogers, to Amembassy, Paris, 27 June 1973.

[61] Spinelli, A., *Diario europeo, Vol. II (1970-1976)*, edited by E. Paolini, Bologne, Il Mulino, 1991, p. 510.

Auteurs / Authors

Christophe Bouneau

Ancien élève de l'École Normale Supérieure de Saint-Cloud et agrégé d'Histoire, Christophe Bouneau est professeur d'histoire économique et sociale contemporaine à l'Université Michel de Montaigne Bordeaux 3 et directeur de la Maison des Sciences de l'Homme d'Aquitaine (MSHA), membre du Bureau du Réseau national des MSH. Spécialiste de l'histoire des réseaux techniques et de l'énergie, du développement régional, de l'innovation et du tourisme, il a notamment publié *Modernisation et territoire. L'électrification du grand Sud-Ouest de la fin du XIXe siècle à 1946*, Bordeaux, Fédération historique du Sud-Ouest, 1997, 736 p. ; *Networks of Power, L'électricité en réseaux* (dir. avec Pierre Lanthier), Paris, Victoires Éditions, 2004, 192 p. ; plus récemment, avec M. Derdevet et J. Percebois, *Les réseaux électriques au cœur de la civilisation industrielle*, Paris, Timée Éditions, 2007, 178 p. ; préface de A. Piebalgs, Commissaire européen à l'énergie et *Entre David et Goliath. La dynamique des réseaux régionaux. Réseaux ferroviaires, réseaux électriques et régionalisation économique en France du milieu du XIXe siècle au milieu du XXe siècle*, Bordeaux, éditions de la MSHA, 2008, 558 p. Il codirige actuellement un programme international de recherches interdisciplinaires sur *Les trajectoires de l'innovation* et il est membre du Comité d'histoire de la Fondation EDF.

Yves Bouvier

Maître de conférences en histoire contemporaine à l'université de Savoie (Chambéry). Après l'agrégation d'histoire et une thèse intitulée *La Compagnie générale d'électricité : un grand groupe industriel et l'État. Technologies, hommes et marchés (1898-1992)* et soutenue en 2005.à l'université Paris-Sorbonne, il a animé le Comité d'histoire de l'électricité de la Fondation EDF Diversiterre dont il est le secrétaire scientifique. Ses travaux ont porté sur l'histoire de l'électricité et des entreprises de télécommunications. Dernière publication : avec Alain Beltran, Christophe Bouneau, Denis Varaschin, Jean-Pierre Williot, *État et énergie. XIXe-XXe siècles*, Paris, CHEFF, 2009.

David Burigana

Master (1997) in Contemporary History (University La Sorbonne-Paris IV) on *Franco-Soviet Political Strategic Relations (1930-1939)*; PhD in History of International Relations (University of Firenze) on *Soviet Russia as strategic problem for Paris, London, and Rome (1930-1939)* (2002); Prix "Gorbachev" (2004) by Fundación Academia Europea de Yuste (Spain), Research Fellowship (2005) in Institut des Hautes Études Européennes (University Robert Schuman-Strasbourg III) for a project on *Eurocorps*, and post-Doctoral fellowship (2004-06) by University of Padoua, where is at the moment Research Fellow; member of *CIRSM* (*Centro Interuniveristario di Ricerche e Studi storico-militari*) directed by Prof. N. Labanca (University of Siena), of *GEHEC* (*Groupe d'Études d'Histoire sur l'Europe contemporaine*) directed by Prof. M. Dumoulin (Université Catholique de Louvain-la-Neuve), and of *Association internationale d'histoire contemporaine de l'Europe*; he visited private and State archives in Belgium, France, England, Italy, Spain and USA. Author of *Armi e Diplomazia. L'Unione Sovietica e le origini della Seconda Guerra Mondiale (1919-1939)*, Firenze, Ed. Polistampa, and of articles and papers on armaments and aeronautical cooperation in Europe, and Air transport since the 1950s, operational aspects of European Defence, interaction between civil and military production.

Mauro Elli

Mauro Elli got a PhD in European integration history at the University of Pavia (Italy) with a dissertation on UK-Euratom relation up to 1963. He further received a grant by the University of Milan to investigate certain aspect of the Italian nuclear power activities from mid 1950s to early 1970s, notably the construction of the British-designed atomic station at Latina and the issue of transfer technological know-how to the benefit of ENI Group. He published several scientific contributions and actively participated to a number of national and international historical conferences. His field of interests are: history of international relations with special regard to the European construction; history of science and technology in their political and commercial bearings. He currently cooperates with the Centre for Foreign Policy and Public Opinion Studies of the University of Milan.

Laura Grazi

Laura Grazi earned her PhD in contemporary European history from the University of Pavia in 2005. She holds a post-doctoral fellowship from the University of Siena, where she is contract professor of History of European Integration. She is affiliated to the Centro di ricerca sull'integrazione europea (CRIE). She is the author of one monograph on EU urban policies (*La questione urbana nel processo di integrazione europea (1957-1999)*, Bologna, Il Mulino, 2006) and has co-edited two books on the EUs history (Europa *vicina e lontana. Idee e percorsi dell'integrazione europea*, Firenze, CET, 2008; *Europa in progress. Idee, istituzioni e politiche nel processo di integrazione europea*, Milan, Franco Angeli, 2006). Her new research project is devoted to the Socialist Group in the EP from 1957 to 1992.

Pascal Griset

Pascal Griset, né en 1957, est Agrégé des Universités et Docteur en histoire. Professeur à la Sorbonne (Université Paris-IV), historien des entreprises, il est plus particulièrement spécialiste de l'histoire économique et technique de l'information. Il préside la Section 42 du Comité National du CNRS. Au sein de l'UMR Irice, il anime le Centre de Recherche en Histoire de l'Innovation (Paris IV). Il collabore régulièrement aux travaux de la Society for the History of Technology (SHOT) ainsi qu'au réseau de recherche européen « Tensions of Europe » dont il est membre du comité scientifique. Ancien auditeur à l'Institut des Stratégies Industrielles il est actuellement vice-président de l'Association pour l'Histoire de l'Informatique et des Télécommunications et administrateur du Comité d'Histoire de la Poste, il participe au comité de rédaction des revues Hermès (CNRS) et Flux (ENPC).

Les révolutions de la communication XIXe-XXe siècles, a reçu le prix 1992 de l'Institut Européen des Affaires. Sa thèse de doctorat : *Technologie, entreprise et souveraineté : les télécommunications transatlantiques de la France*, a été primée par l'Institut d'Histoire de l'Industrie. Il a récemment publié avec Georges Pébereau : *L'industrie une passion française*, Presses Universitaires de France, 2005 et avec Alain Beltran : *Histoire d'un pionnier de l'informatique. 40 ans de recherche à l'Inria*, EDP Sciences, 2007.

Francesco Petrini

Francesco Petrini est maître de conférence auprès du Département d'études internationales de l'Université de Padoue. Parmi ses publications : Il liberismo a una dimensione. *La Confindustria e l'integrazione europea 1947-1957*, Milan, Franco Angeli, 2005; « L'Europa alla ricerca di un'alternativa: la Comunità tra dipendenza energetica ed egemonia statunitense », in D. Caviglia, A. Varsori (dir.), *Dollari, petrolio, aiuti allo sviluppo. Il confronto Nord-Sud negli anni 1960-1970*, Milan, Franco Angeli, 2008; (avec Garavini, G.), « Continuity or change ? The

1973 Oil Crisis Reconsidered », in L., Varsori, A. (dir.), *Europe in the International Arena During the 1970s: Entering A Different World*, Peter Lang, Bruxelles, forthcoming.

Filippo Pigliacelli

Filippo Pigliacelli earned her Ph.D. in contemporary European history from the University of Pavia with a thesis on research and development politicy of EEC. He was in the international group for history of ESA. He taught è dottore di ricerca in storia dell'integrazione europea con una tesi sulla genesi della politica di ricerca e sviluppo della Comunità europea. Ha fatto parte del gruppo italiano del progetto storico dell'Agenzia Spaziale Europea. Ha insegnato Storia delle relazioni internazionali e Storia dell'integrazione europea presso l'Università di Bologna. È esperto di cooperazione spaziale, civile e militare.

Sigfrido Ramírez Pérez

Sigfrido Manuel Ramírez Pérez est chercheur post-doc de la Fondation Espagnole de la Science et la Technologie (FECYT) du Gouvernement d'Espagne auprès de l'Institut d'histoire économique de l'Université Bocconi Milan. Il est aussi collaborateur scientifique du Centre pour l'étude de l'histoire de l'Europe contemporaine, Université Catholique de Louvain-la-Neuve, et membre du Comité de direction français du Gerpisa (Groupe d'Études et de Recherches Permanent sur l'Industrie et les Salariés de l'Automobile), EHESS-CNRS-Université d'Evry Val d'Essone, Paris. Docteur (Ph.D.) en histoire de l'intégration européenne à l'Institut universitaire européen de Firenze avec une thèse sur les entreprises multinationales et l'intégration européenne, il est diplomé en Histoire contemporaine, Sciences politiques et de l'administration, Traduction et langues étrangères appliquées au commerce (Universités de Lyon III et de Grenade). En outre, il a été boursier EAP Graduate Student à l'Université de Berkeley en Californie, et Erasmus à l'École des Hautes Études en Sciences Sociales (EHESS) de Paris.

Johan Schot

Johan Schot (1961) is professor in social history of technology at the Eindhoven University of Technology. He is research director of the Foundation for the History of Technology, and of the Foundation for System Innovation and Transitions towards Sustainable Development. He is a fellow of the N.W. Posthumus Institute for social and economic history. He is co-founder and chairing (with Ruth Oldenziel) the Tensions of Europe Collaborative Network and Research Program. He was the program leader and main editor of the research program and book series on the History of Technology in the Netherlands in the 20th century. He founded (together with Kurt Fischer) the Greening of Industry Network. In 2002 he was awarded a VICI grant under the Innovational Research Incentives Scheme for talented scholars (highest category) by the Netherlands Organization for Scientific Research (NWO) for his proposal Transnational Infrastructures and the Rise of Contemporary Europe. In 2007 he was awarded a Fernand Braudel Fellowship by the European University Institute in Firenze. In 2009 he was elected to the Royal Netherlands Academy of Arts and Sciences (KNAW). His teaching, research and publications range from history of technology, science and technology studies, European history to transitions and sustainability studies.

Laura Scichilone

Laura Scichilone got a PhD degree in "Institutions, ideas and political movements in contemporary Europe" from the University of Pavia (Italy). She is Master in European Studies "The Process of Building Europe". Presently she is researcher in History of European Integration at the *Centro Interdipartimentale di Ricerca sull'Integrazione Europea*, at the University of Siena (Italy). She is also member of Associazione Universitaria di Studi Europei (AUSE-ECSA). In particular she studies the history of the European Community/Union environmental policy. Among her latest publications: *L'Europa e la sfida ecologica. Storia della politica ambientale europea (1969-1998)*, Bologna, Il Mulino, 2008; with F. Di Sarcina, L. Grazi (eds.), *Europa vicina e lontana. Idee e percorsi dell'integrazione europea*, Firenze, Centro Editoriale Toscano, 2008.

Arthe Van Laer

Arthe Van Laer (1977) est licenciée en histoire et agrégée de l'enseignement secondaire supérieur de l'Université catholique de Louvain (Louvain-la-Neuve). Elle est maître de conférences aux Facultés universitaires de Namur (FUNDP) et à la Haute École Louvain Hainaut (Mons), et chercheuse à l'Université catholique de Louvain. Sa thèse de doctorat porte sur la politique industrielle des Communautés européennes dans les secteurs de l'informatique et des télécommunications (1965-1984).

Antonio Varsori

Antonio Varsori is full professor of History of International Relations and teaches History of the European integration at the Faculty of Political Sciences of the University of Padua, where he is also the

Director of the Department of International Studies. He is the deputy-chairman of the liaison committee of historians at the European Commission and member of the editorial board of the *Journal of European Integration History*. He is the editor of the collection "Storia Internazionale dell'età contemporanea" of the Franco Angeli publishing house and co-editor with E. Bussière and M. Dumoulin of the collection "Euroclio". He has published extensively on the cold war, the European integration, Italy's foreign policy and Britain's foreign policy. Among his most recent publication in volume: *Inside the European Community: Actors and Policies in the European Integration 1958-1972* ed. (Baden-Baden, Nomos, 2006); *Alle origini del presente. L'Europa occidentale nella crisi degli anni '70* ed. (Milan, F. Angeli, 2008); *L'Italia e l'integrazione europea. Un bilancio storico (1957-2007)*, ed. with P. Craveri (Milan, F. Angeli, 2009); *La Cenerentola d'Europa. L'Italia e l'integrazione europea dal 1947 a oggi* (Soveria Mannelli, Rubettino, forthcoming 2010); *European Union History Themes and Debates*, ed. with W. Kaiser (London, Palgrave, forthcoming 2010).

Index

Noms / Names

Aas, 153
Abdesselam, B., 131
Adams, S.B., 45
Adenauer, K., 27
Adkins, 142
Affinito, G., 15
Alayo I Manubens, J.C., 155
Allen, D., 134
Allen, D.W., 73
Amaldi, E., 33, 205, 206
Anastasiadou, I., 97, 100
Anderson, B., 99
Anderson, D., 106
Angell, N., 106, 107
Arlandis, J., 46
Arnold, G., 137
Atkinson, F., 137
Aubourg, V., 208
Auger, P., 205, 206
Autret, F., 54
Badenoch, A., 97, 100, 115
Bahbout, A., 144
Bähr, J., 166
Bancel-Charensol, L., 46
Banken, R., 166
Barat, H., 189
Bardin, A., 189
Bardini, 202
Barjot, D., 157
Baroncelli, S., 203
Barreau, J., 45
Barrere, J., 171
Barth, K.-H., 19
Bateman, L.F., 222
Belloni, L., 208

Beltran, A., 50, 156, 162, 165, 241, 243
Benn, T., 212
Benzoni, L., 44
Berkner, L.V., 207, 208
Bernt Phyllis, W., 44
Bertho-Lavenir, C., 44
Beunardeau, A., 46
Bissell, M., 201
Black, R.A., 123
Blomkvist, P., 105
Bogaardt, 146, 147, 148
Bogaardt, M., 146, 147, 148
Bonaccorsi, A., 223
Bonnefous, E., 103, 104, 108
Borch, F.J., 229
Bornard, P., 175
Borrás, S., 91
Bossuat, G., 16, 18, 40, 110, 208
Bouneau, Ch, 15, 27, 28, 29, 40, 97, 98, 156, 162, 169, 170, 171, 180, 182, 183, 241
Bourgery, A., 131
Bourges, Y., 228
Bourne, A.K., 99
Bouvier, Y., 27, 28, 30, 42, 47, 155, 157, 162, 241
Boveri, W., 155
Bowring, R.W., 149, 150
Boxer, 146, 149, 150
Brandt, W., 27, 61, 197
Brannon, D.B., 225
Braun, F., 88, 201
Braun, S. von, 228
Brewer, M.B., 113

Broder, A., 158
Brondel, G., 163
Brown, C., 155
Brunner, G., 85
Brunt, P., 216
Budin, R., 189
Bungener, M., 156
Burigana, D., 16, 31, 34, 35, 84, 97, 208, 221, 223, 224, 226, 242
Burk, K., 138
Bussière, E., 17, 24, 40, 78, 86, 128, 164, 165, 173, 246
Butler, O.R., 45
Cailleau, J., 163
Calandri, E., 16
Canavero, A., 142
Caprioglio, 147
Carpentier, M., 48, 71, 72
Carr, E.H., 108
Carreras, A., 41
Carson, R., 60
Castronovo, V., 161
Caviglia, D., 16, 124, 138, 243
Cecil, R., 106
Cederman, L., 26, 110, 112, 113
Chadeau, E., 39, 221, 229
Chamoux, J.-P., 43
Chandler, A.D., 41
Charlemagne, 111
Cheshire, P., 66
Christensen, 146
Cini, M., 99
Coeuré, S., 157
Cognard, P., 33, 209
Cole, G.D.H., 106
Colombo, U., 91
Colonna di Paliano, G., 78, 81, 82, 85, 87, 88
Conant, M.A., 132
Connelly, J., 65
Cooper, B., 125
Coppé, A., 61

Coralie, 211
Cortada, J., 41
Coudenhove-Kalergi, R., 105, 107
Coulountjios, N., 165
Coustel, J.-P., 45
Coutard, O., 40, 175
Cradock, R., 222
Craveri, P., 15, 246
Curien, N., 46, 91
Curli, B., 123
D'Alema, G., 226
D'Amarzit, P., 123, 130
Daddow, O.J., 212
Dahl, O., 142
Dahrendorf, R., 78, 81, 84, 95
David, E.E., 170, 230, 231, 232, 233, 234
Davies, G.W.P., 43
Davignon, E., 25, 78, 85, 86, 87, 88, 90, 91, 94, 96, 201
de Gaulle, 24, 27, 80, 208, 211, 213
De Groote, 147
De Maria, M., 206, 213
Degli Abbati, C., 97
Delapalme, B., 91
Deloge, P., 224
Delors, J., 73, 93, 94, 202
Delort, R., 60
Demagny van Eyseren, A., 123
Derdevet, M., 30, 169, 176, 183, 241
Deutsch, K.W., 102, 103, 111, 112, 113
Dhom, R., 134
Di Nolfo, E., 17
Di Sarcina, F., 226, 245
Dickes, A., 226
Doel, R., 19
Doria, M., 157
Drewett, R., 66

Dreyfus, P., 195, 196, 198, 199, 200
Dubois, S., 135
Duchêne, F., 97
Dudouet, F.X., 52
Dumoulin, M., 17, 24, 40, 78, 86, 98, 101, 128, 163, 164, 165, 173, 223, 242, 246
Duncan, A., 123
Duve, Ch. de, 91
Dykins, D.H., 225
Dyson, K., 46
EAP, 62, 63, 65, 244
Edwards, P., 97
Eising, R., 112
Eliot, T.L., 234
Elli, M., 27, 28, 29, 141, 142, 242
Elvert, J., 17
Engelmann, F., 228
Esambert, B., 197, 229, 230
Fanfani, A., 24, 80
Farnoux-Toporkoff, S., 48
Feldenkirchen, W., 155, 167
Fessenden, 229
Fiala, E., 197
Fickers, A., 42, 97, 115
Fischer, K., 245
Flanigan, P.M., 231, 234, 235, 240
Flemming, T., 166
Formigoni, G., 142
Fort, G., 126
Foster, J.B., 57
Frank, R., 17, 97
Freeman, Ch., 209
Fry, 151, 152
Galileo, 55, 217, 218
Gall, A., 107
Galley, R., 236
Garavini, G., 16, 138, 243
Garric, C., 48
Gaskell, T.F., 125

Gautier, F., 200
Georges, Y., 194
Geradin, D., 44
Germés, R., 133
Giget, M., 221
Gillingham, J., 103
Gilping, R., 208
Giran, J.-P., 44
Girault, R., 16, 17, 21, 110, 113
Giscard d'Estaing, V., 133
Giuntini, A., 41, 157
Giuri, P., 223
Glover, C., 67
Goebbels, R., 49
Gomez Mendoza, A., 155
Gorla, G., 66
Goudie, A., 57
Gournay, C. de, 47
Granier de Lillac, R., 131, 132, 133
Gras, A., 31
Grayson, L.E., 124
Grazi, L., 21, 23, 25, 57, 66, 73, 226, 242, 245
Grenon, M., 128
Griset, P., 15, 21, 22, 25, 39, 41, 42, 43, 44, 50, 54, 169, 243
Groom, N.J.D., 102
Guderzo, M., 123
Guéron, J., 143, 145, 146, 147, 148
Guibe, 229
Guillaume, S., 40
Gundelach, O., 199
Guzzetti, L., 17, 40, 78
Haas, E.B., 26, 101, 102, 103, 108, 109, 111, 112, 114
Haas, P.M., 118
Hall, S., 137
Hallstein, W., 103, 109, 110
Hammer, D., 71
Hannah, L., 156
Harper, J., 45

Harris, R.A., 39
Hart-Jones, 144, 152, 153
Hassan, J.H., 123
Hausman, J., 44
Hausman, W.J., 160
Hecht, G., 117, 208
Hedin, M., 165
Heierhoff, F.V., 138
Hellema, D., 124
Henrich-Franke, Ch., 43, 97, 100, 104
Hermann, A., 18, 39, 208
Hermann, R.K., 113
Hertner, P., 157, 158, 160
Hidle, N., 142
Higatsberger, 146, 150
Hillenbrand, 239
Hirsh, R.F., 164
Hocking, W., 190
Hoffmann, S., 109
Holmes, 146
Homburg, H., 155
Huet, P., 142, 143, 145, 148, 149, 151
Hughes, T., 99, 158
Hultin, 146
Ifestos, P., 134
Iriye, A., 107, 118
Irwin, 227, 239, 240
Isidiro, C., 174
Jahn, H.E., 61
Jansen, E., 149, 150, 151, 152, 153
Jawad, H.A., 134, 135, 140
Jenkins, R., 86, 164
Jupp, A.J., 225
Kaijser, A., 40, 43, 100, 104, 105, 107, 165, 171
Kaiser, W., 17, 18, 99, 100, 195, 246
Kapteyn, P.J., 104
Karim, A., 139
Kármán, T. von, 208

Karsenty, J.-P., 49
Kåsa, O., 142, 143, 145, 146, 147
Kipping, M., 101, 167
Kissinger, H., 231, 234, 235, 236, 240
Klassen, L.H., 66
Kohl, W.L., 138
Kohler-Koch, B., 112
Kokxhoorn, N., 124
Krasner, S.D., 115
Krige, J., 17, 18, 19, 34, 39, 40, 206, 208, 225
Kudo, A., 167
Küsters, H.J., 97
Labanca, N., 16, 242
Laborie, L., 39, 40, 41, 43, 46, 52, 104
Labouret, V., 132
Lachaume, 229
Lagendijk, V., 97, 100, 104, 108, 118, 156, 171, 173
Lancelot-Basou, 231
Landuyt, A., 23
Lanthier, P., 157, 158, 182, 241
Laredo, P., 40
Larson, E.G., 189
Laurent, E., 131
Layton, Ch., 33, 82, 214, 227
Le Peltier, V., 46
Leber, J., 197
Leboutte, R., 128
Leclercq, J., 162
Leucht, B., 195
Levi Sandri, L., 16
Lewis, L., 18
Libois, L.-J., 42
Lindberg, L., 101
Linkohr, R., 93
Lock, G., 40
Lommers, S., 97
Long, D., 106
Longworth, R.B., 70

Lord, D.R., 215
Lorieux, C., 125, 126, 128
Ludovicy, 145
Lukas, N.J.D., 97, 98
Lung, Y., 15, 170
Lynch, F., 18, 100
Lyons, F.S.L., 115
Madders, K., 220
Magruder, W., 239
Malmløw, 150
Mance, H.O., 114
Marce, R.P., 126
Marck, B., 235
Marcussen, M., 113
Maréchal, A., 210
Margerie, E. de, 231
Marjolin, R., 24
Marks, G., 112
Martellato, D., 66
Marzin, P., 42
Matthien, M., 48
Mazlish, B., 107
McGowan, F., 40
McGuire, S., 39
Mechi, L., 16
Mercier, D., 52
Mercy, R. de, 189
Merger, M., 41
Merlin, A., 161, 175, 179
Mersits, U., 18, 39, 208
Mesnet, J., 229
Meyer, K., 196
Meylan, 146
Midttun, A., 165
Migani, G., 15, 16
Miida, J., 153
Millward, R., 44, 167
Milward, A.S., 25, 32, 99, 100, 110
Minola, E., 189
Misa, T.J., 17, 25, 117, 182
Mitrany, D., 105, 106
Mitterrand, F., 49

Moguen-Toursel, M., 81
Monicault, F. de, 174
Monnet, J., 97, 103, 105, 108, 110
Montabone, O., 199
Morange, M., 40
Morgenthau, H., 108
Morsel, H., 157
Mouline, A., 45
Mulgan, G.J., 45
Muller, P., 221
Murcier, A., 131
Murphy, C.N., 118
Musso, P., 47
Mustar, P., 40
Myrdal, G., 103, 104, 105
Napolitano, M.L., 123
Nardon, L., 54
Narjes, K.-H., 88, 89, 90
Naylor, A.I., 216
Neumann, G., 230
Neutsch, C., 100
Newhouse, J., 39
Nixon, R., 34, 138, 230, 231, 232, 234, 235, 236, 239, 240
Njølstad, O., 141
Noam, E., 45
Noël, E., 61
Nuñez, G., 158
Nye, D., 99
Offner, J.M., 175
Olav V, 142
Oldenzlel, R., 244
Orlando, L., 213
Ortoli, F.-X., 197, 227
Ouin, M., 194, 195, 197, 198, 200, 201
Owen, G., 53
Palliser, M., 227
Paoli, S., 16
Paolini, E., 81, 240
Pappalardo, G., 132
Paquier, S., 155, 158

Parr, H., 212
Pébereau, G., 243
Penan, H., 40
Percebois, J., 169, 183, 241
Perdretti, 153
Pestre, D., 18, 40, 208
Peterson, J., 78, 93
Petrini, F., 16, 27, 28, 123, 124, 138, 243
Pezzoli, R., 132
Phan, D., 46
Picard, J.-F., 156, 159
Picq, J., 222
Piebalgs, A., 169, 241
Pigliacelli, F., 18, 31, 33, 34, 205, 210, 213, 217, 244
Pineau, G., 47
Plane, M., 54
Poidevin, R., 16, 21
Pompidou, G., 27, 34, 61, 197, 229, 230, 232, 236, 239
Prencipe, A., 223
Price, 145
Rabi, I.I., 208
Rainero, R., 17
Ramírez Pérez, S., 31, 32, 33, 187, 195, 203, 244
Randers, G., 141, 142, 143, 147, 148, 150, 152, 153
Ranieri, R., 35, 100
Rasmussen, M., 195
Reagan, R., 49
Remert, von, 189
Renner, M., 136, 150
Rey, J., 196, 197
Risse, T., 113
Rodotà, A., 216
Rogers, W.P., 239, 240
Roland, 225
Rollings, N., 101
Romano, A., 16
Romero, F., 15, 100, 223
Romy, I., 60

Rosamond, B., 109, 112, 116
Ross, J.F.L., 98
Rossi, A., 66
Rouxeville, B., 43
Rücker, K., 15
Rush, K., 231
Russo, A., 18, 39, 206
Saeland, 143, 145, 152, 153
Sandholtz, W., 26, 87, 93, 110, 112, 115
Santoro, R., 133
Sanz Menéndez, L., 91
Sarkis, N., 131
Sassen, 147, 148
Saunier, G., 49, 93
Saunier, Y., 115
Scarascia Mugnozza, C., 58, 60, 62, 64
Schafer, V., 39, 43
Scharpf, F., 112
Schipper, F., 25, 97, 100, 105, 108
Schirmann, S., 17, 86, 128, 164, 165, 173
Schmidt, U., 189
Schmitter, P., 101, 112
Schomerus, L., 228
Schot, J., 17, 21, 22, 25, 26, 97, 115, 117, 118, 171, 182, 244
Schröter, H., 166, 167
Schulte-Meermann, W., 152
Schumann, M., 231, 236
Schuster, G., 71, 72, 73, 88, 91
Schwarz, M., 216
Scichilone, L., 21, 22, 23, 24, 25, 57, 226, 245
Scott-Smith, G., 208
Seamans, R., 230
Sebesta, L., 18, 19, 34, 39, 206, 208, 209
Segreto, L., 29
Sergent, R., 142, 143

Index

Servan-Schreiber, J., 20, 33, 210, 211, 214
Sforzi, F., 66
Sharp, M., 78
Sid-Ahmed, A., 131
Simon, J.-P., 45
Simonson, E.S., 189
Sluyterman, K., 132
Smets, 151, 153
Smith, G., 65
Söderqvist, T., 19
Sögel, H., 107
Sonnenfeldt, H., 231
Sørensen, V., 100
Soula, C., 54
Spaak, F., 163
Spagnolo, C., 203
Spann, 150
Spinelli, A., 33, 71, 78, 81, 82, 83, 84, 85, 87, 88, 92, 94, 96, 214, 227, 228, 240
Staderini, 148, 149
Stares, P., 216
Stehlin, P., 235
Sterling, C.H., 44
Stevens, H., 98
Stoessel, W.J. Jr., 236
Stokes, M., 138
Strachan, J.M., 70
Stråth, B., 32
Streek, W., 112
Streit, A., 189
Sweet, A.S., 26, 110, 112, 115
Syrota, J., 174
Talani, L., 203
Tanzer, M., 140
Taylor, P., 102
Terpstra, J., 67, 68, 71, 72
Thatcher, M., 46
Thiebaut, W., 220
Thiemeyer, G., 100
Thorn, G., 86, 164
Tofarides, M., 74

Torrès, F., 161
Toulemon, R., 193, 195, 196, 197
Tranholm-Mikkelsen, J., 102
Tranié, A.P., 189
Treadgold, S.W., 227, 228
Treble, J., 226
Trend, B., 213
Van den Berg, L., 66
Van der Bielk, J., 208
Van der Vleuten, E., 18, 40, 43, 97, 99, 100, 104, 105, 107, 114, 171
Van Driel, H., 115
Van Houtte, J., 227
Van Laak, D., 118
Van Laer, A., 21, 24, 25, 40, 46, 77, 78, 81, 83, 86, 88, 90, 164, 245
Van Winsen, Fr.H., 197
Varaschin, D., 162, 241
Varsori, A., 15, 16, 17, 59, 97, 124, 138, 223, 224, 243, 244, 245
Vecchio, G., 142
Venn, F., 138
Verbong, G., 99
Vigezzi, B., 17
Viguie, R., 180
Vijverberg, C.H.T., 66
Vik, 152
Villecourt, L., 68, 71
Vion, A., 52
Völker, E., 139
Wallace, H., 123
Wallace, W., 26, 110, 111, 112, 123
Walter, F., 60, 103
Walton, A.-M., 138
Warlouzet, L., 15, 164
Watson, 231
Webb, C., 123
Weber, E., 98

253

Weinstock, A., 166
Weiss Martin, B.H., 44
Wenkel, C., 15
Wiebes, C., 124
Wilkins, M., 160
Williams, R.H., 67
Williot, J.-P., 162, 241
Wilson, H., 24, 27, 80, 106, 211, 212, 213, 214, 228
Wilson, J., 222
Wilson, S., 222
Witte, T., 124
Wolff, 143
Yagishita, 153
Young, A., 209
Young, O.R., 115
Zahn, J., 198
Zaidi, W., 97
Zanetti, G., 160
Ziegler, H., 226, 227
Zimmermann, H., 18
Zorn, S., 140

Organisations

AGARD, 208, 230
ANFIAA, 202
Arpa, 43
Banque européenne d'investissement, 82, 130
BPICA, 189, 190
CCMC, 195, 198, 200, 201
CECA
   ECSC, 24, 27, 30, 39, 77, 78, 79, 90, 92, 163
CEE
   EEC, 7, 18, 19, 22, 23, 24, 30, 31, 32, 33, 35, 43, 46, 47, 48, 62, 63, 64, 66, 70, 77, 78, 79, 80, 81, 82, 83, 84, 85, 86, 87, 88, 90, 92, 93, 94, 95, 123, 136, 138, 163, 165, 180, 208, 210, 236
CEIF, 101
CEMAT, 25, 67
CEPT, 43
CERD, 25, 83, 91
CERN, 17, 18, 33, 39, 206, 208
CIDST, 22, 43
CIGRE, 158, 171, 180, 182
CISE, 152, 153
CLMC, 195
CNRS, 50, 243, 244

Comitato Nazionale per l'Energia Nucleare, 152
Commission européenne
   European Commission, 18, 24, 25, 32, 33, 43, 78, 80, 81, 82, 83, 84, 85, 86, 89, 90, 91, 92, 93, 94, 96, 130, 139, 163, 164, 165, 168
Conseil atlantique, 80
Conseil de l'Europe, 67
Conseil des ministres pour les Communautés européennes
   Council of Ministers of the European Communities, 24, 43, 47, 80, 81, 82, 83, 84, 87, 88, 91, 92
Conseil européen
   European Council, 181
CORDI, 87, 91
Coreper, 10, 148, 149, 196, 202, 226
Council of Europe, 25, 58, 67, 103
Council of Ministers of the European Communities
   Conseil des ministres pour les Communautés européennes, 59, 62, 63, 71, 73, 100, 148,

Index

188, 193, 194, 195, 196, 197, 200, 201, 203
CREST, 23, 71, 72, 73, 74, 84, 85, 91, 92
CWI, 50
ECMT, 104
Economic and Social Committee, 194
ECPTA, 104
ECSC
   CECA, 60, 101, 102, 103, 104, 105, 197
EDC
   CED, 97
EEC
   CEE, 17, 21, 25, 32, 33, 46, 57, 58, 59, 60, 61, 63, 64, 65, 66, 67, 68, 69, 70, 71, 72, 73, 74, 98, 99, 102, 109, 111, 145, 146, 187, 188, 193, 194, 195, 196, 197, 198, 199, 200, 201, 202, 203, 210, 211, 212, 214, 220, 238, 239, 240, 244, 245
ELDO, 33, 206, 211, 212, 213, 215
ENEA, 142, 144, 147, 148, 150, 152, 153
ERCIM, 23, 50, 51
ESA, 17, 18, 32, 33, 34, 39, 54, 55, 206, 215, 216, 217, 218, 219, 220, 244
ESRO, 33, 206, 211, 212, 213, 215
ETSO, 175
EU, 205
   UE, 17, 44, 51, 65, 67, 78, 98, 99, 101, 111, 112, 114, 115, 119, 120, 195, 216, 217
Euratom, 24, 27, 30, 42, 77, 78, 80, 82, 90, 92, 94, 96, 109, 142, 143, 144, 145, 146, 147, 148, 149, 150, 153, 163, 207, 242
Eurelectric, 171
European Broadcasting Union, 114
European Commission
   Commission européenne, 26, 34, 61, 62, 63, 66, 67, 71, 73, 100, 102, 103, 109, 111, 112, 115, 143, 146, 148, 149, 194, 195, 196, 202, 214, 216, 218, 226, 227, 246
European Council
   Conseil européen, 63, 67, 68, 70, 71
European Parliament
   Parlament européen, 70
GATT, 199, 201, 202, 227
GMD, 50
ICPR, 60
IFA, 141, 142, 143, 145, 147, 150, 151, 152
IFP; 148; 157
IFP, 130, 138, 139
INRIA, 50
International Organisation for Standardisation, 189
International Road Federation, 114, 189
International Telecommunication Union, 114
International Union for Road Transportation, 189
IRDAC, 91
JEEP, 141
JENER, 141
MSA, 189
NASA, 215, 230, 233
NATO
   OTAN, 207, 208, 221, 225
NESTI group, 209
NORDEL, 175

255

OLP, 134
OPEC
  OPEP, 140
OPEP, 131, 136
  OPEC, 131, 136, 138, 140
OTA, 189
OTAN
  NATO, 20
Parlament européen
  European Parliament, 61
PREST, 23, 24, 33, 68, 69, 70, 71, 72, 73, 79, 80, 84, 210
SdN, 114, 189
SEST, 221
STCELA, 89
Tokai Mura Atomic Energy Research Institute, 153
UBAE, 134
UCPTE, 172, 173, 175, 182
UCTE, 175, 176, 178, 179, 180, 182

UE
  EU, 17, 19, 21, 22, 31, 32, 33, 34, 35, 46, 52, 54, 55, 175, 176, 181, 218, 245
UEO
  WEU, 227
UIC, 114
UN-ECE, 32, 103, 104, 105, 187, 188, 190, 193, 194, 199, 200, 202
Union Syndicale de l'Industrie Aéronautique et Spatiale Française, 226, 227
UNIPEDE, 158, 171, 172, 173, 175, 182
UPS-IPS, 173
US AEC, 146
VDA, 189, 197
WEU
  UEO, 217

Firmes / Firms

ABB Group, 165, 166
ABB Power, 166
AEG, 151, 155, 161, 162
Aerfer, 225
Aeritalia, 34, 225, 226, 227, 239
Air France, 226
Airbus Industrie, 16, 18, 23, 31, 34, 39, 53, 84, 95, 221, 222, 223, 224, 225, 226, 228, 229, 234, 236, 239, 240
Alcatel-Alsthom, 165
Alfa Romeo, 229
Alitalia, 226
Allied Chemical, 127
Alsthom, 160, 162, 165, 166
Alsthom-Savoisienne, 160
Amerada, 127

American Petrofina Exploration Company, 129
Amoco, 127
Ansaldo, 155, 161
Arab Bank Ltd., 134
ASEA, 161, 165
ASEA Atom, 162
Associated Electrical Industries, 166
AT&T, 41, 43, 44, 45, 47, 55
Atom-Energi, 162
Berliet, 189
Blackfriars Oil, 127
BMW, 197
Boeing, 34, 39, 225, 226, 235, 239, 240
Bosch, 189, 191

Index

BP, 126, 127
Brissonneau et Lotz, 166
British Aircraft Corporation, 222, 224, 227
British Gas, 127
British Telecom, 45
Brown Boveri Electric Company, 155, 162, 165
CFM International, 34, 224, 230, 231
CFP, 130, 131, 132, 133, 137, 139
Charterhouse Securities, 127
Cofranord, 129
Commerzbank, 134
Compagnie électromécanique, 160, 162, 166
Compagnie générale d'électricité, 42, 160, 162, 241
Conoco, 127
Coparex Norge, 129
Creusot-Loire, 160, 162
Daimler-Benz, 195, 197, 198
Dassault, 227, 235
Delle-Alsthom, 160, 166
Deminex, 124, 134
Deutsche Telekom, 53, 54
Dornier, 227
E.ON, 29, 179
EDF, 29, 156, 157, 159, 160, 162, 171, 241
Edison, 155, 158
Elektrobank, 159
Elf, 129, 130, 133
Elf Aquitaine, 127
Elf Aquitaine Norge, 129
Enel, 29, 53, 160
English Electric, 166
ENI, 132, 133, 134, 242
Erap-Elf, 127
Esso, 125, 127
Eurafrep Norge, 129

Fabrique Nationale d'Herstal, 235
Fiat, 189, 195, 199, 200, 201, 223, 225, 229, 239
Filotecnica Salmoiraghi, 225
Finmeccanica, 161, 225
Flygmotor, 235
Fokker, 227
Fokker-VFW, 227
Ford Germany, 189
Framatome, 162, 163
France Télécom, 53
GEC, 165, 166
General Electric, 34, 155, 161, 162, 221, 223, 224, 225, 228, 229, 230, 231, 232, 233, 234, 235, 236, 239, 240
GERTH, 130
Getty, 127
GHH, 166
Groupe Petronord, 129
Groupe Phillips, 129
GRTN, 178
Gulf, 127
Hamilton Brs., 127
Harland & Wolff, 126
Hawker Siddeley Aviation, 34, 222, 224, 227
ITT, 45, 55
KLM, 226
KWU, 28, 161, 162
Leyland Motors Corporation, 195, 201
Lockheed, 235
Lufthansa, 226
MAN, 166
Marconi, 166
MBB, 227
Merlin Gerin, 161
Mobil, 127
MTU, 223, 229, 235, 239
National Coal Board, 127
Neyrpic, 166

257

Nokia, 167
Norse Petroleum, 127
Norsk Agip, 129
Norsk Hydro, 129
Northrop, 235
NUKEM, 151
Occidental, 127
Panhard, 189
Peugeot, 195, 200
Philips, 191
Phillips Petroleum Company Norway, 129
Pratt & Whitney, 223, 228, 229, 230, 232, 234, 239
Rateau, 166
Renault, 189, 195, 197, 198
Rio Tinto-Zinc, 127
Rolls-Royce, 223, 229, 230, 232, 235, 239
RTE, 177, 179, 181
SAAB, 189
SABENA, 226, 227
Sähköliikkeiden Oy, 167
Santa Fe Int., 127
Saurer Motor Truck Company, 189
Shell, 125, 127, 132, 134
Siemens, 42, 151, 152, 155, 161, 165, 167
Signal, 127
Simca, 189

SNECMA, 34, 221, 223, 224, 225, 229, 230, 231, 232, 233, 234, 235, 236, 239, 240
SNIAS, 222, 226, 227
Société Savoisienne de Constructions Électriques, 166
Sofina, 159
Sulzer, 166
Telecom Italia, 54
Texaco, 127
Texas Eastern, 127
Thomson & Scottish, 127
Thomson-Houston Electric Company, 158, 166
Total, 125, 126, 127, 129, 131, 133, 134, 137, 139
Trans-European, 127
Tricentrol, 127
Turbomeca, 229
Unelec, 160
Union Pacific, 127
United Canso Oil and Gas, 127
Veba, 124, 134
Volkswagen, 195, 197
Volvo, 189, 229
Weinstein, 144, 146, 149, 150, 151, 152, 153
Westinghouse, 155, 162, 163, 166
Westland, 227

Programmes

Airbus, 16, 18, 23, 31, 34, 39, 53, 84, 95, 221, 222, 223, 224, 225, 226, 228, 229, 234, 236, 239, 240
Apollo, 235
Ariane, 33, 215
Arpanet, 22, 43

Astris, 211
B767
   B7x7, 34, 225
B7x7
   B767, 225, 240
Blue Streak, 206, 211
BRITE, 89

Index

Concorde, 212, 213, 222, 237
COST, 22, 24, 25, 42, 78, 81, 83
EPR, 27, 167
ESPRIT, 48, 85, 87, 88, 90, 92, 94, 95
EURAM, 89
Eureka, 49, 93
Euronet, 22, 43, 89
Europa II, 213
FAST, 87
Galileo Positioning System, 21, 31, 54, 217
GMES, 218
GPS, 31, 54, 55
GSM, 52

HRP, 27, 29, 141, 142, 143, 144, 145, 146, 147, 148, 149, 150, 151, 152, 153, 154
Kopernikus, 218
Polaris, 206
Programme Cadre de Recherche et Developpement, 48, 50, 78, 85, 90, 91, 92, 93, 94
RACE, 52, 89
Scout, 211
SDI, 49, 93
Skybolt, 206
Spacelab, 215
SPRINT, 53, 89
TENs, 21, 25, 98, 99, 120
Tornado, 223, 228

EUROCLIO – Ouvrages parus/Published books

N° 56 – *Les trajectoires de l'innovation technologique et la construction européenne. Des voies de structuration durable ? / Trends in Technological Innovation and the European Construction. The Emerging of Enduring Dynamics?* Christophe BOUNEAU, David BURIGANA & Antonio VARSORI (dir./eds.), 2010.

N° 55 – *L'OTAN et l'Europe. Quels liens pour la sécurité et la défense européenne ?* Birte WASSENBERG, Giovanni FALEG et Martin W. MLODECKI (dir.), 2010.

N° 54 – *The Road Europe Travelled along.* Daniele PASQUINUCCI and Daniela PREDA (eds.), 2010.

N° 53 – *Vivre et construire l'Europe à l'échelle territoriale de 1945 à nos jours.* Yves DENÉCHÈRE et Marie-Bénédicte VINCENT (dir.), 2010.

N° 52 – *De l'esprit de la Résistance jusqu'à l'idée de l'Europe. Projets européens et américains pour l'Europe de l'après-guerre (1940-1950).* Veronika HEYDE, 2010.

N° 51 – *Le dernier carré. Les charbonniers belges, libres entrepreneurs face à la CECA (1950-1959).* Roch HANNECART, 2010.

N° 49 – *Le « Congrès de l'Europe » à La Haye (1948-2008).* Jean-Michel GUIEU et Christophe LE DRÉAU (dir.), 2009.

N° 48 – *The Road to a United Europe. Interpretations of the Process of European Integration.* Morten RASMUSSEN & Ann-Christina L. KNUDSEN (eds.), 2009.

N° 47 – *L'Europe au cœur. Études pour Marie-Thérèse Bitsch.* Martial LIBERA et Birte WASSENBERG (dir.), 2009.

N° 46 – *Les deux Europes. Actes du IIIe colloque international RICHIE/ The Two Europes. Proceedings of the 3rd international RICHIE conference.* Michele AFFINITO, Guia MIGANI & Christian WENKEL (dir./eds.), 2009.

N° 45 – *Pardon du passé, Europe unie et défense de l'Occident. Adenauer et Schuman docteurs* honoris causa *de l'Université catholique de Louvain en 1958.* Geneviève DUCHENNE et Gaëlle COURTOIS (dir.), 2009.

N° 44 – *From* Détente *in Europe to European* Détente. *How the West Shaped the Helsinki CSCE.* Angela ROMANO, 2009.

N° 43 – *L'Espagne et l'Europe. De la dictature de Franco à l'Union européenne.* Matthieu TROUVÉ, 2008.

N° 42 – *La Méditerranée et la culture du dialogue. Lieux de rencontre et de mémoire des européens/El Mediterráneo y la cultura del diálogo. Lugares de encuentro y de memoria de los Europeos/El Mediterrani i la cultura del diàleg. Punts de trobada i de memòria dels Europeus.* María-Luisa VILLANUEVA ALFONSO (dir./ed.), 2008.

N° 41 – *La France et l'Afrique sub-saharienne, 1957-1963. Histoire d'une décolonisation entre idéaux eurafricains et politique de puissance.* Guia MIGANI, 2008.

N° 40 – *Esquisses d'une Europe nouvelle. L'européisme dans la Belgique de l'entre-deux-guerres (1919-1939).* Geneviève DUCHENNE, 2008.

N° 39 – *La construction européenne. Enjeux politiques et choix institutionnels.* Marie-Thérèse BITSCH, 2007.

N° 38 – *Vers une eurorégion ? La coopération transfrontalière franco-germano-suisse dans l'espace du Rhin supérieur de 1975 à 2000.* Birte WASSENBERG, 2007.

N° 37 – *Stratégies d'entreprise et action publique dans l'Europe intégrée (1950-1980). Affrontement et apprentissage des acteurs. Firm Strategies and Public Policy in Integrated Europe (1950-1980). Confrontation and Learning of Economic Actors.* Marine MOGUEN-TOURSEL (ed.), 2007.

N° 36 – *Quelle(s) Europe(s)? Nouvelles approches en histoire de l'intégration européenne / Which Europe (s)? New Approaches in European Integration History.* Katrin RÜCKER & Laurent WARLOUZET (dir.), 2006 (3ᵉ tirage 2008).

N° 35 – *Milieux économiques et intégration européenne au XXe siècle. La crise des années 1970. De la conférence de La Haye à la veille de la relance des années 1980.* Éric BUSSIÈRE, Michel DUMOULIN & Sylvain SCHIRMANN (dir.), 2006.

N° 34 – *Europe organisée, Europe du libre-échange ? Fin XIXe siècle - Année 1960.* Éric BUSSIÈRE, Michel DUMOULIN & Sylvain SCHIRMANN (dir.), 2006 (2ᵉ tirage 2007).

N° 33 – *Les relèves en Europe d'un après-guerre à l'autre. Racines, réseaux, projets et postérités.* Olivier DARD et Étienne DESCHAMPS (dir.), 2005 (2ᵉ tirage 2008).

N° 32 – *L'Europe communautaire au défi de la hiérarchie.* Bernard BRUNETEAU & Youssef CASSIS (dir.), 2007.

N° 31 – *Les administrations nationales et la construction européenne. Une approche historique (1919-1975).* Laurence BADEL, Stanislas JEANNESSON & N. Piers LUDLOW (dir.), 2005.

N° 30 – *Faire l'Europe sans défaire la France. 60 ans de politique d'unité européenne des gouvernements et des présidents de la République française (1943-2003).* Gérard BOSSUAT, 2005 (2ᵉ tirage 2006).

N° 29 – *Réseaux économiques et construction européenne – Economic Networks and European Integration.* Michel DUMOULIN (dir.), 2004.

N° 28 – *American Foundations in Europe. Grant-Giving Policies, Cultural Diplomacy and Trans-Atlantic Relations, 1920-1980.* Giuliana GEMELLI and Roy MACLEOD (eds.), 2003.

N° 27 – *Inventer l'Europe. Histoire nouvelle des groupes d'influence et des acteurs de l'unité européenne.* Gérard BOSSUAT (dir.), avec la collaboration de Georges SAUNIER, 2003.

Réseau européen Euroclio
avec le réseau SEGEI

Coordination : Chaire Jean Monnet d'histoire
de l'Europe contemporaine (Gehec)
Collège Erasme, 1, place Blaise-Pascal, B-1348 Louvain-la-Neuve

Allemagne
Jürgen Elvert
Wilfried Loth

Belgique
Julie Cailleau
Jocelyne Collonval
Yves Conrad
Gaëlle Courtois
Pascal Deloge
Geneviève Duchenne
Vincent Dujardin
Michel Dumoulin
Roch Hannecart
Pierre-Yves Plasman
Béatrice Roeh
Corine Schröder
Caroline Suzor
Pierre Tilly
Arthe Van Laer
Jérôme Wilson
Natacha Wittorski

Espagne
Enrique Moradiellos
Mercedes Samaniego Boneu

France
Françoise Berger
Marie-Thérèse Bitsch
Gérard Bossuat
Éric Bussière
Jean-François Eck
Catherine Horel
Philippe Mioche
Marine Moguen-Toursel
Sylvain Schirmann
Matthieu Trouvé
Laurent Warlouzet
Emilie Willaert

Hongrie
Gergely Fejérdy

Italie
David Burigana
Elena Calandri
Eleonora Guasconi
Luciano Segreto
Antonio Varsori

Luxembourg
Charles Barthel
Etienne Deschamps
Jean-Marie Kreins
René Leboutte
Robert Philippart
Corine Schröder
Gilbert Trausch

Pays-Bas
Anjo Harryvan
Jan W. Brouwer
Jan van der Herst

Pologne
Józef Laptos
Zdzisiaw Mach

Suisse
Antoine Fleury
Lubor Jilek

Visitez le groupe éditorial Peter Lang
sur son site Internet commun
www.peterlang.com

Discover the general website
of the Peter Lang publishing group
www.peterlang.com